河南省"十四五"普通高等教育规划教材

高等学校计算机类特色专业系列教材

Ubuntu Linux
基础教程（第2版）（微课版）

U0286631

邓淼磊　马宏琳　主编

阎　磊　副主编

徐振强　刘　扬　张春燕　参编

清华大学出版社
北　京

内 容 简 介

本书全面介绍了 Linux 操作系统的管理方法，并以 Ubuntu 的长期支持版——Ubuntu 18.04 版本为基础，给出了 Linux 操作系统的具体应用实例。全书共 12 章，主要内容包括：Linux 简介与系统安装、Linux 系统接口管理、Linux 文件系统、Linux 常用命令、Linux 常用应用软件、进程管理与系统监控、系统管理和维护、网络基本配置与应用、常用服务器的搭建、Shell 基础、Shell 编程以及常用开发环境的搭建。本书内容翔实，实例丰富，结构清晰，通俗易懂，通过大量实际操作的图片进行讲解和说明，对于重点或者难点的操作过程给出了详细的说明步骤，便于读者学习和查阅，具有较强的实用性和参考性。

本书既可以作为学习、使用、管理与维护 Ubuntu Linux 系统的工具书，也可作为高等院校计算机相关专业 Linux 操作系统课程的教材和参考书。

图书在版编目(CIP)数据

Ubuntu Linux 基础教程：微课版/邓淼磊，马宏琳主编.—2 版.—北京：清华大学出版社，2021.6
(2024.7重印)

高等学校计算机类特色专业系列教材

ISBN 978-7-302-57932-8

Ⅰ.①U…　Ⅱ.①邓…②马…　Ⅲ.①Linux 操作系统－高等学校－教材　Ⅳ.①TP316.85

中国版本图书馆 CIP 数据核字(2021)第 060950 号

责任编辑：汪汉友　战晓雷
封面设计：傅瑞学
责任校对：胡伟民
责任印制：刘海龙

出版发行：清华大学出版社
　　　　　网　　　址：https://www.tup.com.cn,https://www.wqxuetang.com
　　　　　地　　　址：北京清华大学学研大厦 A 座　　　　　邮　　编：100084
　　　　　社 总 机：010-83470000　　　　　　　　　　　　邮　　购：010-62786544
　　　　　投稿与读者服务：010-62776969，c-service@tup.tsinghua.edu.cn
　　　　　质量反馈：010-62772015，zhiliang@tup.tsinghua.edu.cn
　　　　　课件下载：https://www.tup.com.cn,010-83470236
印 装 者：三河市铭诚印务有限公司
经　　销：全国新华书店
开　　本：185mm×260mm　　印　张：22.25　　　　　字　　数：553 千字
版　　次：2015 年 11 月第 1 版　　2021 年 8 月第 2 版　　印　　次：2024 年 7 月第 6 次印刷
定　　价：59.80 元

产品编号：086305-01

前　言

　　操作系统是配置在计算机硬件上的第一层软件,是用户或应用程序与计算机硬件之间的接口。Linux 是一种自由、开放、免费的操作系统,也是一种多任务和多用户的网络操作系统。它具有良好的可移植性,广泛运行于 PC、服务器、工作站、大型机以及包括嵌入式系统在内的各种硬件设备上,适用平台广泛。它的源代码是公开的,遵循 GPL 精神,符合 POSIX 标准,并且与 UNIX 系统兼容。目前,Linux 操作系统得到了越来越广泛的应用。

　　随着 Linux 在图形化方面的发展和版本的不断更新,Linux 系统逐渐在普通用户中广为普及。Ubuntu 是目前十分流行的 Linux 发行套件,它是完全以 Linux 为内核的操作系统。Ubuntu 采用了图形化的安装过程,使用户能够轻松快捷地进行 Linux 系统的安装、配置和使用,改变了人们以往对 Linux 系统难以使用的看法。Ubuntu 这个名称来自非洲祖鲁语,它的意思是"人性""群在故我在",是非洲的一种传统价值观,也是仁爱思想的体现。Ubuntu 的目标在于为一般用户提供一个由自由软件构建的稳定的操作系统。Ubuntu 具有庞大的社区力量,用户可以方便地从社区获得帮助。Ubuntu 每 6 个月会发布一个新版本,包括桌面版本和服务器版本,更新速度非常快。用户可以通过网络随时进行桌面版本和服务器版本的免费安全升级,并且可以获得 Ubuntu 下的其他软件和在线升级,系统的安全性很高。

　　Ubuntu 包含了日常所需的常用程序,集成了办公套件 LibreOffice、Mozila Firefox 浏览器、vi 编辑器和电子邮件客户端软件 Thunderbird 等,主要包括文本处理、图片处理、电子表格、演示文稿、电子邮件、网络服务和日程管理等功能。在对系统的日常任务管理中,Ubuntu 提供了 Shell 编程环境,可以帮助系统管理员完成对系统的深入维护功能。另外,在 Ubuntu 下还可以搭建 DHCP 服务器、FTP 服务器、文件服务器等。对于 Linux 下的 Java、C 语言、Python 等常用开发环境的搭建和程序编写过程,Ubuntu 也以图形化的方式来实现,更加直观,便于操作。

　　本书共 12 章,深入浅出地介绍了 Linux 操作系统的管理方法。并以 Ubuntu 长期支持版——Ubuntu 18.04 版本为基础,介绍了 Linux 操作系统的应用和管理方式。本书主要内容包括:Linux 简介与系统安装、Linux 系统接口管理、Linux 文件系统、Linux 常用命令、Linux 常用应用软件、进程管理与系统监控、系统管理和维护、网络基本配置与应用、常用服务器的搭建、Shell 基础、Shell 编程以及常用开发环境的搭建。

　　本书结构清晰,内容翔实,实例丰富,抛开抽象的理论和复杂的原理,更加注重应用实践和具体使用方法的介绍。通过这种方式,帮助读者理解和掌握 Linux 的基本概念和原理,并提高动手能力、应用能力以及对 Linux 系统的管理能力。本书语言通俗易懂,通过大量实际操作的图片进行内容的讲解和说明,并针对重点或者难点的操作过程给出了详细的步骤说明。本书以图文并茂的方式将读者引入 Linux 的世界,非常便于读者逐步深入地学习以及进行相关知识的查阅,具有较强的实用性和参考性。本书的每章最后都配有实验和习题,使读者不仅能加深对基本概念的理解,而且能够提高编程能力、程序调试能力和动手操作能力。

本书由河南工业大学邓淼磊、马宏琳主编,阎磊副主编。其中,第1~6章由邓淼磊、马宏琳编写,第7~9章由阎磊编写,第10~12章由徐振强、刘扬、张春燕编写。

本书既可以作为学习、使用、管理与维护Ubuntu系统的工具书,也可作为高等院校计算机相关专业Linux操作系统课程的教材和参考书。

由于编写时间仓促,加之作者水平有限,书中不足之处在所难免,敬请读者批评指正。

作　者

2021年6月

目　　录

第 1 章　Linux 简介与系统安装 ……………………………………………… 1

1.1　Linux 简介 ………………………………………………………………… 1

  1.1.1　什么是 Linux ……………………………………………………… 2

  1.1.2　Linux 发展历程 …………………………………………………… 3

  1.1.3　Linux 的特点 ……………………………………………………… 6

  1.1.4　Linux 的版本 ……………………………………………………… 8

  1.1.5　Linux 的应用和发展 …………………………………………… 12

1.2　Ubuntu 简介 …………………………………………………………… 13

  1.2.1　什么是 Ubuntu …………………………………………………… 13

  1.2.2　Ubuntu 的特点 …………………………………………………… 13

  1.2.3　Ubuntu 的版本 …………………………………………………… 14

  1.2.4　Ubuntu 的获得方法 ……………………………………………… 16

1.3　安装前的准备 …………………………………………………………… 16

  1.3.1　安装版本选择 ……………………………………………………… 16

  1.3.2　Linux 的硬件配置和安装准备工作 ………………………………… 18

  1.3.3　虚拟机简介 ………………………………………………………… 19

  1.3.4　Linux 的安装规划 ………………………………………………… 21

1.4　在虚拟机中安装 Ubuntu ……………………………………………… 21

  1.4.1　安装 VMware ……………………………………………………… 21

  1.4.2　创建和配置虚拟机 ………………………………………………… 22

  1.4.3　安装 Ubuntu ……………………………………………………… 32

本章小结 ………………………………………………………………………… 39

实验 1 …………………………………………………………………………… 39

习题 1 …………………………………………………………………………… 39

第 2 章　Linux 系统接口管理 ……………………………………………… 40

2.1　操作系统接口 …………………………………………………………… 40

2.2　Shell 命令接口 ………………………………………………………… 40

  2.2.1　Shell 命令接口的组成 …………………………………………… 40

  2.2.2　Shell 的版本 ……………………………………………………… 41

2.3　X Window 图形接口 …………………………………………………… 43

  2.3.1　X Window 简介 …………………………………………………… 43

  2.3.2　X Window 系统组成 ……………………………………………… 43

2.4 GNOME 桌面环境 ……………………………………………………………… 45

   2.4.1 GNOME 主要版本发布历程 ……………………………………… 45

   2.4.2 GNOME 桌面 …………………………………………………… 46

2.5 登录、注销、关机和重启 ……………………………………………………… 58

   2.5.1 登录系统 …………………………………………………………… 58

   2.5.2 注销系统 …………………………………………………………… 58

   2.5.3 关机和重启系统 …………………………………………………… 59

2.6 Unity 界面简介 …………………………………………………………………… 60

2.7 程序接口 ………………………………………………………………………… 62

   2.7.1 系统调用 …………………………………………………………… 62

   2.7.2 系统调用接口 ……………………………………………………… 62

   2.7.3 Linux 中的系统调用 ……………………………………………… 62

   2.7.4 API 和系统调用的关系 …………………………………………… 65

本章小结 ……………………………………………………………………………… 66

实验 2 ………………………………………………………………………………… 66

习题 2 ………………………………………………………………………………… 67

第 3 章 Linux 文件系统 ………………………………………………………………… 68

3.1 Ubuntu 的文件系统 …………………………………………………………… 68

   3.1.1 文件系统简介 ……………………………………………………… 68

   3.1.2 Linux 文件系统架构 ……………………………………………… 69

   3.1.3 Ext2 文件系统 …………………………………………………… 72

   3.1.4 Ubuntu 的目录结构 ……………………………………………… 75

3.2 创建、挂载与卸载文件系统 …………………………………………………… 78

   3.2.1 创建文件系统 ……………………………………………………… 78

   3.2.2 挂载文件系统 ……………………………………………………… 81

   3.2.3 卸载文件系统 ……………………………………………………… 83

本章小结 ……………………………………………………………………………… 84

实验 3 ………………………………………………………………………………… 84

习题 3 ………………………………………………………………………………… 85

第 4 章 Linux 常用命令 ………………………………………………………………… 86

4.1 Linux 命令 ……………………………………………………………………… 86

   4.1.1 Shell 程序的启动 ………………………………………………… 86

   4.1.2 命令的格式 ………………………………………………………… 87

4.2 目录操作基本命令 ……………………………………………………………… 87

   4.2.1 ls 命令 ……………………………………………………………… 87

   4.2.2 cd 命令 ……………………………………………………………… 89

   4.2.3 pwd 命令 …………………………………………………………… 90

4.2.4 mkdir 命令 ·· 90

4.2.5 rmdir 命令 ·· 90

4.3 文件操作基本命令 ·· 91

4.3.1 touch 命令 ·· 91

4.3.2 cat 命令 ··· 91

4.3.3 cp 命令 ·· 95

4.3.4 rm 命令 ·· 95

4.3.5 mv 命令 ·· 98

4.3.6 chmod 命令 ·· 98

4.4 文件处理命令 ·· 100

4.4.1 grep 命令 ··· 100

4.4.2 head 命令 ··· 101

4.4.3 tail 命令 ·· 102

4.4.4 wc 命令 ··· 102

4.4.5 sort 命令 ··· 103

4.4.6 find 命令 ··· 104

4.4.7 which 命令 ··· 104

4.4.8 whereis 命令 ·· 105

4.4.9 locate 命令 ·· 106

4.5 压缩备份基本命令 ·· 107

4.5.1 bzip2 命令和 bunzip2 命令 ·· 107

4.5.2 gzip 命令 ··· 108

4.5.3 unzip 命令 ·· 108

4.5.4 zcat 命令和 bzcat 命令 ·· 109

4.5.5 tar 命令 ·· 109

4.6 磁盘操作命令 ·· 111

4.7 关机重启命令 ·· 116

4.8 其他命令 ··· 117

本章小结 ··· 121

实验 4 ·· 121

习题 4 ·· 121

第 5 章 Linux 常用应用软件 ··· 123

5.1 LibreOffice ·· 123

5.1.1 LibreOffice Writer ·· 124

5.1.2 LibreOffice Calc ··· 131

5.1.3 LibreOffice Impress ·· 134

5.1.4 LibreOffice Draw ··· 135

5.2 vi 文本编辑器 ··· 136

    5.2.1　文本编辑器简介 ┄┄┄┄┄┄┄┄┄┄┄┄┄┄┄┄┄┄┄┄┄┄ 136

    5.2.2　vi 编辑器的启动与退出 ┄┄┄┄┄┄┄┄┄┄┄┄┄┄┄┄ 138

    5.2.3　vi 编辑器的工作模式 ┄┄┄┄┄┄┄┄┄┄┄┄┄┄┄┄┄ 141

    5.2.4　vi 编辑器的基本应用 ┄┄┄┄┄┄┄┄┄┄┄┄┄┄┄┄┄ 142

  5.3　Gedit 文本编辑器 ┄┄┄┄┄┄┄┄┄┄┄┄┄┄┄┄┄┄┄┄┄┄┄┄ 158

  5.4　Shotwell 照片管理器 ┄┄┄┄┄┄┄┄┄┄┄┄┄┄┄┄┄┄┄┄┄┄ 161

  5.5　多媒体播放软件 ┄┄┄┄┄┄┄┄┄┄┄┄┄┄┄┄┄┄┄┄┄┄┄┄┄ 166

    5.5.1　Rhythmbox 音乐播放器 ┄┄┄┄┄┄┄┄┄┄┄┄┄┄┄┄ 166

    5.5.2　Totem 电影播放器 ┄┄┄┄┄┄┄┄┄┄┄┄┄┄┄┄┄┄┄ 166

  本章小结 ┄┄┄┄┄┄┄┄┄┄┄┄┄┄┄┄┄┄┄┄┄┄┄┄┄┄┄┄┄┄┄┄┄ 169

  实验 5 ┄┄┄┄┄┄┄┄┄┄┄┄┄┄┄┄┄┄┄┄┄┄┄┄┄┄┄┄┄┄┄┄┄┄┄ 170

  习题 5 ┄┄┄┄┄┄┄┄┄┄┄┄┄┄┄┄┄┄┄┄┄┄┄┄┄┄┄┄┄┄┄┄┄┄┄ 170

第 6 章　进程管理与系统监控 ┄┄┄┄┄┄┄┄┄┄┄┄┄┄┄┄┄┄┄┄ 171

  6.1　进程管理 ┄┄┄┄┄┄┄┄┄┄┄┄┄┄┄┄┄┄┄┄┄┄┄┄┄┄┄┄┄ 171

    6.1.1　什么是进程 ┄┄┄┄┄┄┄┄┄┄┄┄┄┄┄┄┄┄┄┄┄┄┄ 171

    6.1.2　进程的启动 ┄┄┄┄┄┄┄┄┄┄┄┄┄┄┄┄┄┄┄┄┄┄┄ 174

    6.1.3　进程的调度 ┄┄┄┄┄┄┄┄┄┄┄┄┄┄┄┄┄┄┄┄┄┄┄ 176

    6.1.4　进程的监视 ┄┄┄┄┄┄┄┄┄┄┄┄┄┄┄┄┄┄┄┄┄┄┄ 181

  6.2　系统日志 ┄┄┄┄┄┄┄┄┄┄┄┄┄┄┄┄┄┄┄┄┄┄┄┄┄┄┄┄┄ 184

    6.2.1　日志文件简介 ┄┄┄┄┄┄┄┄┄┄┄┄┄┄┄┄┄┄┄┄┄ 184

    6.2.2　常用的日志文件 ┄┄┄┄┄┄┄┄┄┄┄┄┄┄┄┄┄┄┄ 185

  6.3　系统监视器 ┄┄┄┄┄┄┄┄┄┄┄┄┄┄┄┄┄┄┄┄┄┄┄┄┄┄┄ 187

  6.4　查看内存状况 ┄┄┄┄┄┄┄┄┄┄┄┄┄┄┄┄┄┄┄┄┄┄┄┄┄ 191

  6.5　文件系统监控 ┄┄┄┄┄┄┄┄┄┄┄┄┄┄┄┄┄┄┄┄┄┄┄┄┄ 192

  本章小结 ┄┄┄┄┄┄┄┄┄┄┄┄┄┄┄┄┄┄┄┄┄┄┄┄┄┄┄┄┄┄┄┄┄ 192

  实验 6 ┄┄┄┄┄┄┄┄┄┄┄┄┄┄┄┄┄┄┄┄┄┄┄┄┄┄┄┄┄┄┄┄┄┄┄ 193

  习题 6 ┄┄┄┄┄┄┄┄┄┄┄┄┄┄┄┄┄┄┄┄┄┄┄┄┄┄┄┄┄┄┄┄┄┄┄ 193

第 7 章　系统管理和维护 ┄┄┄┄┄┄┄┄┄┄┄┄┄┄┄┄┄┄┄┄┄┄┄ 194

  7.1　用户管理 ┄┄┄┄┄┄┄┄┄┄┄┄┄┄┄┄┄┄┄┄┄┄┄┄┄┄┄┄┄ 194

    7.1.1　用户与组简介 ┄┄┄┄┄┄┄┄┄┄┄┄┄┄┄┄┄┄┄┄┄ 194

    7.1.2　用户种类 ┄┄┄┄┄┄┄┄┄┄┄┄┄┄┄┄┄┄┄┄┄┄┄┄ 194

    7.1.3　用户的添加与删除 ┄┄┄┄┄┄┄┄┄┄┄┄┄┄┄┄┄┄ 195

    7.1.4　组的添加与删除 ┄┄┄┄┄┄┄┄┄┄┄┄┄┄┄┄┄┄┄ 203

  7.2　用户身份转换命令 ┄┄┄┄┄┄┄┄┄┄┄┄┄┄┄┄┄┄┄┄┄┄┄ 206

    7.2.1　激活与锁定 root 用户 ┄┄┄┄┄┄┄┄┄┄┄┄┄┄┄┄ 206

    7.2.2　sudo 命令 ┄┄┄┄┄┄┄┄┄┄┄┄┄┄┄┄┄┄┄┄┄┄┄┄ 207

    7.2.3　passwd 命令 ┄┄┄┄┄┄┄┄┄┄┄┄┄┄┄┄┄┄┄┄┄┄ 208

7.2.4　su 命令 ················· 208

7.2.5　useradd 命令 ············· 208

7.3　软件包管理 ··················· 209

7.3.1　软件包简介 ··············· 209

7.3.2　高级软件包管理工具 APT ········ 210

7.3.3　字符界面软件包管理工具 ········· 217

7.3.4　Ubuntu 软件中心 ············ 220

本章小结 ························ 225

实验 7 ························· 226

习题 7 ························· 226

第 8 章　网络基本配置与应用 ············· 227

8.1　网络基本配置 ················· 227

8.1.1　网络基础知识 ············· 227

8.1.2　IP 地址配置 ·············· 228

8.1.3　DNS 配置 ··············· 236

8.1.4　hosts 文件 ·············· 237

8.2　Linux 常用网络命令 ·············· 238

8.2.1　ifconfig 命令 ············· 238

8.2.2　ping 命令 ·············· 239

8.2.3　netstat 命令 ············· 240

8.2.4　ftp 和 bye 命令 ············ 241

8.2.5　telnet 和 logout 命令 ········· 242

8.2.6　rlogin 命令 ············· 243

8.2.7　route 命令 ············· 244

8.2.8　finger 命令 ············· 244

8.2.9　mail 命令 ············· 245

8.3　Firefox 浏览器 ················ 245

8.3.1　Firefox 简介 ············· 245

8.3.2　Firefox 的使用 ············ 246

8.3.3　Firefox 的配置 ············ 246

8.4　电子邮件客户端软件 Thunderbird ········ 249

本章小结 ························ 253

实验 8 ························· 253

习题 8 ························· 254

第 9 章　常用服务器的搭建 ·············· 255

9.1　配置 FTP 服务器 ··············· 255

9.1.1　FTP 简介 ··············· 255

9.1.2 安装 FTP 服务器 ··· 255

9.1.3 配置 FTP 服务器 ··· 257

9.2 配置 Samba 服务器 ·· 264

9.2.1 SMB 协议和 Samba 服务器简介 ································· 264

9.2.2 安装 Samba 服务器 ··· 265

9.2.3 配置和访问 Samba 服务器 ······································· 266

9.3 配置 DHCP 服务器 ·· 269

9.3.1 DHCP 基础知识 ·· 269

9.3.2 在 Ubuntu 中安装 DHCP 服务 ·································· 271

本章小结 ··· 273

实验 9 ·· 273

习题 9 ·· 273

第 10 章 Shell 基础 ··· 274

10.1 Shell 基础知识 ··· 274

10.1.1 什么是 Shell ··· 274

10.1.2 Shell 的种类 ·· 275

10.1.3 Shell 的便捷操作 ··· 276

10.1.4 Shell 中的特殊字符 ··· 277

10.2 Shell 变量 ·· 281

10.2.1 Shell 变量的种类 ··· 281

10.2.2 Shell 变量的定义及使用 ·· 283

10.2.3 变量的数值运算 ··· 287

10.3 命令别名和命令历史 ··· 291

10.3.1 命令别名 ·· 292

10.3.2 命令历史 ·· 292

本章小结 ··· 293

实验 10 ··· 294

习题 10 ··· 294

第 11 章 Shell 编程 ··· 295

11.1 Shell 脚本简介 ··· 295

11.2 编写 Shell 脚本 ·· 295

11.2.1 建立 Shell 脚本 ··· 296

11.2.2 执行 Shell 脚本 ··· 296

11.3 交互式 Shell 脚本 ··· 297

11.4 逻辑判断表达式 ·· 298

11.5 分支结构 ·· 302

11.5.1 if 语句 ·· 302

11.5.2　case 语句 ·· 305

11.6　循环结构 ·· 306

　11.6.1　for 循环 ·· 306

　11.6.2　while 循环 ·· 307

　11.6.3　until 循环 ·· 308

　11.6.4　break 和 continue 命令 ······························· 309

11.7　函数 ··· 310

11.8　脚本调试 ·· 310

本章小结 ·· 311

实验 11 ··· 311

习题 11 ··· 311

第 12 章　常用开发环境的搭建 ·· 313

12.1　Java 开发环境 Eclipse 的搭建 ·································· 313

　12.1.1　Java 简介 ··· 313

　12.1.2　Java 的特点 ··· 313

　12.1.3　Eclipse 介绍 ·· 314

　12.1.4　Eclipse 环境的搭建 ···································· 315

12.2　Java 开发环境 Eclipse 的使用 ·································· 316

　12.2.1　创建 Java 项目 ·· 316

　12.2.2　创建 Java 类 ·· 318

　12.2.3　编辑 Java 程序代码 ···································· 318

　12.2.4　执行 Java 程序 ·· 321

12.3　安装 C/C++ IDE 开发工具 ···································· 322

　12.3.1　Linux 下的 C/C++ 开发工具介绍 ····················· 322

　12.3.2　Code：：blocks 的安装 ·································· 323

12.4　C/C++ IDE 开发工具的使用 ··································· 323

12.5　用 GCC 编译执行 C 程序 ······································ 327

　12.5.1　GCC 简介 ·· 327

　12.5.2　GCC 的使用 ·· 328

12.6　安装 Python 开发工具 ··· 335

　12.6.1　Python 简介 ··· 335

　12.6.2　安装 Python ··· 335

　12.6.3　Python 开发工具 PyCharm ······························ 337

本章小结 ·· 338

实验 12 ··· 339

习题 12 ··· 339

参考文献 ·· 340

第 1 章　Linux 简介与系统安装

随着计算机技术和信息技术的不断发展,Linux 操作系统也呈现出欣欣向荣的发展和应用局面。广大的企事业单位、高校、科研院所都大量采用 Linux 操作系统作为高端的服务器应用。普通计算机用户也表现出了对 Linux 的浓厚兴趣,学习、掌握和熟练使用 Linux 系统已经成为当今众多计算机爱好者的目标。

1.1　Linux 简介

众所周知,Linux 操作系统是众多操作系统中的一种。而操作系统又是架设在计算机系统上的第一层软件,与计算机硬件紧密相关。那么,应该如何理解计算机系统呢?

计算机系统包括硬件和软件两部分。硬件部分也称为裸机,主要包括中央处理器(CPU)、内存、外存和各种外部设备。软件部分主要包括系统软件和应用软件两部分。系统软件包括操作系统、汇编语言、编译程序、数据库管理系统等软件。应用软件是为多种应用而编制的各种实用程序,例如办公自动化软件、财务管理软件、杀毒软件、游戏软件、即时通信软件等普通用户日常使用的软件。计算机系统必须先配置好系统软件,才能安装应用软件,应用软件也只有在系统软件的支持下才能为用户提供服务。计算机系统结构如图 1-1 所示。

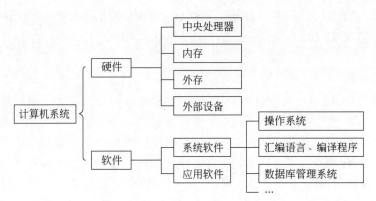

图 1-1　计算机系统结构

在所有的系统软件中,操作系统是配置在计算机硬件上的第一层软件,是用户或应用程序与计算机硬件之间的接口。操作系统是汇编语言、编译程序、数据库管理系统等其他系统软件和各种应用软件的基础,任何计算机都必须首先配置操作系统,才能够安装其他软件,操作系统是计算机正常工作的基础软件。配置了操作系统,计算机才有了无限的活力,才能够变得方便易用和易于维护。因此,操作系统在计算机系统结构中具有十分重要的作用,是计算机系统进行工作的基础。

在日常的计算机使用中,微软公司的 Windows 系列操作系统、以 Linux 为内核的操作系统以及以 UNIX 为内核的操作系统是比较常见的操作系统,这些操作系统占 90% 以上的市场份额。在这些种类繁多的操作系统中,Linux 操作系统越来越受到人们的广泛关注和重视。Linux 是一种自由、开放、免费的系统软件,是一种多任务、多用户的网络操作系统。Linux 内核最早是由 Linus Torvalds 在 1991 年开发出来的。在它诞生的短短 30 多年的时间里,呈现出强大的生命力和广阔的应用前景。蓬勃发展的 Linux 操作系统是自由软件和开放源代码的典范。

1.1.1 什么是 Linux

1. Linux 的含义

Linux 具有良好的可移植性,广泛运行于个人 PC、服务器、工作站和大型机,以及包括嵌入式系统在内的各种硬件设备,适用平台非常广泛。它开放源代码,遵循 GPL 精神,符合 POSIX 标准,并且是与 UNIX 兼容的操作系统。从另一个角度来看,Linux 是一套免费使用和自由传播的类 UNIX 操作系统。它可以在基于 Intel x86 系列处理器以及 Cyrix、AMD 等兼容芯片的计算机上运行。

目前,Linux 已经成为受到广泛关注和支持的操作系统。众多信息业巨头和厂商也逐渐加入到支持 Linux 的行列中,包括 IBM、惠普、戴尔等大型 IT 公司。并且,目前也成立了一些国际组织以支持 Linux 的发展,如 Open Invention Network(OIN)组织,其成员包括 IBM、索尼、NEC、Philips、Novell、Red Hat 等国际公司。和微软公司的 Windows 系统相比,作为自由软件的 Linux 具有软件成本低、安全性高以及更加可信赖等优势。

Linux 具有双重含义。更严格地讲,Linux 本身只表示 Linux 内核,但在实际上人们已经习惯了用 Linux 来形容 Linux 的各种发行版,把它们统称为 Linux 操作系统。而 Linux 的发行版是基于 Linux 内核,并且搭配了各种人机界面、应用软件和服务软件的操作系统,例如大家非常熟悉的 Redhat Linux、CentOS Linux、Ubuntu Linux、红旗 Linux 等操作系统。

2. POSIX 标准

POSIX 是 Portable Operating System Interface of UNIX(UNIX 可移植操作系统接口)的缩写,它定义了一套标准的操作系统接口和工具,最初是基于 UNIX 制定的针对操作系统应用接口的国际标准。POSIX 是一个涵盖范围很广的标准体系,已经颁布了 20 多个标准。制定 POSIX 标准是为了获得不同操作系统在源代码级的软件兼容性,使操作系统具有较强的可移植性。POSIX 现在已经发展成为一个非常庞大的标准族,某些部分正处在开发过程中。其中,POSIX 1003.1 标准定义了一个最小的 UNIX 操作系统接口,任何操作系统都只有符合该标准才能运行 UNIX 程序。POSIX 常见标准如下:

(1) POSIX 1003.0 标准。用于管理 POSIX 开放式系统环境(Open System Environment,OSE)。IEEE 在 1995 年通过了这项标准。ISO 的版本是 ISO/IEC 14252:1996。

(2) POSIX 1003.1 标准。是被广泛接受、用于源代码级别的可移植性标准。1003.1 提供一个操作系统的 C 语言应用编程接口(Application Programming Interface,API)。IEEE 和 ISO 已经在 1990 年通过了这个标准,IEEE 在 1995 年重新修订了该标准。

(3) POSIX 1003.1b 标准。是用于实时编程的标准。这个标准在 1993 年被 IEEE 通过,并被归入 ISO/IEC 9945-1。

（4）POSIX 1003.1c 标准。是用于线程的标准。线程可以简单地理解为一个程序中当前被执行的代码段。该标准曾经是 P1993.4 或 POSIX.4 的一部分，在 1995 年被 IEEE 通过，并被归入 ISO/IEC 9945-1：1996。

（5）POSIX 1003.1g 标准。是关于通信协议独立接口的标准，该接口可以使一个应用程序通过网络与另一个应用程序通信。1996 年 IEEE 通过了这个标准。

（6）POSIX 1003.2 标准。是应用于 Shell 和工具软件（分别是操作系统所必须提供的命令处理器和工具程序）的标准。1992 年 IEEE 通过了这个标准，ISO 也通过了这个标准，即 ISO/IEC 9945-2：1993。

（7）POSIX 1003.2d 标准。是改进的 1003.2 标准。

（8）POSIX 1003.5 标准。是相当于 1003.1 的 Ada 语言的应用编程接口。1992 年 IEEE 通过了这个标准，并在 1997 年对其进行了修订。ISO 也通过了该标准。

（9）POSIX 1003.5b 标准。是相当于 1003.1b（实时扩展）的 Ada 语言的应用编程接口。IEEE 和 ISO 都已经通过了这个标准。ISO 的标准是 ISO/IEC 14519：1999。

（10）POSIX 1003.5c 标准。是相当于 1003.1q（通信协议独立接口）的 Ada 语言的应用编程接口。1998 年 IEEE 通过了这个标准。ISO 也通过了这个标准。

（11）POSIX 1003.9 标准。是相当于 1003.1 的 FORTRAN 语言的应用编程接口。1992 年 IEEE 通过了这个标准，并于 1997 年对其再次确认。ISO 也通过了这个标准。

（12）POSIX 1003.10 标准。是应用于超级计算应用环境框架（Application Environment Profile，AEP）的标准。1995 年 IEEE 通过了这个标准。

（13）POSIX 1003.13 标准。是关于应用环境框架的标准，主要针对使用 POSIX 接口的实时应用程序。1998 年 IEEE 通过了这个标准。

（14）POSIX 1003.22 标准。是针对 POSIX 的关于安全性框架的指南。

（15）POSIX 1003.23 标准。是针对用户组织的指南，主要用于指导用户开发和使用支持操作需求的开放式系统环境框架。

（16）POSIX 2003 标准。是有关是否符合 POSIX 标准的测试方法的定义、一般需求和指导方针的标准。1997 年 IEEE 通过了这个标准。

（17）POSIX 2003.1 标准。规定了针对 1003.1 的 POSIX 测试方法的提供商要提供的一些条件。1992 年 IEEE 通过了这个标准。

（18）POSIX 2003.2 标准。是定义了被用来检查与 IEEE 1003.2（Shell 和工具 API）是否符合的测试方法的标准。1996 年 IEEE 通过了这个标准。

以上介绍了 1003 家族和 2003 家族的标准。除此以外，还有几个其他的 IEEE 标准，例如 1224 和 1228，它们也提供用于开发可移植应用程序的 API。

Linux 是一个遵循 POSIX 标准的操作系统。也就是说，任何基于 POSIX 标准编写的应用程序，包括大多数 UNIX 和类 UNIX 系统的应用程序，都可以方便地移植到 Linux 系统上。

1.1.2 Linux 发展历程

1. Linux 产生的历史条件

Linux 的诞生和发展与 UNIX 系统、Minix 系统、Internet、GNU 计划密不可分。它们对 Linux 的产生和发展都有着深远的影响,为 Linux 成长奠定了坚实的基础。

1) UNIX 系统

Linux 是一个类 UNIX 的操作系统。Linux 和 UNIX 的设计有很多相似之处。其实,早在 20 世纪 70 年代 UNIX 操作系统就已产生,在 Linux 出现之前,它已经得到了相当广泛的应用。

1971 年,UNIX 操作系统诞生于 AT&T 公司的贝尔实验室。UNIX 是一个多用户、多任务的分时操作系统。UNIX 的出现源于贝尔实验室的两位软件工程师 Ken Thompson(肯·汤普森)与 Dennis Ritchie(丹尼斯·里奇)。UNIX 的产生与美国国防计划署的 MULTICS 项目密切相关。

1964 年,由贝尔实验室、麻省理工学院(Massachusetts Institute of Technology,MIT)、美国通用电气公司(General Electric Company,GE)共同开发 MULTICS 系统,这是一套安装在大型主机上的多用户、多任务的分时操作系统。但是 MULTICS 项目的工作进度过于缓慢,通用电气公司首先退出此计划。1969 年,贝尔实验室也退出了。当时,Ken Thompson 为 MULTICS 项目撰写了一个称为《星际旅行》(*Star Travel*)的游戏程序。贝尔实验室退出 MULTICS 项目后,Ken Thompson 开始利用一台闲置的 PDP-7 计算机开发了一种多用户、多任务操作系统,目的是能够运行《星际旅行》游戏程序。很快,Dennis Ritchie 也加入了这个项目,在他们共同努力下诞生了最早的 UNIX 操作系统。早期的 UNIX 是用汇编语言编写的,但其第三个版本用一种崭新的编程语言——C 语言重新设计了。C 语言是 Dennis Ritchie 设计并用于编写操作系统的程序语言。通过这次重新编写,UNIX 得以移植到更为强大的 DEC PDP-11/45 与 PDP-11/70 计算机上运行。UNIX 系统内核短小精悍,只有两万行代码,但性能优异,且源代码公开。在 20 世纪 70 年代,UNIX 系统是免费的。因此,它的应用范围迅速从实验室向外扩展,遍布于各科研院所和高校,覆盖了大中小型计算机、工作站、PC、服务器等,并成为操作系统的主流,现在几乎每个主要的计算机厂商都有其自有版本的 UNIX 系统。为了表彰 Dennis Ritchie 和 Ken Thompson 的功绩,1983 年他们一同被授予计算机界的最高奖项——图灵奖。

UNIX 系统的特点如下:

(1) 无可比拟的安全性与稳定性。

(2) 良好的伸缩性,系统内核和核外程序均可裁剪。

(3) 强大的 TCP/IP 支持功能。

(4) 良好的可移植性,支持广泛的硬件平台。

UNIX 系统的设计十分精巧,是操作系统设计的经典之作。它的很多优秀的设计思想和理念深深影响了后来的操作系统。Linux 系统也继承了 UNIX 系统的优秀设计思想,集中了 UNIX 系统的各种优点。

2) Minix 系统

在 20 世纪 70 年代,UNIX 系统是免费的。但随着 UNIX 系统的广泛应用,它逐渐由一个免费软件变成一个商用软件。因此,需要花费高昂的源码许可证费用才能获得 UNIX 系统的源代码,并且 UNIX 对硬件性能的要求也较高。这些都限制了 UNIX 系统在教学和科研领域的应用。1987 年,荷兰人 Andrew S. Tanenbaum 教授利用业余时间开发设计了一个微型的 UNIX 操作系统——Minix。Minix 是一个基于微内核技术的类似于 UNIX 的操作系统,主要用于操作系统课程的教学和研究。Minix 系统的名称取自英语 Mini UNIX,全部程序代码共约 12 000 行,约 300MB,十分小巧。Minix 除了启动的部分以汇编语言编写以外,其他大部分是用 C 语言编写的。系统功能主要分为内核、内存管理及文件管理 3 部分。Minix 系统与 UNIX 系统不同,Minix 对硬件的要求不高,可以运行在廉价的 PC 上。Linux 操作系统就是在 Minix 系统的基础上开发和设计的。

3) Internet

20 世纪 80 年代中期,Internet(因特网)形成。通过 Internet,全球的计算机通过网络连接在一起,所有用户都可以通过 Internet 相互交流和获取信息。Linux 是网络时代的产物。要使 Linux 成为一个理想的操作系统,是一项规模巨大的工程,它的发展壮大需要遍布世界各地的编程专家和软件爱好者共同参与。无数的程序员通过 Internet 参与了 Linux 的技术改进和测试工作。任何人想往内核中加入新的特性,只要被认为是有用的、合理的,就允许加入。这样,Linux 在来自世界各地的人们的共同协作下,通过 Internet 发展起来。可以说,没有 Internet 就没有今天生命力如此强大、不断发展的 Linux 操作系统。

4) GNU 计划

Linux 的发展是和 GNU 计划紧密联系在一起的。Linux 内核从一开始就是按照公开的 POSIX 标准编写的,并且大量使用了来自自由软件基金会的 GNU 软件,同时 Linux 自身也是用它们构造而成的。

20 世纪 80 年代,自由软件运动兴起。自由软件(free software)是一种可以不受限制地自由使用、复制、研究、修改和分发的软件。"不受限制"正是自由软件最重要的本质。自由软件提倡"四大自由",即运行软件的自由、获得源代码修改软件的自由、发布软件的自由、发布后修改软件的自由。

1983 年,自由软件运动的领导者 Richard Stallman(理查德·斯托曼)提出 GNU 计划。GNU 是 GNU is Not UNIX 的递归缩写,是自由软件基金会的一个项目,该项目的目标是开发一个自由的类 UNIX 操作系统,包括内核、软件开发工具和各种应用程序。为了保证 GNU 计划的软件能够被广泛共享,Stallman 又为 GNU 计划设计了通用软件许可证(General Public License,GPL)。此类软件的开发不是为了经济目的,而是为了不断开发并传播新的软件,并让每个人都能获得和拥有。GPL 允许软件作者拥有软件版权,但授予其他任何人以合法复制、发行和修改软件的权利。GPL 也是一个针对免费发布软件的具体的发布条款。对于遵照 GPL 发布的软件,用户可以免费得到软件的源代码和永久使用权,可以任意修改和复制,同时也有义务公开修改后的代码。

自 20 世纪 90 年代发起这个计划以来,GNU 开始大量开发和收集各种系统所必备的组件。到 1991 年 Linux 内核发布的时候,GNU 几乎完成了除了系统内核之外的各种必备软件的开发,其中大部分是按 GPL 发布的,例如函数库(library)、编译器(compiler)、侦错工具(debugger)、文本编辑器(text editor)、网页服务器(Web server)以及一个 UNIX 的使用者接口(UNIX Shell)。此时,Linux 内核发布,该内核也是基于 GPL 发布的。在 Linux 系统的创始人 Linus Torvalds 和其他开发人员的共同努力下,各种 GNU 软件被组合到 Linux 内核中,构成了 GNU/Linux 这一完整的自由操作系统。虽然 Linux 内核并不是 GNU 计划的一部分,但是它已经融入 GNU 计划,并服务于 GNU 计划,成为 GNU/Linux 的操作系统核心。

2. Linux 的诞生

Linux 起源于芬兰赫尔辛基大学计算机系一个学生的个人爱好。Linus Torvalds 是 Linux 的发明者与主要维护者。Linux 内核最早是由 Linus Torvalds 在 1991 年开发出来的。1990 年秋天，Linus 正在赫尔辛基大学学习操作系统课程，他所用的教材是 Andrew S. Tanenbaum 教授编写的《操作系统——设计与实现》。为了方便学习，Linus 购买了自己的 PC，而且 PC 上所装的软件是 Minix 操作系统。当时，Minix 并不是完全免费的，而且 Tanenbaum 教授不允许别人为 Minix 再加入其他的模块，目的是为了教学的简明扼要。

由于 Minix 开发的初衷是用于教学，因此 Linus 在使用过程中对 Minix 的功能不是很满意。受 Minix 的启发，Linus 决定以 Intel 386 微处理器为基础开发一个操作系统。目的是使这个操作系统可用于 Intel 386、486 或奔腾处理器的 PC 上，并且具有 UNIX 操作系统的全部功能。他以自己熟悉的 UNIX 系统作为原型，在一台 Intel 386 PC 上开始了开发工作。

首先，Linus 开发了第一个程序，包括两个进程，向屏幕上写字母 A 和 B，利用定时器进行进程切换。此外，Linus 还编写了一个简单的终端仿真程序来存取 Usenet 新闻组的内容。Linus 说："在这之后，开发工作可谓一帆风顺。尽管程序代码仍然千头万绪，但此时我已有一些设备，调试也相对容易了。在这一阶段我开始使用 C 语言编写代码，这使得开发工作加快了许多。与此同时，我产生了一个大胆的梦想：制作一个比 Minix 更好的操作系统。我希望有一天能够在自己的 Linux 系统上重新编译 GCC。"

基础的开发工作持续了两个月，直到完成了显示器、键盘、Modem 的驱动程序和一个小的文件系统，操作系统的原型出现了，即 Linux 的 0.01 版本。Linux 0.01 版的开发没有使用任何 Minix 或 UNIX 的源代码，它仅有一万行代码，仍必须运行于 Minix 操作系统之上，并且必须使用硬盘开机，没有软盘驱动器的驱动程序。总之，此时的 Linux 系统还十分初级，还有很多功能需要完善。

1991 年 10 月 5 日，Linus 在赫尔辛基大学的 FTP 上发布了 Linux 系统的第一个正式版本，其版本号为 0.02。开始时，Linus 给它起的名字叫 Freax，是"Free（自由）＋Freak（怪诞）＋X"的组合。但是，当时赫尔辛基大学的 FTP 服务器管理员 Ari Lemmke 认为这个名字不好，建议改为 Linux，含义为 Linus 的 Minix 系统。Linus 也认为这个名字不错，就欣然接受了。由此，Linux 诞生了。通过网络，越来越多的专业用户发现 Linux 内核相当小巧精致。因此，Linux 逐渐成为众多程序员所关注的一个系统，不断有人投入到 Linux 内核的研究中。他们自愿地开发它的应用程序，并借助 Internet 让大家一起修改，所以 Linux 周边的程序越来越多，Linux 本身也逐渐发展壮大起来。

值得注意的是，Linux 并没有包括 UNIX 源代码，它是按照公开的 POSIX 标准重新编写的。此版本的 Linux 能够运行 GNU 的 bash shell 及 GNU 的编译器 GCC，但应用程序还不多。最初的主要工作集中在内核开发、对用户的支持、系统的文档上面，对系统的发行并不太在意。直到现在，Linux 社区依然把发行工作放在次要的位置，而将主要注意力集中在程序的编写上。

1.1.3　Linux 的特点

Linux 操作系统是由世界各地成千上万的程序员设计和实现的。其目的是建立不受任何商品化软件版权制约的、全世界都能自由使用的 UNIX 兼容产品。和其他的商用 UNIX 系统以及微软公司的 Windows 系统相比,作为自由软件的 Linux 系统具有成本低、安全性高、更加可信赖的优势。

1. Linux 的优点

Linux 有以下优点:

(1) 基于 UNIX 设计,性能出色。Linux 系统继承了 UNIX 的设计理念。是一种多用户、多任务的类 UNIX 操作系统。具有执行速度快、占用内存空间小,并且性能优异的特点,可以全天候不间断工作,系统不会死机。因此,Linux 可以胜任大、中、小型计算机以及高端服务器等各种领域的重要工作。

(2) 遵循 GPL。用户可以免费获得和使用 Linux,并在 GPL 的范围内自由修改和传播。

(3) 符合 POSIX 标准,兼容性好。任何基于 POSIX 标准编写的 UNIX 和类 UNIX 系统的应用程序都可以方便地移植到 Linux 上,反之亦然。

(4) 可移植性好。可移植性是指将操作系统从一个平台转移到另一个平台,它仍然能按其自身的方式运行。

Linux 内核 90% 的代码采用 C 语言编写,具备高度的可移植性,能够在从微型计算机到大型计算机的任何环境中和任何平台上正常运行。可移植性为运行 Linux 的不同计算机平台与其他计算机进行准确而有效的通信提供了保障,不需要另外增加特殊的、昂贵的通信接口。

(5) 网络功能强大。网络协议内置在 Linux 内核中,可以与各种网络集成在一起。完善的内置网络是 Linux 的一大特点。内核外的网络应用功能也十分强大,可以运行各类网络服务。Linux 在通信和网络功能方面优于其他操作系统。

Linux 的网络功能如下:

① 支持 Internet。Linux 免费提供了大量支持 Internet 的软件,Internet 是在 UNIX 领域中建立并繁荣起来的,在这方面使用 Linux 是相当方便的,用户能使用 Linux 与世界上的其他人通过 Internet 网络进行通信。

② 支持文件传输。用户能通过一些 Linux 命令完成内部信息或文件的传输。

③ 支持远程访问。Linux 不仅允许进行文件和程序的传输,还为系统管理员和技术人员提供了访问其他系统的窗口。通过远程访问的功能,一位技术人员能够有效地为多个系统服务,即使那些系统位于与之相距很远的地方。

(6) 设备独立性。设备独立性是指操作系统把所有外部设备统一当作文件来看待,只要安装相应的驱动程序,任何用户都可以像使用文件一样操纵、使用这些设备,而不必知道它们的具体存在形式。设备独立性的关键在于内核的适应能力。很多操作系统只允许连接一定数量或一定种类的外部设备,而具有设备独立性的操作系统能够容纳任意种类及任意数量的设备,每一个设备都是通过它与内核的专用连接独立进行访问的。

Linux 是具有设备独立性的操作系统,它的内核具有高度适应能力。随着更多的程序员加入 Linux 编程开发,会有更多硬件设备加入到各种 Linux 内核和发行版本中。另外,由于用户可以免费得到 Linux 的内核源代码,因此,用户可以修改内核源代码,以便适应新增加的外部设备。

（7）安全性强。Linux 内核中采取了许多安全技术措施来保障系统资源的安全,如文件权限的读写控制、带保护的子系统、审计跟踪、核心授权等,这为网络多用户环境中的用户提供了必要的安全保障。另外,Linux 的源代码公开,更新速度快,病毒防御能力强。

（8）良好的用户界面。Linux 向用户提供了 3 种界面:命令行用户界面、系统调用界面、图形用户界面。

Linux 的传统用户界面是基于文本的命令行界面,即 Shell,它既可以联机使用,又可以脱机使用。Shell 有很强的程序设计能力,用户可以方便地用它编制程序,这为用户扩充系统功能提供了更高级的手段。可编程 Shell 是指用户可以将多条命令组合在一起,形成一个 Shell 程序,这个程序可以单独运行,也可以与其他程序同时运行。

系统调用给用户提供编程时使用的接口。用户可以在编程时直接使用系统提供的系统调用命令。系统通过这个接口为用户程序提供低级、高效率的服务。

Linux 还为用户提供了图形用户界面。它利用鼠标、菜单、窗口、滚动条等方式,向用户呈现一个直观、易操作、交互性强的友好的图形化界面。

2. Linux 的缺点

尽管 Linux 系统有很多优秀的特性,但它还存在一些问题,例如,Linux 的发行版本太多,不同版本的使用存在差异,不同版本之间的兼容性不好,入门的门槛要求较高,中文支持不够好,等等。

3. Linux 系统的组成

Linux 操作系统的基本组成包括内核、Shell、文件系统、应用程序等几个部分。Linux 操作系统的构成如图 1-2 所示。

图 1-2　Linux 操作系统的构成

（1）内核。不同发行版本的 Linux 系统使用的系统内核只有一个版本,即 Linux 内核。内核由 Linus 和他的内核团队负责维护和发布。Linux 内核是 Linux 系统的核心,是运行程序和管理硬件设备(如磁盘、打印机等)的核心程序,它是提供硬件抽象层、磁盘及文件系统控制、多任务等功能的系统软件。一套基于 Linux 内核的完整的操作系统称为 Linux 操作系统,或 GNU/Linux。

（2）Shell。它是 Linux 系统的用户界面,是用户与内核进行交互操作的一种接口。Shell 负责接收、解释和执行用户输入的命令,一个 Shell 可以理解为一个命令集。

（3）文件系统。它是文件存放在磁盘等存储设备上的组织方法。Linux 能支持多种目前流行的文件系统,如 EXT2、EXT3、EXT4、FAT、VFAT、ISO9660(光盘文件系统)、NFS(网络文件系统)等。

（4）应用程序。标准的 Linux 系统都有一整套称为应用程序的程序集,包括文本编辑器、编程语言、X Window、办公套件、Internet 工具、数据库等。通过这些应用程序可以进行系统的扩展,满足不同用户的应用需求。

1.1.4　Linux 的版本

Linux 操作系统具有双重含义。严格地讲,Linux 操作系统仅指 Linux 内核,但实际上人们已经习惯了用 Linux 操作系统来称呼 Linux 的发行版本。因此,本节将 Linux 系统的版本分为内核版本和发行版本进行介绍。

1. Linux 的内核版本

1991 年，Linus 成功发布在 Internet 上的版本即 Linux 的内核版本。在他发布 Linux 0.03 内核之后，Linus 开始向 Linux 0.10 内核发起冲击。在 1992 年 3 月，Linus 对此时的 Linux 已有足够的信心，他认为 Linux 已是一个稳定的系统了，所以将它的版本号定为 0.95。1994 年，Linus 发布正式的 Linux 1.0，由此，Linux 系统开始成为一个比较完善的操作系统，并逐渐为世人所知。

一些软件公司相继开发出自己的 Linux 系统，如 Redhat Linux、RedFlag Linux 等。应用软件厂商也开发出大量基于 Linux 的应用软件。众多软件专家和 Linux 爱好者不断地提高和改进 Linux 的内核功能。在不同时期，具有代表性的 Linux 内核版本如下：

- 1994 年发行的 Linux 1.0 内核。
- 1996 年发行的 Linux 2.0 内核。
- 1999 年发行的 Linux 2.2.x 内核。
- 2001 年发行的 Linux 2.4.x 内核。
- 2003 年发行的 Linux 2.6.x 内核。
- 2012 年 1 月发行的 Linux 3.2.x 内核。
- 2013 年 7 月发行的 Linux 3.10.x 内核。
- 2014 年 4 月发行的 Linux 4.0.x 内核。
- 2015 年 6 月发行的 Linux 4.1.x 内核。
- 2015 年 8 月发行的 Linux 4.2.x 内核。
- 2016 年 3 月发行的 Linux 4.5.x 内核。
- 2017 年 2 月发行的 Linux 4.10.x 内核。
- 2017 年 7 月发行的 Linux 4.12.x 内核。
- 2018 年 1 月发行的 Linux 4.15.x 内核。
- 2018 年 6 月发行的 Linux 4.17.x 内核。
- 2019 年 3 月发行的 Linux 5.0.x 内核。
- 2019 年 7 月发行的 Linux 5.2.x 内核。

目前最新内核稳定版本是 Linux Kernel 5.10.x，它是一个长期支持（LTS）版本，计划一直维护到 2026 年。

内核版本号由 3 部分组成，即"主版本号＋次版本号＋修订序列号"，如 2.6.20。第一部分是主版本号，主版本号不同的内核有很大的功能差异。第二部分是次版本号。一般情况下，次版本号为偶数，表示该版本是稳定版本，已经通过测试；如果次版本号为奇数，表示该版本为测试版，有可能存在错误。第三部分是修订序列号，数字越大，表示其功能越强，且错误越少。

2. Linux 的发行版本

Linux 发行版本即通常人们所说的"Linux 操作系统"，它可以由一个组织、公司或者个人发行。Linux 的发行版本基于 Linux 内核，并且搭配了各种人机界面、应用软件和服务软件，例如软件开发工具、数据库、Web 服务器、X Window、桌面环境（如 GNOME 和 KDE）、办公套件（如 openOffice.org）、脚本语言等。因此，Linux 发行版本是包含 Linux 内核的众多软件的集合。

虽然 Linux 的发行版本种类繁多,但是它们的内核都是相同的,即 Linux 内核。目前比较流行的 Linux 发行版本包括以下几种。

(1) Redhat Linux 和 Fedora。Red Hat 公司是商业化最成功的 Linux 发行商,无论在高端服务器市场还是 PC 市场都有广泛的用户群。早在 1994 年 3 月,Linux 内核 1.0 版正式发布后,Red Hat 软件公司就已经成立,并成为最著名的 Linux 分销商之一。Redhat Linux 以 Linux 内核为基础,并配置了优秀的安装程序、图形配置工具和先进的软件包管理工具 RPM,它具有优秀的软硬件兼容性。

Redhat Linux 的发展从 1.0 版本开始,逐渐发展到 7.x 版本、8.0 版本、9.0 版本。2003 年底 Red Hat 公司停止了免费版 Redhat Linux 的开发和发布,将 Redhat Linux 分为两个系列:用于服务器的商业化版本 RHEL(Red Hat Enterprise Linux)和定位于桌面用户的免费版本 Fedora,中文名为费多拉。RHEL 由 Red Hat 公司提供收费的技术支持和更新,成为 Red Hat 公司盈利的主打产品。RHEL 稳定性好,为企业服务器系统提供良好的技术支持。Fedora 面向桌面系统,成为普通用户广为使用的版本。Fedora 采用了许多 Linux 的新技术,版本更新周期短,大约每半年更新一次。Fedora 是体验 Linux 前沿技术的平台,但不保证稳定性。Fedora 的版本从 Fedora Core 1.0 版开始(第 7 版以前称为 Fedora Core),目前最新的版本为 2020 年 10 月发布的 Fedora 33,内核版本为 5.8,视窗系统为 GNOME 3.38 桌面环境。

(2) CentOS。CentOS(Community Enterprise Operating System)是 Linux 发行版之一,它来自 Red Hat Enterprise Linux,依照开放源代码规定释放出的源代码编译而成。由于出自同样的源代码,因此有些要求高度稳定性的服务器以 CentOS 替代商业版的 RHEL 使用。两者的不同在于 CentOS 并不包含封闭源代码软件。

(3) Debian。Debian 是由 GPL 和其他自由软件许可协议授权的自由软件组成的操作系统,由 Debian 计划组织维护。Debian 计划没有任何营利组织支持,它的开发团队完全由来自世界各地的志愿者组成。Debian 计划组织跟其他自由操作系统(如 Ubuntu、openSUSE、Fedora、Mandriva、OpenSolaris 等)的开发组织不同。上述自由操作系统的开发组织通常背后由公司或机构支持。而 Debian 计划组织则完全是一个独立的、分散的开发者组织,纯粹由志愿者组成,背后没有任何公司或机构支持。因此,Debian 是最纯正的自由软件 Linux 发行版本,所有软件包都是自由软件,由分布在世界各地的爱好者维护并发行。Debian 具有软件资源丰富、稳定性好、特别强调网络维护和在线升级等优点,但是它的发行版本的更新速度不快。

(4) Ubuntu。Ubuntu 是一个基于 Debian 的较新的 Linux 发行版,即 Ubuntu 是对 Debian GNU/Linux 进行裁剪的基础上进行的开发。Ubuntu 拥有 Debian 的所有优点。另外,Knoppix 和 Linspire 及 Xandros 等 Linux 发行版都是基于 Debian 开发的。

Ubuntu 具有安装过程人性化、桌面系统简单大方、对硬件的支持最好及最全面、版本的更新周期短等优点,为个人用户体验 Linux 系统带来极大的便利。

(5) openSUSE。openSUSE 的前身是德国的一个 Linux 发行版——SUSE Linux。2003 年,SUSE Linux 被 Novell 公司收购,定位于构建企业级服务器平台的 Linux 版本。SUSE 具有运行稳定、安装程序和图形管理工具直观易用的特点,openSUSE 秉承 SUSE 的特点,作为 Novell 企业版 Linux(例如 SLES 和 SLED)的基础,是商用 RedHat Linux 的主要竞争者。2013 年 3 月发布了 openSUSE 12.3 版,该版本的 Linux 内核版本为 3.7。目前较新的常规版是 openSUSE Leap 15.0,Linux 内核版本为 4.12。

openSUSE 的目标是使 SUSE Linux 成为所有人都能够得到的最易于使用的 Linux 发行版,使其成为使用最广泛的开放源代码平台,把 SUSE Linux 建设成世界上最好的 Linux 发行版,简化并开放开发和打包流程,把 openSUSE 打造成为 Linux 黑客和应用软件开发者的首选平台。Leap 15 一直不断为云使用场景(如虚拟化客户)进行优化,并同时提供了各种各样的桌面,包括 KDE 和 GNOME 以及用于简单试用的 Live 镜像。

openSUSE 被评价为最华丽的 Linux 桌面发行版。它不仅是优秀的桌面系统,作为中小型企业服务器也十分有优势,使用 YaST2 可以使服务器的配置更加简单、快捷,大型服务器系统可以选用 SUSE Enterprise Linux。openSUSE Leap 15 版的界面如图 1-3 所示。

图 1-3 openSUSE Leap 15 版的界面

(6) Gentoo。Gentoo 是一个基于源代码的发行版,它因高度的可定制性而出名。Gentoo 用户都选择手工编译源代码,生成专门为自己定制的系统。Gentoo 能为几乎任何应用程序或需求自动地进行优化和定制。追求极限的配置、性能,以及拥有顶尖的用户和开发者社区,都是 Gentoo 体验的标志特点。Gentoo 适合熟悉 Linux 系统的资深用户使用。

(7) Slackware。Slackware 是最早的 Linux 发行版,使用基于文本的工具和配置文件。Slackware 一直以简洁、安全和稳定著称。在软件包的选择上,Slackware 只安装一些常用的软件。在系统的配置方面,Slackware 不遮掩内部细节,它将系统"真实"的一面毫不隐藏地呈现给用户,让人们看到"真正的"Linux。因此,要求用户有一定的基础知识,否则难以驾驭它。它拥有一套很大的程序库,包括开发应用程序需要的每个工具,是开发自由软件的理想平台。它的特点是稳定、可靠、简单、敏感,升级不频繁。

(8) 红旗 Linux。红旗 Linux 是由北京中科红旗软件技术有限公司开发的一系列 Linux 发行版,包括桌面版、工作站版、数据中心服务器版、HA 集群版和红旗嵌入式 Linux 等产品。红旗 Linux 是中国较大、较成熟的 Linux 发行版之一。但在 2014 年 2 月,北京中科红旗软件技术有限公司因经营不善进入资产清算,宣布公司正式解散。2014 年 8 月,五甲万京信息产业集团宣布成功收购北京中科红旗软件技术有限公司。2015 年 6 月红旗软件发布 RedFlag Power Linux。

20 世纪 80 年代末,为了确保在现代化信息战中不容易受到攻击,中国科学院软件研究所奉命研制基于自由软件 Linux 的自主操作系统,于 1999 年 8 月发布了红旗 Linux 1.0 版。

最初主要用于关系到国家安全的重要政府部门。

红旗 Linux 的主要特点如下：

- 完善的中文支持。
- 与 Windows 相似的用户界面。
- 通过 LSB 3.0 测试认证，具备了 Linux 标准基础的一切品质。
- 对农历的支持和查询。
- x86 平台对 Intel EFI 的支持。
- Linux 下网页嵌入式多媒体插件的支持。
- 界面友好的内核级实时检测防火墙。

1.1.5　Linux 的应用和发展

1. Linux 的应用

从 Linux 的应用方面来看，主要有针对普通用户的桌面应用和针对系统管理的服务应用两种类型。相应地，Linux 的发行套件也有桌面版和服务器版两种版本。

（1）桌面应用。目前，大多数桌面版的 Linux 发行套件已经摒弃了早期版本难以安装、难以使用的缺点，十分类似于用户常见的 Windows 桌面系统平台。习惯于使用 Windows 系统的广大用户可以直接对 Linux 进行操作，通过鼠标操作来使用 Linux 的各种常用功能和程序，例如浏览器的使用、文档编辑、图片的处理、各种文件的管理和程序的运行等。由于 Linux 提供了直观的图形化界面，因此，熟悉 Windows 系统的用户可以顺利地利用鼠标进行各种操作。

（2）服务应用。Linux 主要应用于架设各种服务器的高端领域，特别是中高端服务器系统，广泛应用于通信系统、金融机构、商业、军事领域以及高等院校、科研院所。这些领域都大量采用 Linux 操作系统作为高端服务器应用。在 Linux 系统中架设 Web、FTP、DHCP 等服务器已经成为众多用户的首选。Linux 具有出色的稳定性、安全性，而且对计算机硬件的要求较低，因此在架设服务器的使用中，Linux 系统的市场份额相当高。

近些年来，嵌入式操作系统在人们的生活中的应用越来越广泛，逐步进入千家万户。Linux 在嵌入式系统领域的占有率位居第一。智能手机、瘦客户机、PDA、平板电脑、智能家电等众多设备中都使用了嵌入式操作系统，而嵌入式 Linux 凭借着完善的驱动程序以及接口命令成为这些设备中使用得最多的操作系统。因此，Linux 是被最广泛移植的操作系统内核。从掌上电脑 iPad 到 IBM 大型机，都可以安装 Linux 系统。Linux 是 IBM 超级计算机 BlueGene 的主要操作系统。另外，Linux 也广泛应用于操作系统的教学和研究领域。对于研究者而言，利用 Linux 系统可以剖析内核，进行系统改进；对于普通用户，可以利用 Linux 系统了解操作系统的内部原理，进行理论的实践。

2. Linux 的发展

Linux 内核的发展方向主要是对新体系结构和新硬件技术的支持。具体如下：

（1）以 Linux 内核为基础，开发高性能分布式操作系统，以满足分布式系统的发展，进行大数据量的处理工作。

（2）在嵌入式系统领域，要提供对更多硬件平台的支持，以及对硬件驱动程序的支持。

（3）面向个人用户，提供易于操作的使用界面和清晰的说明文档，降低普通用户的使用门槛，普及 Linux 系统的使用。

1.2　Ubuntu 简介

　　Ubuntu 是十分流行的桌面 Linux 发行版。目前，Ubuntu 全球用户已经超过 2000 万。在国内市场上，消费者也可以看到宏碁、戴尔等一系列 OEM 厂商的低端计算机上搭载Ubuntu 系统。Ubuntu 也推出了针对平板电脑和智能手机产品的操作系统。Ubuntu 简单易用，可以方便地进行安装、升级以及软件的更新。其界面简洁大方又不失华丽，对硬件有良好的支持。

1.2.1　什么是 Ubuntu

　　Ubuntu 是一个以桌面应用为主的 Linux 操作系统，其名称来自非洲南部的祖鲁语或豪萨语中的 ubuntu 一词（中文音译为"吾帮托"或"乌班图"），意思是"人性""群在故我在"，是非洲传统的价值观，类似华人社会的"仁爱"思想。Ubuntu 基于 Debian 发行版和GNOME 桌面环境或 Unity 界面。与 Debian 不同的是，Ubuntu 每 6 个月会发布一个新版本。Ubuntu 的目标在于为一般用户提供一个最新的、同时又相当稳定的主要由自由软件构建而成的操作系统。Ubuntu 具有庞大的社区力量，用户可以方便地从社区获得帮助。

　　Ubuntu 由 Mark Shuttleworth（马克·舍特尔沃斯）创立，其首个版本于 2004 年 10 月20 日发布，它以 Debian 为开发蓝本。但其以每 6 个月发布一次新版本为目标，使得人们得以更频繁地获取新软件。而其开发目的是为了使 Linux 变得简单易用，同时也提供服务器版本。Ubuntu 的每个新版本均会包含最新版本的 GNOME 桌面环境，并且会在 GNOME发布新版本后一个月内发行。GNOME 即 GNU 网络对象模型环境（GNU Network Object Model Environment），是 GNU 计划的一部分和开放源代码运动的一个重要组成部分。GNOME 是一种让使用者容易操作和设定的桌面环境，即窗口管理器。但是从Ubuntu 11.04 版直至 Ubuntu 17.04 版，Unity 就成为 Ubuntu 发行版正式的桌面环境了。与此同时，Ubuntu 并未完全停止对 GNOME 和 KDE 的支持，用户可以随时选择安装其他桌面环境来替换 Unity，这也是 Linux 操作系统开放性、灵活性的体现。

　　与以往基于 Debian 的 Linux 发行版，如 MEPIS、Xandros、Linspire、Progeny 与Libranet 等比较起来，Ubuntu 更接近 Debian 的开发理念，因为其主要使用自由与开源软件，而其他的发行版则会附带很多非开源的插件。实际上，许多 Ubuntu 的开发者也同时负责维护 Debian 的关键软件包。

1.2.2　Ubuntu 的特点

　　Ubuntu 有以下特点。

　　（1）操作简单、方便使用以及安装过程的人性化是 Ubuntu 在使用方面最大的特点。

　　（2）相对于其他 Linux 发行版，Ubuntu 是基于 Debian 的 Linux 发行版，使用 APT 包管理工具，可以方便地实现软件的在线安装升级。

　　（3）在系统安全性方面，Ubuntu 默认是以普通用户权限登录，执行所有与系统相关的任务均需使用 sudo 指令，并输入密码，比起传统以登录系统管理员账号（即以 root 用户权限登录）进行管理工作有更高的安全性。

（4）系统的可用性好。Ubuntu 在标准安装完成后即可使用。完成安装后，用户不用另外安装网页浏览器、办公软件、多媒体软件与绘图软件等日常应用的软件，这些软件已同 Ubuntu 一起被安装完毕，并可随时使用。

（5）软件更新周期短。相比于 Debian，Ubuntu 的更新更快，每半年就会有新版本发布。

Ubuntu 拥有 Debian 所有的优点，包括 apt-get，并进行软件更新。Ubuntu 还具有自身特有的优点。Ubuntu 是一个比较新的发行版，它的出现改变了初级用户对 Linux 望而却步的想法，可以轻松地进行 Linux 系统的安装和使用，就像使用 Windows 系统一样。

1.2.3 Ubuntu 的版本

从 2004 年 10 月 Ubuntu 第一个版本——Ubuntu 4.10 发布以来，每 6 个月都会发布一个新版本，而每个版本都有版本号和代号。代号是首字母相同的"形容词＋动物名词"的组合。例如，Ubuntu 10.04 的代号为 Lucid Lynx，即"清醒的山猫"，如图 1-4 所示。

图 1-4   Lucid Lynx

下面列出了已经发布的版本：

- Ubuntu 4.10 版本，发布日期 2004 年 10 月 20 日，代号 Warty Warthog。
- Ubuntu 5.04 版本，发布日期 2005 年 4 月 8 日，代号 Hoary Hedgehog。
- Ubuntu 5.10 版本，发布日期 2005 年 10 月 13 日，代号 Breezy Badger。
- Ubuntu 6.06 LTS(Long Term Support，长期支持版)，发布日期 2006 年 6 月 1 日，代号 Dapper Drake。
- Ubuntu 6.10 版本，发布日期 2006 年 10 月 26 日，代号 Edgy Eft。
- Ubuntu 7.04 版本，发布日期 2007 年 4 月 19 日，代号 Feisty Fawn。
- Ubuntu 7.10 版本，发布日期 2007 年 10 月 18 日，代号 Gutsy Gibbon。
- Ubuntu 8.04 LTS(长期支持版)，发布日期 2008 年 4 月 24 日，代号 Hardy Heron。
- Ubuntu 8.10 版本，发布日期 2008 年 10 月 30 日，代号 Intrepid Ibex。
- Ubuntu 9.04 版本，发布日期 2009 年 4 月 23 日，代号 Jaunty Jackalope。
- Ubuntu 9.10 版本，发布日期 2009 年 10 月 29 日，代号 Karmic Koala。
- Ubuntu 10.04 LTS(长期支持版)，发布日期 2010 年 4 月 29 日，代号 Lucid Lynx。
- Ubuntu 10.10 版本，发布日期 2010 年 10 月，代号 Maverick Meerkat。
- Ubuntu 11.04 版本，发布日期 2011 年 4 月，代号 Natty Narwhal(Unity 成为默认桌面环境)。
- Ubuntu 11.10 版本，发布日期 2011 年 10 月，代号 Oneiric Ocelot。
- Ubuntu 12.04 LTS(长期支持版)，发布日期 2012 年 4 月，代号 Precise Pangolin。
- Ubuntu 12.10 版本，发布日期 2012 年 10 月，代号 Quantal Quetzal。
- Ubuntu 13.04 版本，发布日期 2013 年 4 月，代号 Raring Ringtail。
- Ubuntu 13.10 版本，发布日期 2013 年 10 月，代号 Saucy Salamander。

- Ubuntu 14.04 LTS(长期支持版),发布日期 2014 年 4 月,代号 Trusty Tahr。
- Ubuntu 14.10,发布日期 2014 年 10 月,代号 Utopic Unicorn。
- Ubuntu 15.04,发布日期 2015 年 4 月,代号 Vivid Vervet。
- Ubuntu 15.10,发布日期 2015 年 10 月,代号 Wily Werewolf。
- Ubuntu 16.04 LTS(长期支持版),发布日期 2016 年 4 月,代号 Xenial Xerus。
- Ubuntu 16.10,发布日期 2016 年 10 月,代号 Yakkety Yak。
- Ubuntu 17.04,发布日期 2017 年 4 月,代号 Zesty Zapus。
- Ubuntu 17.10,发布日期 2017 年 10 月,代号 Artful Aardvark。
- Ubuntu 18.04 LTS(长期支持版),发布日期 2018 年 4 月,代号 Bionic Beaver。
- Ubuntu 18.10,发布日期 2018 年 10 月,代号 Cosmic Cuttlefish。
- Ubuntu 19.04,发布日期 2019 年 4 月,代号 Disco Dingo。

目前稳定的长期支持版是 Ubuntu 18.04 LTS。发布日期 2018 年 4 月 26 日,代号 Bionic Beaver,意为"仿生海狸",如图 1-5 所示。这是一个具有 5 年更新保证的长期支持版 (Long Term Support,LTS),特别适用于企业的桌面系统、服务器和云产品。Ubuntu 18.04 LTS 采用 Linux 内核 4.15,默认的显示服务采用的是 X.Org 以及 GNOME 3.28 桌面环境, 而且其他组件也都进行了全线更新。Ubuntu 18.04 LTS 的运行界面如图 1-6 所示。

图 1-5　Ubuntu 18.04 LTS 代号图标

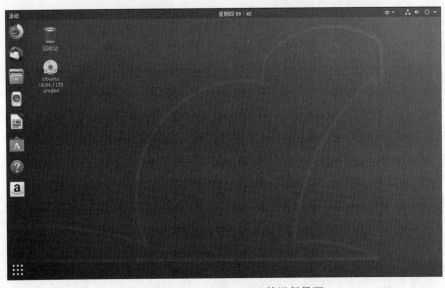

图 1-6　Ubuntu 18.04 LTS 的运行界面

1.2.4　Ubuntu 的获得方法

从 Ubuntu 的官方网站下载最新 Ubuntu 的 ISO 镜像,然后进行安装。Ubuntu 的官方下载地址为 https://ubuntu.com/download。

在 Ubuntu 官网中有各种 Ubuntu 的版本供用户选择下载。Ubuntu 最新发行版主要提供 Desktop 和 Server 两种版本。

另外,常用的 Ubuntu 网络资源如下:
- Ubuntu 中国官网:https://cn.ubuntu.com/。
- Ubuntu 中文论坛:https://forum.ubuntu.com.cn/。
- Ubuntu 技术:http://wiki.ubuntu.org.cn。
- Linux 公社:https://www.linuxidc.com/。

通过这些网站可以获得 Ubuntu 的相关知识和学习资源。当然,关于 Ubuntu 的网络资源还有很多,可以通过搜索引擎查看更多的学习资源。

1.3　安装前的准备

目前,在个人用户领域中,Ubuntu 是众多 Linux 发行套件中市场份额较大的 Linux 发行版,它以简单易用著称。它通过图形化方式,使 Linux 系统的安装和使用变得简单、直观、快捷,改变了人们对 Linux 系统难以安装和使用的看法。熟悉 Windows 系统的普通用户都不会对 Ubuntu 感到陌生。

1.3.1　安装版本选择

Ubuntu 在安装前,需要根据计算机或服务器的硬件条件选择合适的 Ubuntu 版本。一般情况下,虽然 Ubuntu 对硬件的要求并不高,但是较高的硬件配置能保证系统运行顺畅,从而获得更好的性能表现。本文选择安装的是 Ubuntu-18.04.1-desktop-amd64.iso。

1. Ubuntu 18.04 LTS 的新特性

Ubuntu 18.04 LTS 有以下新特性:

(1) ISO 镜像文件。Ubuntu 致力于推广 64 位镜像。从官网下载 ISO 镜像文件时,默认为 64 位。Ubuntu 桌面版将不再提供 32 位安装程序镜像。ubuntu-18.04.1-desktop-amd64.iso 文件需用户使用 USB 或 DVD 生成镜像文件,然后进行系统安装。

(2) GNOME 桌面。在 Ubuntu 11.04 版之前,Ubuntu 采用了 GNOME 作为桌面环境。但从 Ubuntu 11.04 版开始,采用了其自己开发的 Unity。屏幕最左侧的竖直栏叫程序启动器(Launcher),启动器最上方的按钮叫面板(DASH)按钮。当启动应用程序后,Unity 的竖直栏会自动隐藏起来;当鼠标的光标接近它时,它又会自动出现。它是一个应用程序快速切换器。当单击面板按钮时,它会立即弹出一个面板,里面有许多应用图标供用户选择。由于 GNOME 在 Ubuntu 17.10 中已经取代了 Unity,因此 Ubuntu 18.04 LTS 也放弃了 Unity 桌面环境,并转而重新采用广泛使用的 GNOME 桌面环境,但 Unity 仍然可以作为附件使用。

(3) 极简主义安装。Ubuntu Desktop 用户现在拥有极简主义安装选项,即仅安装基本的桌面环境、Web 浏览器和一些核心系统实用程序。

（4）全新图标集。这些图标最初出现在现已废弃的 Ubuntu Touch 移动操作系统当中，现已被重新用于与 GNOME 主题图标相对应，还添加了文件夹和文件类型图标。此外，Ubuntu 18.04 LTS 还创建了一个完整的符号图标集。Ubuntu 18.04 LTS 图标集如图 1-7 所示。

图 1-7　Ubuntu 18.04 LTS 图标集

（5）表情符号。表情符号是现代数字通信的一个重要组成部分。包括 Fedora 在内的许多其他流行 Linux 发行版很久以前就获得了对 Emoji 的支持，在 Ubuntu 18.04 LTS 正式发布时，Ubuntu 用户也可以享受桌面应用程序中对彩色表情符号的开箱即用支持了。为确保平台之间的一致性，Ubuntu 18.04 LTS 使用 Noto Color Emoji 字体，该字体支持最新 Unicode 版本中定义的所有表情符号。Ubuntu 18.04 LTS 中的表情符号如图 1-8 所示。

图 1-8　Ubuntu 18.04 LTS 中的表情符号

（6）新的"待办事项"应用程序。它用来帮助 Ubuntu 用户管理个人任务。它提供最基本的功能，包括快速编辑、管理列表以及使用拖放重新排序任务。每个任务可以分配不同的优先级和颜色以简化组织。

（7）"最小安装"选项。该选项可以将 Ubuntu 压缩为只有 30MB 的 containers/Docker、嵌入式 Linux 环境和其他相关用例，只需使用浏览器和实用程序，即可安装最少的桌面环境。

（8）其他新特性。GNOME 日历可以支持天气预报，LibreOffice 6.0 为默认的办公套件，Mozilla FireFox 59.0.2 为默认的浏览器，OpenJDK10 为默认的 JRE/JDK。

2. 安装版本选择

Ubuntu 的每个版本都提供了多个安装版本，其中常用的是桌面版和服务器版。对普通用户而言，最常用的是桌面版。Ubuntu 在网站上提供的光盘镜像文件主要包括以下两种：

（1）桌面版镜像文件。该版本允许用户直接试用，而不改变计算机系统的所有软硬件设置。如果试用后想进行安装，则可以选择永久安装。Ubuntu 18.04 LTS 的 ISO 镜像文件默认为 64 位。Ubuntu 桌面版将不再提供 32 位安装程序镜像。

（2）服务器版镜像文件。该版本允许用户将 Ubuntu 永久安装到计算机系统中作为服务器系统使用。默认不安装图形用户界面，以字符界面显示。同样，Ubuntu 18.04 LTS 服务器版的 ISO 镜像文件也默认为 64 位。

1.3.2 Linux 的硬件配置和安装准备工作

1. 硬件配置

Ubuntu 符合 Linux 内核和 GNU 工具集对硬件的要求，没有额外的硬件要求。Ubuntu 18.04 LTS 支持 Intel、AMD、IBM、Motorola 等公司的 64 位 CPU 架构，该版本不再提供 32 位的正式安装程序（自 16.04 版本之后就不再提供了），个人计算机的 64 位 CPU 都可以被 Ubuntu 18.04 LTS 所支持。

对于 Ubuntu 18.04 LTS 版本而言，官方推荐的硬件配置如下：

- 2GHz 或更高主频的双核或多核处理器。
- 4GB 系统内存。
- 25GB 的可用硬盘空间。
- DVD 驱动器或用于安装程序介质的 USB 端口。
- 有线或无线网卡。

另一方面，安装 Ubuntu 18.04 LTS 的最低硬件配置要求并不高，它只需要 1GHz 主频的 CPU，在不安装图像桌面的前提下，只需要 128MB 内存空间和 2GB 的硬盘空间即可满足要求。当然，并不推荐在最低配置条件下安装 Ubuntu 18.04 LTS，因为其运行速度将得不到保障，会带来极差的用户体验。

安装 Ubuntu 18.04 LTS 的介质有多种，常用的有光盘安装、硬盘安装、U 盘安装、网络安装等。光盘安装通过 DVD 光盘驱动器进行，默认情况下，Ubuntu 18.04 LTS 提供了 ISO 的镜像文件。硬盘安装需要先将安装文件复制到硬盘上。U 盘安装也是目前越来越常见的一种操作系统安装方式，首先将整个安装文件复制到 U 盘上，并设置 U 盘为启动设备，从 U 盘启动后开始操作系统的安装。网络安装是指通过计算机网络利用另一台计算机上的安装文件来安装本机的操作系统，前提是保证安装时两台计算机之间能够正常通信。

2. 磁盘分区

硬盘一般分为主分区和扩展分区。一块硬盘最多可以有 4 个主分区。在 Windows 系统中使用逻辑驱动器符号 C：、D：、E：、F：来表示 4 个主分区。对于 Linux 而言，它访问硬盘的方式与 Windows 差异较大，Linux 直接以设备目录的名称来标识硬盘。在早期的 Linux 系统中，IDE 硬盘用/dev/had 表示，SATA 硬盘或者 SCSI 硬盘用/dev/sda 表示。其中，/dev 为设备目录，sda 表示第一块 SATA 硬盘或 SCSI 硬盘。如果是第二块 SCSI 硬盘，则表示为/dev/sdb。

一个硬盘可以被划分为多个主分区,可以被标识为 sda1、sda2 等。由于硬盘有主分区和扩展分区之分,因此,规定主分区的编号为 1～4,而扩展分区的编号从 5 开始。例如,某硬盘被划分为两个主分区和 3 个扩展分区,则主分区被标识为 sda1、sda2,扩展分区被标识为 sda5、sda6、sda7。

3. 引导程序 GRUB

GNU GRUB(简称 GRUB)是一个来自 GNU 项目的多操作系统引导程序。GRUB 允许用户在计算机内同时拥有多个操作系统,并在计算机启动时选择希望运行的操作系统。GRUB 可用于选择操作系统分区上的不同内核,也可用于向这些内核传递启动参数。简而言之,Ubuntu 利用 GRUB 作为引导程序,根据用户的选择来启动相应的操作系统。

4. 安装准备工作

在安装操作系统前,需要做以下工作。

第 1 步:确认是直接安装在硬盘上还是安装在虚拟机上。如果在硬盘上安装,将会删除硬盘上的所有数据,因此需要提前备份硬盘上的数据。当然,也可以选择在硬盘上安装双系统,如安装了 Windows 系统后再安装 Ubuntu 系统,则需要提前规划出 Ubuntu 所需的硬盘分区,在安装时需要用 GRUB 软件进行双启动设置。如果在虚拟机上安装,则需要提前安装虚拟机软件,如 VMware,并建立虚拟机,设置好虚拟机的 CPU、内存、硬盘等硬件配置信息。

第 2 步:安装必要的驱动程序。Ubuntu 18.04 LTS 支持大多数计算机硬件,一般不需要进行特殊的硬件驱动准备,除非用户的硬件设备在购买时已明确提供了基于 Linux 操作系统的驱动程序,则需要进行驱动程序安装。这种情况通常是一些较早生产的网卡或某些 USB 设备。而如果用户是在笔记本电脑上安装 Ubuntu 18.04 LTS,可能并不十分清楚硬件设备的具体型号,这种情况下,可通过 Linux on Laptops 网站查询某一具体品牌型号所支持的 Linux 发行版本信息,该网站的网址是 https://www.linux-laptop.net/。

第 3 步:规划用户名、密码和网络设置信息。在安装前,要规划用户名、密码,同时从网络管理员那里获得 IP 地址、DNS 服务器地址等网络设置信息。网络设置信息也可以在操作系统安装完成后配置。

第 4 步:确认安装方式(光盘安装、硬盘安装、U 盘安装等)。如果是直接在硬盘上安装,则需要设置 Ubuntu 安装介质的开机自启动,如设置 CD-ROM/DVD-ROM 为启动首选项。

完成上述工作后,就可以开始安装 Ubuntu 系统了。

1.3.3 虚拟机简介

1. 虚拟机简介

虚拟机(virtual machine)是指通过软件来模拟具有完整硬件系统功能的、运行在一个完全隔离环境中的完整计算机系统。

通过虚拟机软件,用户可以在一台物理计算机上模拟出一台或多台虚拟的计算机,这些虚拟的计算机完全能像真正的计算机那样进行工作。例如,用户可以在这些虚拟的计算机上安装操作系统、安装应用程序、访问网络资源等。对于用户而言,虚拟机只是运行在物理计算机上的一个应用程序;但是对于在虚拟机中运行的应用程序而言,虚拟机就是一台真正的计算机。因此,当用户在虚拟机中进行软件评测时,可能系统一样会崩溃。但是,崩溃的只是虚拟机上的操作系统,而不是物理计算机上的操作系统。并且,使用虚拟机的 Undo(即恢复)功能,可以马上恢复虚拟机到安装软件之前的状态。

目前流行的虚拟机软件有 Virtual Box、Virtual PC 和 VMware,它们都能在 Windows 系统上模拟出多台计算机。

VirtualBox 是一款开源虚拟机软件。它是由德国 Innotek 公司开发,由 Sun 公司出品的软件,使用 Qt 语言编写,在 Sun 公司被 Oracle 收购后,Virtual Box 正式更名成 Oracle VM VirtualBox。Innotek 公司以 GNU GPL 推出 VirtualBox,并提供二进制版本及 OSE 版本的代码。使用者可以在 VirtualBox 上安装并且执行 Solaris、Windows、DOS、Linux、OS/2 Warp、BSD 等系统作为客户端操作系统。

Virtual PC 是微软公司的虚拟化软件产品,同样可以在计算机上创建虚拟机,可以对 CPU、内存、硬盘等资源进行虚拟化设置。

VMware(中文名为"威睿")公司,是全球桌面到数据中心虚拟化解决方案的领导厂商,可以使用户在一台计算机上同时运行两个或更多的操作系统。与多启动系统相比,VMware 采用了完全不同的概念。多启动系统在一个时刻只能运行一个系统,在系统切换时需要重新启动计算机;而 VMware 是真正的"同时"运行,多个操作系统在主系统的平台上就如同标准 Windows 应用程序那样切换。而且每个操作系统都可以进行虚拟的分区、配置而不影响真实硬盘的数据,用户甚至可以通过网卡将几台虚拟机连接为一个局域网,极其方便。当用户不想再使用该软件时,就可以像使用普通软件那样把 VMware 卸载。这样,连同虚拟机下安装的操作系统也会从主系统的平台上消失,而对用户的主系统没有任何影响。因此,VMware 比较适合用户对各种操作系统的学习、尝试和测试。但是,由于虚拟机需要模拟底层的硬件指令,所以在应用程序的运行速度方面比实际系统要慢一些。

2. Linux 虚拟机

安装在 Windows 系统上的虚拟 Linux 操作环境称为 Linux 虚拟机。它实际上只是一个或者一组文件,是虚拟的 Linux 环境,而非真正意义上的操作系统,但是它与实际操作系统的使用效果是一样的。

例如,可以在实际的 Windows 10(即宿主计算机)中再虚拟出一台计算机(即虚拟机),并在上面安装 Linux 系统,这样,就可以放心大胆地进行各种 Linux 练习,而无须担心操作不当导致宿主计算机系统崩溃了。并且可以举一反三,将一台计算机变成三台、四台,再分别安装其他的系统。运行虚拟机软件的操作系统叫宿主机操作系统(host OS),在虚拟机里运行的操作系统叫客户机操作系统(guest OS)。例如,在 Windows 10 环境下采用 VMware 构建的 Ubuntu 18.04 LTS 操作系统实质上是如图 1-9 所示的一组文件。

3. VMware 简介

VMware 的主要特点如下:

(1) 不需要分区或重新启动,就能在同一台 PC 上使用两种或多种操作系统。

(2) 完全隔离并且保护不同操作系统的操作环境以及所有安装在操作系统上的应用软件和数据。

(3) 不同的操作系统之间还可以进行互操作,包括网络、外设、文件共享以及复制/粘贴

名称	修改日期	类型	大小
Ubuntu 64 位	2019/12/12 15:47	VMware 虚拟机非易...	9 KB
Ubuntu 64 位	2019/9/18 15:24	VMware 快照元数据	0 KB
Ubuntu 64 位	2019/12/12 15:47	VMware 虚拟机配置	3 KB
Ubuntu 64 位	2019/9/18 15:24	VMware 组成员	1 KB
Ubuntu	2019/9/18 15:52	VMware 虚拟磁盘文...	1 KB
Ubuntu-s001	2019/9/18 16:31	VMware 虚拟磁盘文...	2,960,832 KB
Ubuntu-s002	2019/9/18 16:31	VMware 虚拟磁盘文...	644,800 KB
Ubuntu-s003	2019/9/18 16:31	VMware 虚拟磁盘文...	464,896 KB
Ubuntu-s004	2019/9/18 16:31	VMware 虚拟磁盘文...	305,600 KB
Ubuntu-s005	2019/9/18 16:31	VMware 虚拟磁盘文...	891,072 KB
Ubuntu-s006	2019/9/18 15:24	VMware 虚拟磁盘文...	64 KB
vmware	2019/12/12 15:47	文本文档	218 KB
vmware-0	2019/12/1 18:37	文本文档	217 KB
vmware-1	2019/9/18 16:31	文本文档	736 KB
vmware-2	2019/9/18 15:46	文本文档	270 KB

图 1-9　采用 VMware 构建的虚拟机包含的文件

功能。

（4）具有恢复（Undo）功能。

（5）能够设定并且随时修改操作系统的操作环境,例如内存、磁盘空间、外部设备等。

（6）数据迁移方便,具有高可用性。

1.3.4　Linux 的安装规划

　　Linux 是一套免费使用和自由传播的类 UNIX 操作系统。作为一款操作系统软件,其主要功能就是覆盖在硬件上,为运行在其上的应用软件提供服务,而应用软件和系统服务的功能则决定了安装 Linux 的主机的主要功能。因此,用户在安装 Linux 操作系统软件前,要对该主机的主要功能和任务进行规划。通常,Linux 分为桌面版和服务器版。桌面版主要服务于个人用户,用于完成个人用户的常规任务,如文字处理、网页浏览、电子邮件收发、多媒体播放等功能;而服务器版承担着更复杂的任务,例如提供 Web 服务、FTP 服务、DNS 服务、文件共享或打印服务等。在对主机功能进行规划时,实质上就是确定主机是服务于个人用户还是作为服务器使用。

　　本书介绍的 Linux 主要服务于桌面用户,满足常规需求应用,同时兼顾 Web 服务、FTP 服务等 Linux 常见网络服务。鉴于大多数用户不具备频繁更换操作系统的经验和现实条件,本书采用在虚拟机中安装 Ubuntu 的方法,该方法完全不破坏宿主操作系统,是学习非宿主操作系统的有效途径。

1.4　在虚拟机中安装 Ubuntu

1.4.1　安装 VMware

　　首先选择 VMware 软件版本。本书选择的是 VMware Workstation 12.5.9 版本,该版本具有较强的功能,能够提供对 Windows 7、Windows 10 和 Linux 的良好支持,提供了丰富的硬件支持能力。VMware 软件的安装与其他 Windows 系统下的软件安装类似,此处不再赘述。安装完成后,启动 VMware 软件,如图 1-10 所示。

图 1-10 VMware 主界面

1.4.2 创建和配置虚拟机

单击"创建新的虚拟机"按钮,开始新建虚拟机。VMware 提示将由向导引导用户建立虚拟机,单击"下一步"按钮继续安装。VMware 提示选择虚拟机配置类型,如图 1-11 所示。可以选择典型(typical)安装或自定义(custom)安装,在这里选择"自定义"单选按钮,单击"下一步"按钮继续操作。

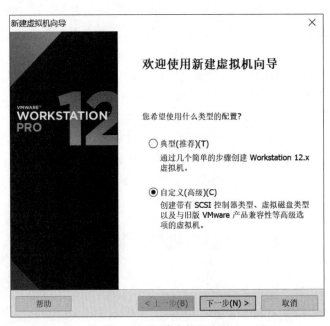

图 1-11 新建虚拟机向导

VMware 的不同版本所支持的硬件能力是不同的,选择不同的虚拟机硬件兼容性,可以提供不同的硬件兼容能力。此处选择 Workstation 12.x 版本的硬件兼容性,则可以提供最大 64GB 的内存、16 个 CPU、10 个网络适配器(网卡)、8TB 硬盘空间的硬件支持能力,如图 1-12 所示。

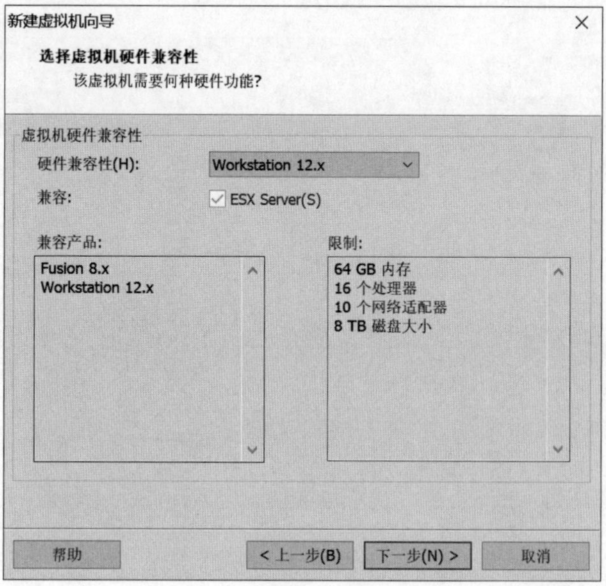

图 1-12　选择虚拟机硬件兼容性

单击"下一步"按钮,进入如图 1-13 所示的安装客户机操作系统界面,可以选择通过安装程序光盘进行安装,也可以选择通过安装程序光盘映像文件进行安装。当然,也可以选择暂时不安装操作系统。

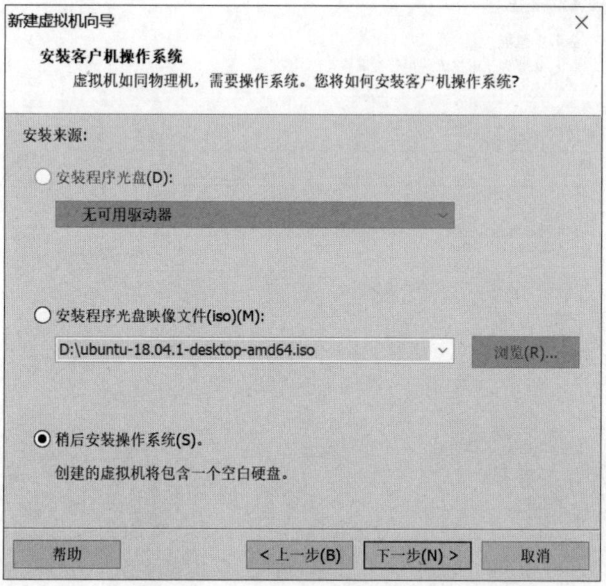

图 1-13　安装客户机操作系统

接下来，VMware 将提示用户选择客户机操作系统，此处选择 Linux，版本为 Ubuntu 64 位，如图 1-14 所示。选择完毕后，单击"下一步"按钮继续操作。

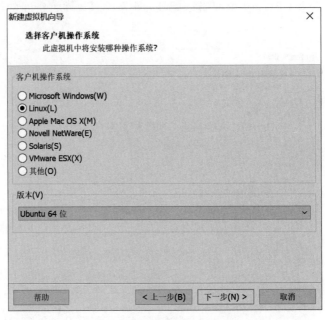

图 1-14　选择客户机操作系统

接下来，为虚拟机命名并选择虚拟机文件存放路径，如图 1-15 所示。在这里将虚拟机命名为 Ubuntu，当然用户也可以给虚拟机命名为其他的名字。然后选择宿主操作系统的本地硬盘路径，如 D:\VMware\。选择的磁盘分区应该有足够的磁盘空间，以便完成操作系统安装。

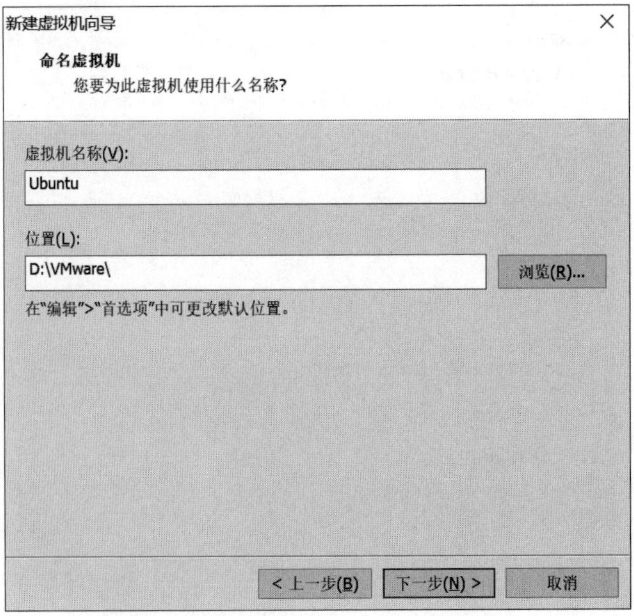

图 1-15　命名虚拟机和选择安装路径

单击"下一步"按钮，出现如图 1-16 所示的处理器配置界面。在此界面可以选择处理器数量、每个处理器的核心数量等，用户可以根据需要进行选择。

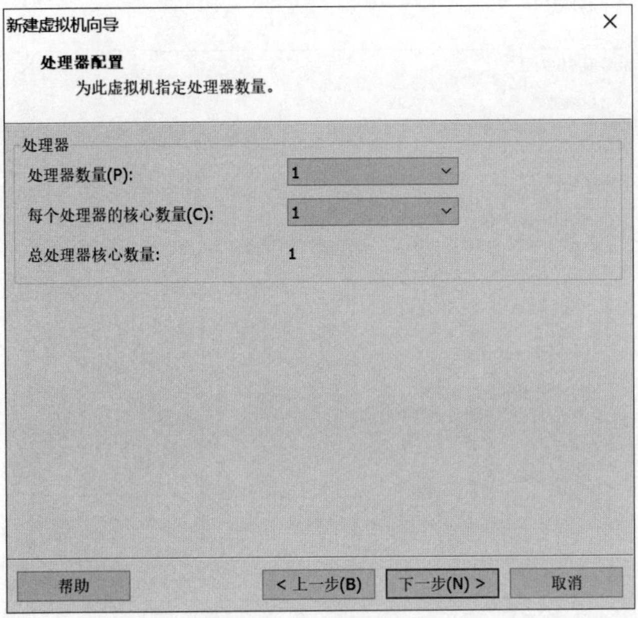

图 1-16　指定处理器数量及处理器核心数量

单击"下一步"按钮，进入如图 1-17 所示的虚拟机内存分配界面。可以通过键盘输入或使用鼠标拖动垂直滚动条的方式选择虚拟机的内存大小，这里选择 1GB 的内存。

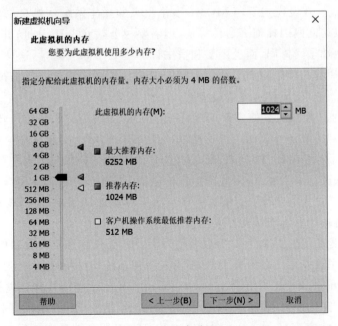

图 1-17　内存分配

单击"下一步"按钮，出现如图 1-18 所示的网络类型选择界面。VMware 创建的虚拟机可以通过宿主计算机实现网络连接，而且连接过程对用户是透明的。VMware 支持的网络连接模式有"桥接网络""使用网络地址转换""使用仅主机模式网络"和"不使用网络连接"4 种，这里选择第二种模式。

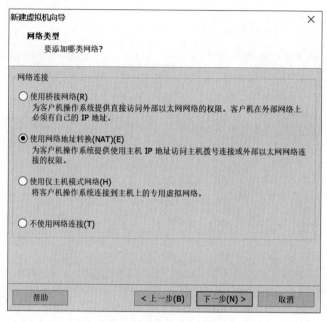

图 1-18　网络类型选择

VMware 虚拟机的前 3 种网络连接模式的区别如下：

（1）桥接模式。在该模式下，VMware 虚拟出来的操作系统就像是局域网中的一台独立的主机，它可以访问网内任何一台计算机，但需要一个以上的 IP 地址，并且需要手工为虚拟系统配置 IP 地址子网掩码，而且还要和宿主计算机处于同一网段，这样虚拟系统才能和宿主计算机进行通信。如果用户想利用 VMware 在局域网内新建一个虚拟服务器，为局域网用户提供网络服务，就应该选择桥接模式。

（2）网络地址转换模式。使用该模式，就是让虚拟系统借助网络地址转换功能，通过宿主计算机所在的网络来访问公网。也就是说，使用该模式可以实现在虚拟系统中访问互联网。该模式下的虚拟系统的 TCP/IP 配置信息是由 VMnet8（NAT）虚拟网络的 DHCP 服务器提供的，无法进行手工修改，因此虚拟系统也就无法和本局域网中的其他真实主机进行通信。采用该模式最大的优势是：虚拟系统接入互联网非常简单，不需要用户进行任何其他配置，只需要宿主计算机能访问互联网即可。

（3）仅主机模式。在某些特殊的网络调试环境中，要求将真实环境和虚拟环境隔离开，这时用户就可采用该模式。在该模式中，所有的虚拟系统均可相互通信，但虚拟系统和真实的网络是被隔离开的。可以利用 Windows 自带的 Internet 连接共享让虚拟机通过主机真实的网卡进行外网的访问。虚拟系统的 TCP/IP 配置信息（如 IP 地址、网关地址、DNS 服务器等）都是由 VMnet1（Host-only）虚拟网络的 DHCP 服务器动态分配的。如果用户想利用 VMware 创建一个与网内其他计算机相互隔离的虚拟系统，进行某些特殊的网络调试工作，就可以选择该模式。

在图 1-18 所示的网络类型选择界面中选择了网络连接模式后,单击"下一步"按钮,则出现 I/O 控制器类型选择界面。IDE 控制器默认为 ATAPI 类型,SCSI 控制器可选择 BusLogic、LSI Logic 和 LSI Logic SAS 这 3 种类型。VMware 推荐的是 LSI Logic 类型,如图 1-19 所示。

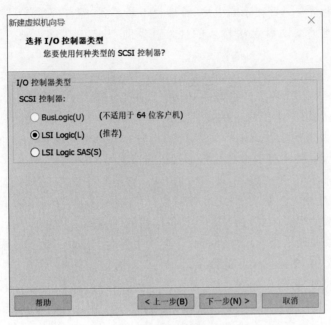

图 1-19   选择 I/O 控制器类型

进入下一界面后,要选择磁盘类型,可以选择 IDE、SCSI、SATA 这 3 种磁盘类型,其中 SCSI 是默认的推荐选项,如图 1-20 所示。

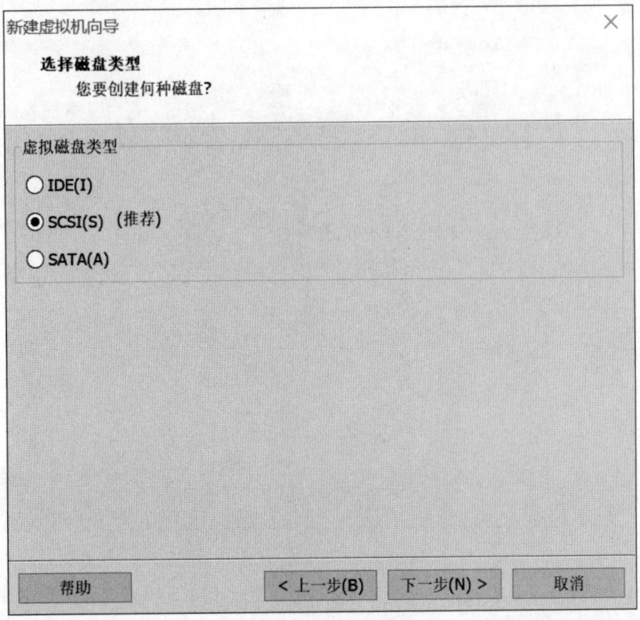

图 1-20   选择磁盘类型

IDE 的英文全称为 Integrated Drive Electronics，即电子集成驱动器，它的本意是指把硬盘控制器与盘体集成在一起的硬盘驱动器。这种做法减少了硬盘接口的电缆数目与长度，数据传输的可靠性得到了增强，硬盘制造更容易，因为硬盘生产厂商不需要再担心自己的硬盘是否与其他厂商生产的控制器兼容；对用户而言，IDE 硬盘安装也更为方便。IDE 这一接口技术从诞生至今一直在不断发展，性能也不断提高，拥有价格低廉、兼容性强的特点，因此长期处于其他类型硬盘无法替代的地位。目前 IDE 正在逐步被 SATA 接口类型所取代。

SCSI 的英文全称为 Small Computer System Interface（小型计算机系统接口），它是与 IDE 完全不同的接口。IDE 接口是普通 PC 的标准接口；SCSI 并不是专门为硬盘设计的接口，而是一种广泛应用于小型机上的高速数据传输技术。SCSI 接口具有应用范围广、多任务、带宽大、CPU 占用率低以及热插拔等优点，但较高的价格使得它很难如 IDE 硬盘那样普及，因此 SCSI 硬盘主要应用于中高端服务器和高档工作站中。

SATA 是 Serial ATA 的缩写，即串行 ATA。它是一种总线，主要功能是在主板和大容量存储设备（如硬盘及光盘驱动器）之间传输数据。这种接口由于采用串行方式传输数据而得名。SATA 总线使用嵌入式时钟信号，具备很强的纠错能力，能对传输指令（不仅仅是数据）进行检查，如果发现错误，会自动纠正，这在很大程度上提高了数据传输的可靠性。这种接口还具有结构简单、支持热插拔的优点。

单击"下一步"按钮，出现如图 1-21 所示的磁盘选择界面，其中有 3 个选项，分别是"创建新虚拟磁盘""使用现有虚拟磁盘"和"使用物理磁盘"。由于是首次安装，所以选择创建新虚拟盘。对于初学者而言，不推荐选择使用物理磁盘，因为一旦操作不当，可能会造成宿主操作系统发生运行故障或崩溃。

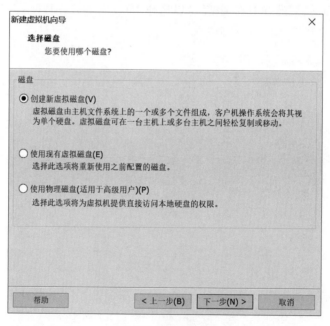

图 1-21　选择磁盘

在图 1-21 所示的界面中，单击"下一步"按钮，继续设置虚拟机硬盘大小，如图 1-22 所示。这里采用默认设置，即 20GB。在设置前，应保证前面指定的虚拟机所在路径有足够的磁盘空间。选择"立即分配所有磁盘空间"复选框，并选择"将虚拟磁盘存储为单个文件"或将"虚拟磁盘拆分成多个文件"单选按钮。

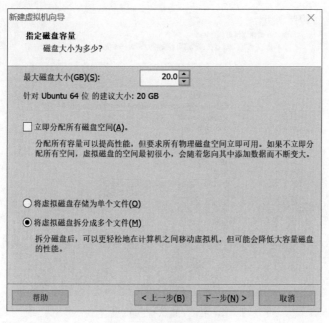

图 1-22　指定硬盘容量

单击"下一步"按钮，则可以指定虚拟机文件的磁盘文件，默认为以虚拟机名称命名的 VMDK 文件，如图 1-23 所示。

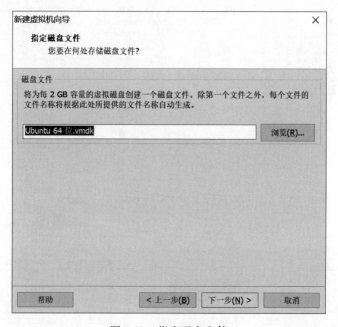

图 1-23　指定磁盘文件

自此,就基本完成了在 VMware 下创建新虚拟机的过程。VMware 在真正创建虚拟机前,会给出一个详细的配置清单,其中列出了前面所设置的各个选项,如图 1-24 所示。确认无误后可以单击"完成"按钮,完成虚拟机的创建。

图 1-24 确认虚拟机设置

在 VMware 创建了虚拟机后,将给出如图 1-25 所示的虚拟机硬件配置信息。在此界面中,可以增加和删除虚拟机的硬件,调整硬件性能参数(如内存大小)。

图 1-25 虚拟机硬件配置信息

创建了新的虚拟机后，在 VMware 主界面上将能看到新建的虚拟机名称，单击该虚拟机的选项卡(此处为 Ubuntu 选项卡)，则会出现虚拟机管理界面，如图 1-26 所示。

主页
Ubuntu
Ubuntu
开启此虚拟机
编辑虚拟机设置
设备
内存 2 GB
处理器 1
硬盘(SCSI) 60 GB
CD/DVD (SATA) 自动检测
网络适配器 NAT
USB 控制器 存在
声卡 自动检测
打印机 存在
显示器 自动检测
描述
在此处键入对该虚拟机的描述。
虚拟机详细信息
状态: 已关机
配置文件: D:\VMware\Ubuntu.vmx
硬件兼容性: Workstation 12.x 虚拟机

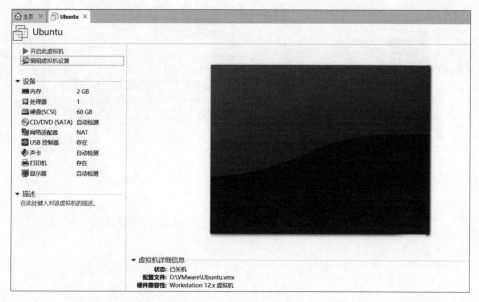

图 1-26　虚拟机管理界面

在图 1-26 所示的虚拟机管理界面中，可以通过界面左部的“编辑虚拟机设置”来修改虚拟机的 CPU、内存、硬盘等硬件信息。或者直接单击界面左边的“设备”下的“内存”“处理器”“硬盘”等项目进行修改。

应注意的是，此时只是成功地安装了一台虚拟机，名字为 Ubuntu，尚未安装 Ubuntu 操作系统，因此不能进入系统。当然，此时也可以启动虚拟机，启动后即如同一台没有安装操作系统的计算机一样，会给出没有操作系统的提示界面，如图 1-27 所示。

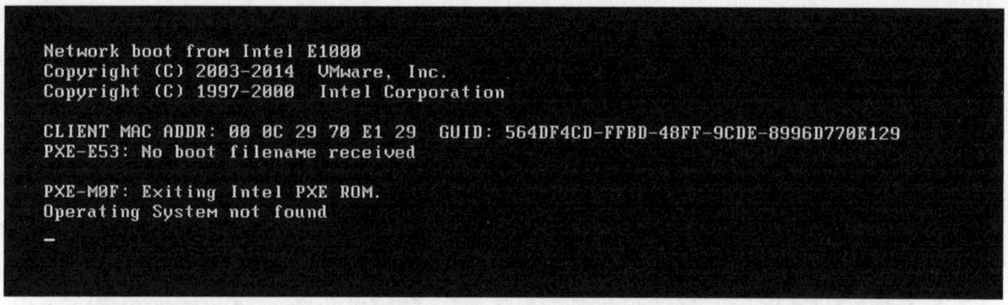

Network boot from Intel E1000
Copyright (C) 2003-2014 VMware, Inc.
Copyright (C) 1997-2000 Intel Corporation
CLIENT MAC ADDR: 00 0C 29 70 E1 29 GUID: 564DF4CD-FFBD-48FF-9CDE-8996D770E129
PXE-E53: No boot filename received
PXE-M0F: Exiting Intel PXE ROM.
Operating System not found
_

图 1-27　未安装操作系统的虚拟机启动界面

此时，需要设置从光盘启动，并将 Ubuntu 安装光盘放入光驱，或者在 VMware 中选择光盘，以指定 Ubuntu 安装文件的 ISO 镜像文件，目的是由 Ubuntu 安装文件引导虚拟机，启动操作系统的安装。因此，在图 1-26 所示的界面下，单击界面左部的“设备”→CD/DVD (SATA)进行操作系统安装路径的设置，即指定 ISO 镜像文件的位置，如图 1-28 所示。

在图 1-28 中，选中“启动时连接”复选框，单击“确定”按钮，设置结束，回到图 1-26 所示的界面。此时单击“开启此虚拟机”，即可启动虚拟机，进行操作系统的安装。

图 1-28　设置操作系统安装路径

1.4.3　安装 Ubuntu

启动 Ubuntu 的安装后，与从硬盘直接安装一样，出现 Ubuntu 安装开始界面，如图 1-29
所示。

图 1-29　Ubuntu 安装开始界面

Ubuntu 默认语言设置为英语，可以根据屏幕提示选择其他语言。在语言选择界面里选择"中文（简体）"后，Ubuntu 安装向导界面转换为简体中文提示。在新版本的 Ubuntu 中，提供了不安装 Ubuntu 而直接试用的功能，选择此功能后，Ubuntu 将在内存中建立 Ubuntu 的运行环境，可以对 Ubuntu 的基本功能进行体验，如图 1-30 所示。

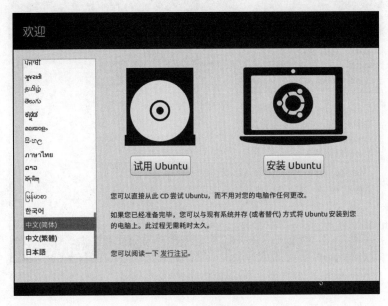

图 1-30　欢迎界面

在图 1-30 所示的界面中，如果单击"试用 Ubuntu"按钮，可以进入 Ubuntu 系统进行试用。

在图 1-30 所示的界面中，如果单击"安装 Ubuntu"按钮，则继续安装 Ubuntu。首先选择键盘布局，可以按照实际需求选择汉语，如图 1-31 所示。

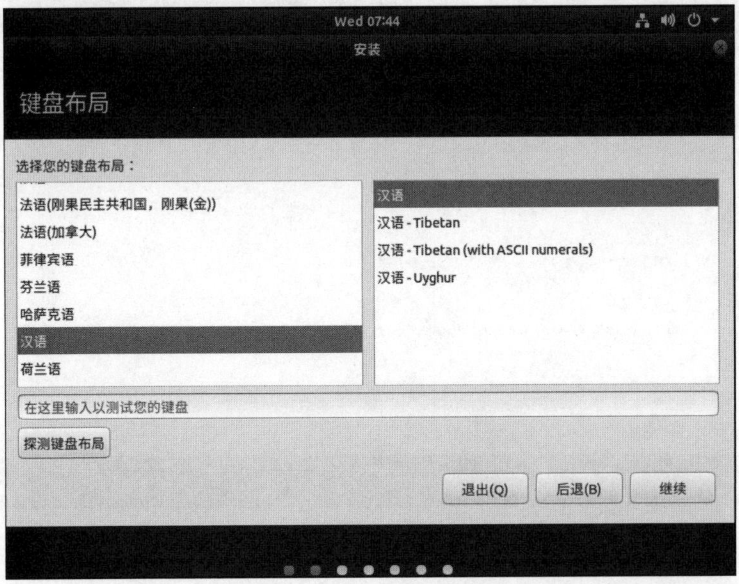

图 1-31　选择键盘布局

单击"继续"按钮,出现"更新和其他软件"界面,如图 1-32 所示。通过用户的选择,可以在安装 Ubuntu 系统的同时,进行日常中必要的应用软件的安装。

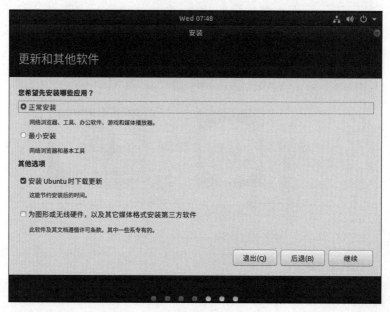

图 1-32　"更新和其他软件"界面

单击"继续"按钮,出现"安装类型"界面。用户可以清除整个磁盘并安装 Ubuntu,或加密安装,或手动创建和调整分区,或为 Ubuntu 选择多个分区的类型。因为这里是在 VMware 虚拟机中安装,所以可以选中"清除整个磁盘并安装 Ubuntu"单选按钮,如图 1-33 所示。

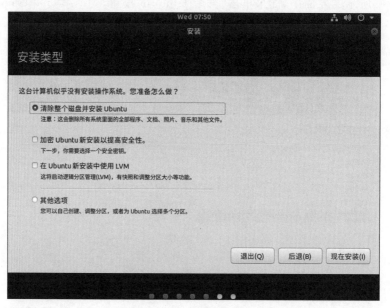

图 1-33　选择安装类型

单击"现在安装"按钮,出现提示对话框,询问用户是否同意将改动写入磁盘,如图 1-34

所示。

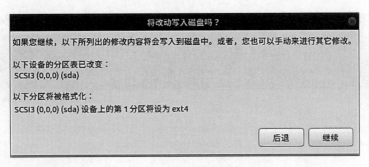

图 1-34　提示对话框

　　单击"继续"按钮,会出现如图 1-35 所示的时区位置选择界面,由于前面选择的是简体中文,这里给出的默认时区是北京时间(东八区),位置为上海(Shanghai)。单击"继续"按钮,进行下一步。

图 1-35　选择时区位置

　　在这一步中,需要输入 Ubuntu 的使用者姓名、计算机名、用户名和密码等信息。Ubuntu 18.04 LTS 要求的密码长度为不少于 6 位,如果密码长度不足,则提示"密码强度:过短",并且不能进入下一步,如图 1-36 所示。

　　如果输入的用户名是系统保留的用户名,则出现如图 1-37 所示的界面,提示:"您所输入的用户名(…)是被保留为系统使用的。请另选择一个用户名"。

　　只有输入了正确的信息后,Ubuntu 才能进入下一步,如图 1-38 所示。

　　用户信息配置完成后,单击"继续"按钮,正式开始系统的安装过程。Ubuntu 开始复制文件并进行系统安装,在安装过程中,安装向导界面将介绍 Ubuntu 18.04 LTS 的新特性,同时在下方有进度条提示,如图 1-39 所示。

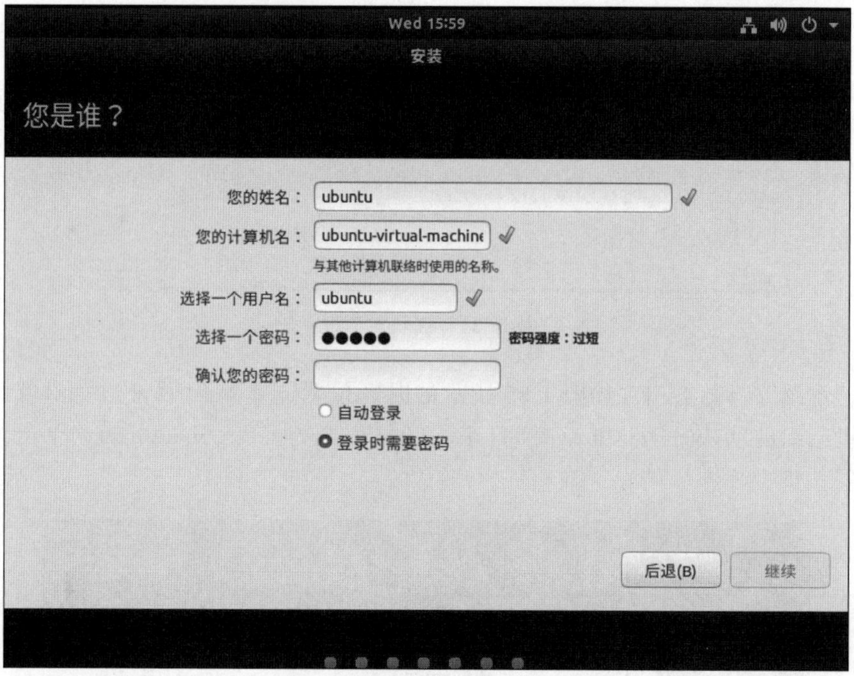

图 1-36　密码长度不足的情况

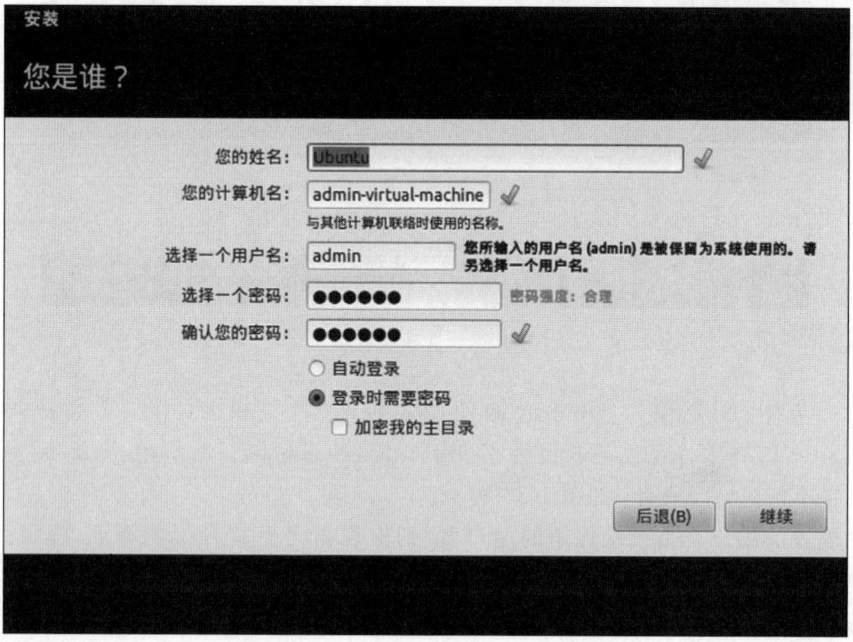

图 1-37　输入系统保留用户名的情况

图 1-38　输入正确信息的情况

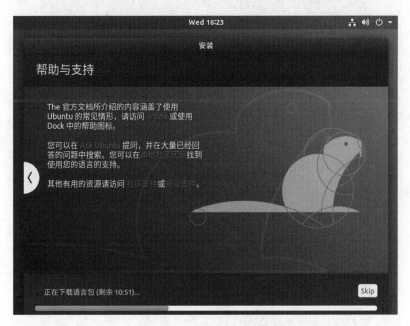

图 1-39　Ubuntu 安装过程

　　系统安装完成后,将出现如图 1-40 所示的界面,提示安装已经完成,此时需要单击"现在重启"按钮进入 Ubuntu 系统。

　　重新启动虚拟机后,Ubuntu 正常引导进入系统,出现登录界面,如图 1-41 所示。

　　单击用户名 Ubuntu,出现密码输入框。输入安装时设置的与该用户名对应的密码,按 Enter 键进入系统,如图 1-42 所示。

图 1-40　系统安装完成

图 1-41　登录界面

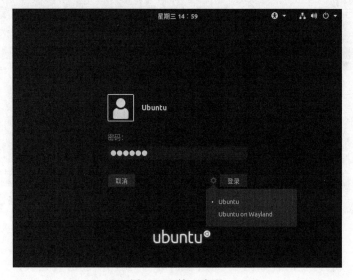

图 1-42　输入密码

　　进入系统后,显示 Ubuntu 18.04 LTS 主界面。Ubuntu 18.04 LTS 默认采用的是 GNOME 桌面,如图 1-43 所示。至此,Ubuntu 系统安装成功。

图 1-43　Ubuntu 18.04 LTS 主界面

本 章 小 结

本章概要地介绍了 Linux 的产生和发展,并通过详细的图解介绍了 Ubuntu 系统的安装过程。通过本章的学习,可以对 Linux 操作系统以及 Linux 内核、Linux 的安装过程有基本的了解,进而为学习、掌握和操作 Linux 系统打下坚实的基础。

实 验 1

题目:虚拟机下的 Ubuntu 操作系统的安装。
要求:
(1) 掌握 VMware 虚拟机的安装方法。
(2) 利用 VMware 虚拟机安装 Ubuntu 18.04 LTS 桌面版操作系统。
(3) 登录桌面环境。
(4) 进行注销与关机操作。

习 题 1

1. Linux 是在什么样的历史背景下诞生的?
2. 什么是 GNU 计划? Linux 和 GNU 有什么关系?
3. Linux 系统有哪些特点?
4. Linux 系统由哪几部分组成? Linux 内核的功能是什么?
5. 简述 Ubuntu 的特点。
6. 如何获得 Linux?

第 2 章　Linux 系统接口管理

操作系统是覆盖在硬件上的第一层软件,是计算机底层硬件和用户之间的接口。只有通过操作系统提供的接口才能完成用户或应用程序对系统硬件的访问。在 Linux 系统中,提供了命令行和图形界面两种用户接口以及程序接口。

2.1　操作系统接口

操作系统是架构在硬件上的第一层软件,是计算机底层硬件和用户之间的接口。利用操作系统,才能实现应用程序(或用户)对系统硬件的访问。任何操作系统都会向上层提供接口,操作系统接口是方便用户使用计算机系统的关键。操作系统的接口分为用户接口和程序接口两大类。用户接口又包括命令接口和图形接口。

1. 命令接口

命令接口是以命令的方式使用系统的用户界面。操作系统提供了一组联机命令接口,用户在文本方式的界面上,通过键盘输入相关命令,获得操作系统的服务,控制用户程序的执行。命令执行的结果也以文本方式显示在界面上。

命令接口的特点是效率高、灵活,但不易使用,需要记忆相关命令及语法。

2. 图形接口

图形接口是指通过图标、窗口、菜单、对话框及文字组合,在桌面上形成一个直观易懂、使用方便的计算机操作环境,以鼠标驱动方式使用系统的用户界面。用户通过鼠标,操作图形界面上的各种图形元素,实现与系统的交互,控制程序的执行。运行结果也以图形方式进行显示。

图形接口的特点是直观,不需要记忆命令和语法,轻松使用系统。

3. 程序接口

程序接口是由一组系统调用命令组成的,这些命令可供应用程序使用,使程序员访问系统资源。系统调用是操作系统提供给应用程序访问系统资源的唯一接口。每个系统调用都是一个能完成特定功能的子程序。

用户接口属于高级接口,是用户与操作系统的接口;程序接口是低级接口,是任何内核外的程序与操作系统之间的接口。用户接口的功能最终是通过程序接口来实现的。

2.2　Shell 命令接口

无论从事系统开发还是系统管理,Shell 都是必然要用到的用户接口。

2.2.1　Shell 命令接口的组成

Shell 是 Linux 操作系统的最外层,也称为外壳。一方面,它可以作为操作系统的命令接口,以交互的方式解释和执行用户输入的命令,或者自动解释和执行预先设定好的一连串命令,实现用户与计算机的交互。另一方面,Shell 也能用作解释性的编程语言。作为程序设计语言,它提供了一些专用的命令和语法,并定义了各种变量和参数,提供了许多在高级语言中才具有的控制结构,包括循环和分支,以便构造程序。用 Shell 编写的程序称为 Shell 程序,也称为 Shell 脚本。

Linux 下的 Shell 命令接口由一组命令和命令解释程序 Shell 组成。

1. 命令

Linux 提供一组完备的命令,可以完成用户需要的各种操作,如文件操作、数据传输、进程控制、系统监控等。Shell 命令分为内部命令和外部命令。内部命令的程序代码是包含在 Shell 内部的,驻留在内存中,执行速度快;外部命令的程序代码是以可执行文件的形式存储在磁盘中的,执行时需要从外存调入内存。内部命令一共有几十个,基本上都是操作简单且使用频繁的命令,例如 cd、pwd、ls、cp 等。

2. 命令解释程序 Shell

在所有操作系统中,都把命令解释程序放在操作系统的最高层,以方便与用户的交互。Linux 下的命令解释程序 Shell 类似于 Windows 下的"命令提示符"窗口,如图 2-1 所示。命令解释程序负责接收用户输入的命令并进行解释,然后调用相应的命令处理程序去执行,最后将运行结果显示在屏幕上。

图 2-1　Windows 下的"命令提示符"窗口

命令解释程序的具体工作方式如下:

(1) 在屏幕上给出提示符。

(2) 识别、解析命令。

(3) 转到相应的命令处理程序。

(4) 回送处理结果至屏幕。

命令解释程序的工作流程如图 2-2 所示。

2.2.2　Shell 的版本

1. 经典 Shell 版本简介

Shell 来源于 UNIX 系统。在 UNIX 系统诞生之初,只配有一个命令解释器,它用来解释和执行用户的命令。1979 年,贝尔实验室的 Bourne 开发出第一个 Shell 程序——B Shell (bsh),它是一个交互式的命令解释器和命令编程语言。20 世纪 80 年代早期,Bill Joy 在加利福尼亚大学伯克利分校开发了 C Shell(csh),它主要是为了让用户更容易使用交互式功能。它把 ALGOL 语言风格的语法结构变成了 C 语言风格。

很长一段时间,只有 B Shell 和 C Shell 两类 Shell 供人们选择,B Shell 用来编程,而 C

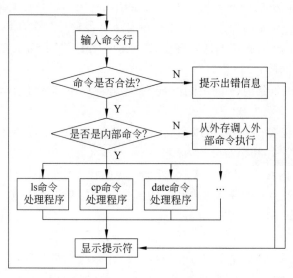

图 2-2　命令解释程序的工作流程

Shell 用来实现交互。为了改变这种状况，贝尔实验室 David Korn 开发了 K Shell(ksh)。ksh 吸收了 C Shell 的所有交互式特性，并融入了 B Shell 的语法，广受用户欢迎。K Shell 是一个交互式的命令解释器和命令编程语言，并且符合 POSIX 国际标准。

目前，Shell 版本很多，基本是以上 3 种 Shell 的扩展和结合。

还有一种著名的 Shell 版本，就是 Bourne Again Shell(bash)。bash 是 GNU 计划的一部分，用来替代 B Shell。它用于基于 GNU 的系统，如 Linux 系统。大多数 Linux 系统，例如 Redhat Linux、Slackware Linux、Ubuntu Linux 等，都以 bash 作为默认的 Shell。bash 与 B Shell 完全兼容，还包含了许多 C Shell 和 K Shell 中的优点，具有命令历史显示、命令自动补齐、别名扩展等功能。它简单易用，而且在 Shell 编程方面也有很强的能力。

2. 常用的 Shell 版本

常用的 Shell 版本如下：

- bsh：最经典的 Shell，每种 Linux、UNIX 都可用。
- csh：其语法与 C 语言相似，交互性更好。
- ksh：结合了 csh 和 bsh 的优点。
- tcsh：csh 的扩展。
- bash：bsh 的扩展，同时结合了 csh 和 ksh 的优点。
- pdksh：ksh 的扩展。
- zsh：结合了 bash、tcsh 和 ksh 的许多功能。

大多数 Linux 系统默认的 Shell 是 bash。另外，Linux 系统常用的其他 Shell 有 tcsh、zsh 和 pdksh，具体可以查看/etc/shells 文件。例如，在 Ubuntu 18.04 LTS 中，可以打开/etc/shells 文件查看该版本支持的 Shell，如图 2-3 所示。

图 2-3　/etc/shells 文件内容

2.3　X Window 图形接口

2.3.1　X Window 简介

X Window 是 Linux 的图形化用户接口,简称 X 或 X11。也就是说,X Window 是 Linux 的视窗系统。1984 年以来,X Window 系统成为 UNIX、类 UNIX 以及 OpenVMS 等操作系统共同使用的图形用户接口。X Window 系统通过软件工具及架构协议来建立操作系统所用的图形用户接口,具有广泛的可移植性。现在 X Window 已经成为 UNIX、Linux 系统上的标准图形接口。更重要的是,著名的桌面环境 GNOME 和 KDE 也都是以 X Window 系统为基础构建的。X Window 的当前版本是 1987 年发布的 X11,用户广泛使用的是 1994 年发布的发行版 X11 R6,最新的发行版是 2005 年发布的 X11 R7。

X Window 系统的开发起源于 Athena 计划,是该计划的一部分。该计划需要一套在 UNIX 计算机上运行良好的视窗系统。1984 年,麻省理工学院和 DEC 公司合作开发了一个基于窗口的图形用户接口系统,该系统是以斯坦福大学的 W Window 系统为基础开发的,新系统取名为 X Window。它独立于操作系统,不内置于操作系统内核中。

严格来讲,X Window 是一个图形接口系统的标准体系框架,规定了构成图形接口的现实架构、软件成分以及运作协议,只要遵照 X Window 的规范开发的图形接口都是 X Window 图形接口,即使在功能、外观、操作风格差异很大。

2.3.2　X Window 系统组成

X Window 系统的核心概念是客户/服务器架构。它主要的组成部分是 X Server、X Client 和 X Protocol,即 X 服务器端、X 客户端和 X 协议。这种客户/服务器架构的主要特点在于在 X Window 系统中,应用程序的运行和显示是可分离的。

1. X Server

X Server 是 X Window 系统的核心。X Server 运行在有显示设备的主机上,是服务器端。X Server 负责的主要工作如下:

(1) 支持各种显示卡和显示器类型。

(2) 响应 X Client 的应用程序的请求,根据要求在屏幕上绘制出图形,以及显示和关闭窗口。

（3）管理维护字体与颜色等系统资源以及显示的分辨率、刷新速度。

（4）控制对终端设备的输入输出操作，跟踪鼠标和键盘的输入事件，将信息返回给 X Client 的应用处理程序。

对于操作系统而言，X Server 只是一个运行级别较高的应用程序。因此，可以像其他应用程序一样对 X Server 进行独立的安装、更新和升级，而不涉及对操作系统内核的处理。

Linux 系统常用的 X Server 是 XFree86 和 Xorg。它们都是自由软件，目前 Xorg 已经逐步取代 XFree86，成为 Linux 发行版的 X Server。在桌面版的 Linux 发行版中，一般在进行系统安装时都默认进行了 X Window 的安装。安装成功后，有关鼠标、键盘、显示器和显卡等的设置都记录在/etc/x11/xorg.conf 文件中。用户可以通过查看该文件来了解相关的设置信息。Windows 系统上的 X Server 主要有 X Win32 和 X Manager。

2. X Client

凡是需要在屏幕上进行图形界面显示的程序都可看作 X Client，如文字处理、数据库应用、网络软件等。X Client 以请求的方式让 X Server 管理图形化界面。X Client 不能直接接收用户的输入，只能通过 X Server 获得键盘和鼠标的输入。在向屏幕显示输出时，X Client 确定要显示的内容，并通知 X Server，由 X Server 完成实际的显示任务。当用户用鼠标或键盘输入时，由 X Server 发现输入事件，接收信息，并通知 X Client，再由 X Client 进行实际的处理输入事件的工作，以这种交互的方式响应用户的输入。由此可以看出，在 X Window 系统中，应用程序的显示和运行是可分离的，分别由 X Server 和 X Client 进行处理。

3. X Protocol

X Protocol 是 X Client 和 X Server 之间通信时所遵循的一套规则，规定了通信双方交互信息的格式和顺序。X Client 和 X Server 都需要遵照 X Protocol 才能彼此理解和沟通。

X Protocol 运行在 TCP/IP 之上，因此 X Client 和 X Server 可以分别运行在网络上的不同主机之间。只要本地主机上运行 X Server，那么无论 X Client 运行在本地主机还是远程主机上，都可以将运行界面显示在本地主机的显示器上，呈现给用户，这也体现了 X Window 系统运行和显示分离的特性。这种特性在网络环境中也十分有用。用户可以进行远程登录，并启动不同主机上的多个应用程序，将它们的运行界面同时显示在本地主机屏幕上。并且可以在本地主机上方便、直观地实现不同系统的窗口之间数据的传输。

综上所述，在 X Window 系统中，X Client 指的是可在网络上任何主机上执行的各种应用程序，它们的执行结果必须传到某个显示器上；X Server 一定是运行在用户自己的本地主机上，负责将执行结果显示到屏幕上，并管理各种系统资源的程序。X Client 和 X Server 之间通过 X Protocol 进行通信。

4. X Window 与字符界面的切换

Linux 默认可以打开 7 个屏幕，编号为 tty1～tty7。X Window 启动后，占用的是 tty7，而 tty1～tty6 仍为字符界面屏幕，用 Alt+Ctrl+Fn 组合键（$n=1～7$）即可实现字符界面与 X Window 界面的快速切换。如果要快速切换字符界面与 X Window 图形界面，就可以在字符界面下按 Alt+Ctrl+F7 组合键，回到图形界面；在图形界面下，按 Alt+Ctrl+Fn 组合键（$n=1～6$），即可回到字符界面。

2.4　GNOME 桌面环境

1999 年，墨西哥程序员 Miguel 开发了 Linux 下的桌面系统 GNOME 1.0。GNOME 是基于 GPL 的完全开放的软件，可以让用户很容易地使用和配置计算机。GNOME 也是一个友好的环境桌面，它的图形驱动环境十分强大，它几乎可以不用任何字符界面来使用和配置机器。GNOME 遵照 GPL 许可发行，得到 Red Hat 公司的大力支持，成为 Red hat Linux 等众多 Linux 发行版默认安装的桌面环境。GNOME 即 GNU 网络对象模型环境（GNU Network Object Model Environment），是 GNU 计划的一部分，也是一个基于 GPL 的开放式软件。其目标是基于自由软件，为 UNIX 或者类 UNIX 操作系统构造一个功能完善、操作简单以及界面友好的桌面环境。

GNOME 的官方网站是 www.gnome.org，用户可以从 http：//www.gnome.org/ getting-gnome/下载最新版本的 GNOME 环境。目前默认使用 GNOME 桌面环境的主流 Linux 发行版本包括 Fedora、Mageia、openSUSE、Arch Linux 和 Debian 等。

在 Ubuntu 18.04 LTS 版本中，以 GNOME 3.28 作为默认的桌面环境。但在历史上，Ubuntu 也曾使用 Unity 作为某些版本的桌面环境。Unity 提供了桌面和上网本（netbook）环境，实现了完整、简单、可用于触摸屏的操作方式，在用户的工作流中集成了应用程序。Unity 是基于 GNOME 桌面环境的用户界面，由 Canonical 公司开发。Unity 最早出现在 Ubuntu 10.10 上网本版本中，自 Ubuntu 11.04 版本以后成为 Ubuntu 发行版正式的桌面环境。在 Ubuntu 11.04 之前的版本中，Ubuntu 系统默认搭配的是 GNOME 桌面环境。在 Ubuntu 搭配 Unity 的时代，Ubuntu 也并未完全停止对 GNOME 和 KDE 的支持，用户可以随时选择安装其他桌面环境来替换 Unity，这也是 Linux 操作系统开放性、灵活性的体现。

2.4.1　GNOME 主要版本发布历程

1999 年 3 月，自由软件基金会（Free Software Foundation，FSF）发布 GNOME 1.0。

2002 年 4 月，GNOME 2.0 发布。

2011 年 4 月，GNOME 3.0 发布。

2011 年 9 月，GNOME 3.2 正式发布。它建立在 GNOME 3.0 基础上并对其进行了很多修改，提供了更完整的体验。GNOME 3.2 中的具体改进包括新的在线账户、登录界面、文档管理以及支持颜色管理等，另外，它对 GNOME 开发平台也进行了一系列改进。

2012 年 4 月，GNOME 发布了 3.4.0 的首个 beta 测试版本，这是 GNOME 全新的版本开始。

2014 年 11 月，GNOME 3.14.2 发布。

目前最新的 GNOME 版本是 2019 年 3 月推出的 GNOME 3.32。并在 Ubuntu 19.04 中使用了最新稳定版本 GNOME，具体组件包括 GNOME Shell、"设置"、gdm3（gdm 是 GNOME display manager 的缩写，即 GNOME 显示环境管理器）以及核心应用程序（例如 Gedit、软件和 GNOME terminal 等）。

2.4.2 GNOME 桌面

1. GNOME 桌面的组成

在 GNOME 模式下，桌面主要由 3 部分组成：状态栏、dock 面板（任务栏）、桌面区。GNOME 桌面如图 2-4 所示。

图 2-4　GNOME 桌面

Windows 系统的界面布局一般是：任务面板在桌面底部，"开始"菜单放在桌面的左边。与 Windows 系统不同，在 Ubuntu 18.04 LTS 中，界面的布局是：状态栏位于桌面的顶部，dock 面板位于桌面的左边，以侧边条的形式显示。

1）状态栏

状态栏位于屏幕的顶部，呈矩形。左侧用于显示当前正在运行的应用程序图标；中部用于显示系统时间；右侧提供常用的系统功能，包括网络配置、音量控制、输入法、登录用户名信息、关机或重启、系统设置等操作。

2）dock 面板

与 Windows 不同，在 Ubuntu 18.04 LTS 中，dock 面板位于桌面的最左侧，用于显示系统的常用应用软件以及用户运行过的软件。例如，系统启动后，运行了"终端"和"文本编辑器"两个软件后，就会在 dock 面板中出现这两个软件的图标。正在运行的软件图标在 dock 面板中的显示如图 2-5 所示。同样，当通过 USB 接口插入设备时，dock 面板上也将出现相应的设备图标。在 dock 面板的最底部，即桌面左下角，有 ▦ 图标，其中隐藏了系统已安装的应用程序。单击该图标，将显示系统已安装的应用程序图标，如图 2-6 所示。此时可以通过"常用"或"全部"按钮展示所需的应用程序。单击最右侧的圆钮可以翻页。另外，如果系统安装的应用程序过多，不方便一页一页地查看，可以在页面上部的搜索框中，输入要查找的应用程序名称，以便于快速得到查找结果。

图 2-5　正在运行的软件图标在 dock 面板中的显示

图 2-6　显示系统已安装的应用程序图标

3）桌面区

桌面区指的是 dock 面板和状态栏之外的整个屏幕区域。这部分屏幕通常用于放置已经打开或正在运行的软件窗口以及快捷方式和图标（例如回收站图标等）。回收站用于暂时保存从桌面环境中删除的文件等。

Ubuntu GNOME 桌面环境的布局和内容可以定制，用户可根据自己的需要进行必要的调整。

2. dock 面板的作用

在 GNOME 桌面环境中，工作区看起来十分干净整洁。状态栏显示了用户最常用的操作。dock 面板的功能最复杂,体现了用户日常工作所需要的全部。左上角的"活动"提供了搜索应用程序的功能。单击右侧的隐形侧条,将显示系统的各个工作区,并可以在不同的工作区之间切换。如图 2-7 所示,当前第三个工作区正在前端显示,在此工作区中正在运行浏览器程序。同样,也可以看到第一个工作区里,"终端"程序正在运行。每个工作区都拥有一个单独的 GNOME 桌面,包括 dock 面板、桌面区和状态栏等。所有工作区的背景主题都是相同的。在各个工作区中,可以运行不同的应用程序。工作区切换开关使用户能够在工作区之间相互切换。除了使用鼠标点选相应的工作区之外,用户也可以使用 Ctrl+Alt+↑组合键或者 Ctrl+Alt+↓组合键在各个工作区之间依次切换。

图 2-7 "活动"及工作区的切换

dock 面板中默认提供了用户常用的应用程序图标,方便快速启动应用程序。其中一般包括 Firefox 网络浏览器、Thunderbird 邮件/新闻管理器、文件夹管理器、Rhythmbox 音乐播放器、LibreOffice writer、Ubuntu 软件管理器、帮助、Amazon 购物网站等。

(1) Firefox 网络浏览器。其中文名称为"火狐"浏览器,是一个自由及开放源代码的网页浏览器,使用 Gecko 排版引擎,支持多种操作系统,如 Windows、Mac OS X 及 GNU/Linux 等。该浏览器提供了两种版本——普通版和 ESR(Extended Support Release,延长支持版),ESR 是 Mozilla 专门为那些无法或不愿每隔 6 周就升级一次的企业打造的。Firefox ESR 的升级周期为 42 周,而 Firefox 普通版的升级周期为 6 周。

Firefox 浏览器具有出色的性能,首先体现在上网速度方面。它具有很快的启动速度、高速的图形渲染引擎和很快的页面加载速度,使用最新版 Firefox 会让用户立刻感受到性能上的显著提升。另外,它在网页应用(如电子邮件、视频、游戏等)方面运行也更加流畅。

Firefox 的出色性能还体现在硬件加速方面。无论是在 Windows XP、Windows 7、Windows 10 还是 Mac OS X 操作系统上使用 Firefox,用户都将在进行观看视频、玩网络游戏等多种操作的同时享受到硬件加速支持。

(2) Thunderbird 邮件/新闻管理器。单击 图标,将会打开 Thunderbird 邮件/新闻管理器,如图 2-8 所示。虽然目前很多个人用户都不再频繁地使用邮箱,但是仍然有一些办公人员和用户比较喜欢使用电子邮件进行交流。Mozilla Thunderbird 的中文名称为"雷鸟"。它是一个开源自由的、开放的、跨平台的邮件客户端和 RSS 新闻阅读器,由 Mozilla 创建。其目的在于管理用户的多个电子邮件账户和新闻源。它可以运行在当今大多数操作系统上,包括 Windows、Linux 和 Mac OS 等。Thunderbird 有一些超过其他邮件客户端的优点,如垃圾邮件分类。它也提供了一个非常强大的电子邮件包和一个漂亮、简洁的界面,让用户可以有效地处理邮件。该软件简单易用,功能强大,可以个性化配置,给用户带来了全方位的体验。

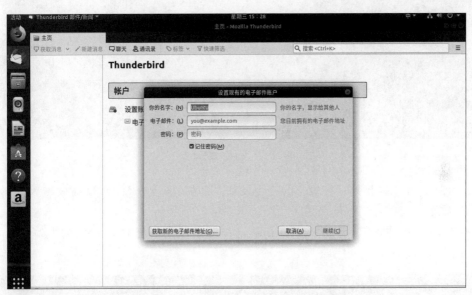

图 2-8　Thunderbird 邮件、新闻管理器

Thunderbird 是网页浏览器 Firefox 的开发者 Mozilla 的另一款重要产品。它通常被认为是微软公司的 Outlook、Mail 和 Outlook Express 的最佳替代程序。丰富的扩展和出色的性能使这款软件表现得非常优秀。Thunderbird 支持 IMAP、POP 以及 HTML 格式,可以轻松导入用户已有的邮件账号和信息,同时具有内置 RSS 技术以及强大的快速搜索、自动拼写检查、垃圾邮件过滤等功能。

(3) 文件夹管理器。单击▤图标,将会打开文件夹管理器,如图 2-9 所示。默认打开的是当前用户的主目录,即主文件夹。通过左边的列表显示,用户可以快速找到自己需要的文件。

① "最近使用":显示用户最近使用过的文档信息。

② "主目录":是系统中最重要的文件夹,用于保存每个登录用户的文件。每个用户都有一个主目录,相当于 Windows 操作系统中的"我的文档"。

③ "桌面":是主文件夹中的一个子文件夹。凡是在桌面上出现的图标都属于该文件夹,且存在于该文件夹中。

④ "其他位置":单击"其他位置"后,显示结果如图 2-10 所示。其中包含以下两项。

• "计算机":相当于 Windows 系统中的"我的电脑"。它不仅可以显示系统的文件夹,

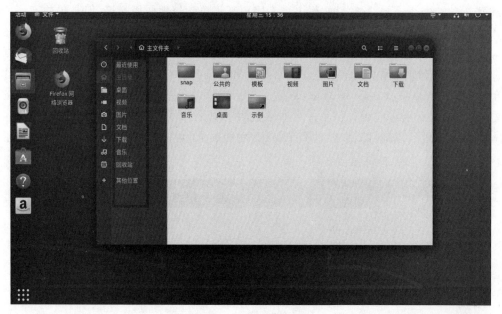

图 2-9　文件夹管理器

也可以显示连接到计算机上的各种设备。例如,U 盘、CD/DVD 播放器等都属于该项目。

- "Windows 网络":通过 Ubuntu 系统访问局域网里已经设置好的共享 Windows 网络。

图 2-10　单击"其他位置"后的效果图

单击右上角的搜索图标 ，可以查找计算机中的文件。

⑤ 其他常用的文件夹,如"视频""图片""文档""下载""音乐"等文件夹,帮助用户分类

存放相应的文件。

（4）Rhythmbox 音乐播放器。单击 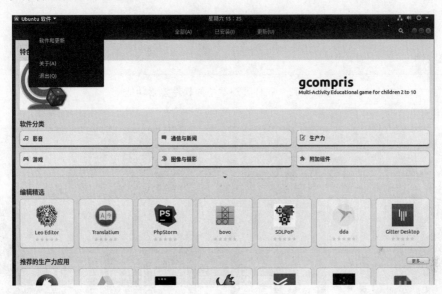 图标，可以打开 Rhythmbox 音乐播放器。它是 Linux 下的音乐播放和管理软件，是 Fedora 和 Ubuntu 等 Linux 发行版默认安装的音乐播放器。它可以播放各种音频格式的音乐，管理收藏的音乐。

（5）LibreOffice Writer 字处理软件。单击 图标，可以打开 LibreOffice Writer 字处理软件。LibreOffice 是一款自由、免费的办公套件。其中的 LibreOffice Writer 是内置文字处理软件，类似于 Windows 系统下的 Word 软件，可以用来进行文字的编辑和处理工作。

（6）Ubuntu 软件管理器。即 Ubuntu 软件中心，它管理系统的所有软件。单击 图标，打开 Ubuntu 软件管理器，这里整合了系统中的全部软件以及软件的管理和更新服务。通过查看 3 个标签页"全部""已安装""更新"，可以获知目前系统中软件的安装情况。Ubuntu 软件管理器主界面如图 2-11 所示。

图 2-11　Ubuntu 软件管理器主界面

另外，在软件管理器的主界面中，单击右上角的搜索图标 ，将显示搜索功能的输入文本框，用户可在此输入想要搜索的软件名称，如图 2-12 所示。

在 Ubuntu 18.04 LTS 中，各个应用程序的运行界面的结构基本相同。打开相应的应用程序后，在其运行界面的右上角有 3 个按钮，可分别实现最小化、最大化和关闭应用程序的功能。应用程序的运行效果如图 2-13 所示。

（1）最小化按钮：用于将窗口最小化并隐藏至左侧的 dock 面板。

（2）最大化按钮：用于将窗口最大化并使之充满整个桌面。

（3）关闭按钮：用于关闭应用程序。

每个运行中的应用程序都在屏幕左边的 dock 面板中有对应的图标。通过单击操作，可以切换应用程序的最大化或最小化显示，以及隐藏或重新显示应用程序。

3. 在桌面区添加应用程序快捷图标

桌面区指的是 dock 面板和状态栏之外的整个屏幕区域。在桌面区的空白处可以放置

图 2-12　软件管理器中的软件搜索功能

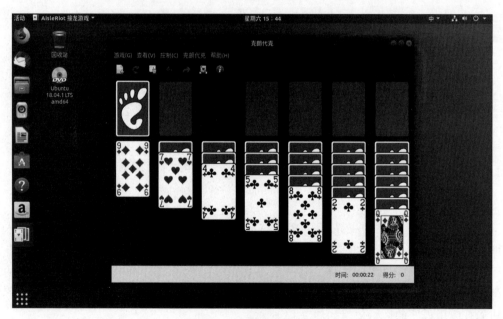

图 2-13　应用程序运行效果

很多快捷图标。这些图标不仅总是可见的，而且可以方便用户快速启动所对应的应用程序。用户可以自己添加需要的应用程序的快捷图标。以添加 Google Chrome 的快捷图标为例，步骤如下：

（1）单击屏幕左侧的 dock 面板中的"文件"图标，打开文件管理器，如图 2-14 所示。单击"其他位置"，在右侧将出现"计算机"。

（2）单击图 2-14 中的"计算机"，将出现计算机根目录下的所有文件夹，找到 usr 文件

图 2-14　打开文件管理器

夹,如图 2-15 所示。

图 2-15　根目录下的 usr 文件夹

双击打开 usr 文件夹,将出现 share 文件夹,如图 2-16 所示。

继续双击打开 share 文件夹,将出现 applications 文件夹,如图 2-17 所示。

继续双击打开 applications 文件夹,将出现系统的所有应用程序的图标,如图 2-18 所示。

图 2-16　share 文件夹

图 2-17　applications 文件夹

图 2-18　applications 文件夹内的应用程序图标

（3）找到要添加快捷图标的应用程序图标，例如 Google Chrome 图标，拖曳该图标至桌面，如图 2-19 所示。此时桌面中的图标显示的是.desktop 类型的文件图标█。

图 2-19　拖曳图标至桌面

双击桌面的快捷图标，在弹出的对话框中单击 Trust and Launch 按钮，如图 2-20 所示。然后就会发现，该快捷图标已变成了可运行的应用程序图标了。快捷图标添加完成，如图 2-21 所示。

此后，单击桌面上的快捷图标，就可以快速启动相应的应用程序了。

另外，当运行多个应用程序时，可以使用 Alt＋Tab 组合键在多个已经打开的应用程序窗口之间依次切换。

图 2-20　确认信任该应用程序启动器

图 2-21　快捷图标添加完成

4. GNOME 桌面环境下的 Ubuntu 快捷键

利用键盘的快捷键可以加快对 Ubuntu 系统的使用速度,提高工作效率。Ubuntu GNOME 有一些和 Windows 相同的通用快捷键,如 Ctrl＋C 组合键(复制)、Ctrl＋V 组合键(粘贴)和 Ctrl＋S 组合键(保存),在此不再赘述。

GNOME 桌面环境下的 Ubuntu 快捷键如下。

(1) Super 键(键盘上带有 Windows 图标的键):打开活动搜索界面,如图 2-22 所示。

如果想要打开一个应用程序,可以按 Super 键,然后搜索应用程序。如果搜索的应用程序未安装,系统会推荐来自应用中心的应用程序。如果想要查看有哪些正在运行的应用程序,可以按 Super 键,屏幕上就会显示所有正在运行的应用程序。如果想要使用工作区,只需按 Super 键,就可以在屏幕右侧看到工作区选项。

(2) Ctrl＋Alt＋T 组合键:打开 Ubuntu 的终端窗口。这是用户最常用的键盘快捷键

搜索框

工作区

图 2-22　按 Super 键打开搜索界面

之一。

　　(3) Super＋L 组合键或 Ctrl＋Alt＋L 组合键：锁屏。当用户离开计算机时锁定屏幕，是最基本的安全习惯之一。可以使用 Super＋L 组合键快速锁定屏幕。有些系统也会使用 Ctrl＋Alt＋L 组合键锁定屏幕。

　　(4) Super＋D 组合键或 Ctrl＋Alt＋D 组合键：显示桌面。按 Super＋D 组合键可以最小化所有正在运行的应用程序窗口并显示桌面；再次按 Super＋D 组合键将重新打开所有正在运行的应用程序窗口，实现还原的效果。也可以使用 Ctrl＋Alt＋D 组合键来实现此目的。

　　(5) Super＋A 组合键：显示应用程序菜单。用户可以通过单击屏幕左下角的 ⊞ 打开 GNOME 中的应用程序菜单。更快捷的方法是使用 Super＋A 组合键，它将显示应用程序菜单，也可以查看或搜索系统上已安装的应用程序。可以使用 Esc 键退出应用程序菜单界面。

　　(6) Super＋Tab 组合键或 Alt＋Tab 组合键：在运行中的应用程序间切换。如果用户运行的应用程序不止一个，则可以使用 Super＋Tab 组合键或 Alt＋Tab 组合键在应用程序之间依次切换。默认情况下，应用程序切换器从左向右移动；如果要从右向左移动，可使用 Super＋Shift＋Tab 组合键。

　　(7) Super＋方向键：移动窗口位置。这个快捷键也适用于 Windows 系统。使用应用程序时，按 Super＋← 组合键，应用程序窗口将贴合屏幕的左边缘，占用屏幕的左半边；按 Super＋→ 组合键会使应用程序窗口贴合屏幕的右边缘；按 Super＋↑ 组合键将最大化应用程序窗口；按 Super＋↓ 组合键将使应用程序恢复到原来的大小。

　　(8) Super＋M 组合键：切换到状态栏，并显示系统的日历；再次按该组合键，将关闭打开的日历。使用 Super＋V 组合键也可实现相同的功能。

　　(9) Super＋空格组合键：切换输入法。例如，用户的系统中安装了多个输入法，可以利用该组合键快速进行输入法的切换。

　　(10) Ctrl＋Q 组合键：关闭应用程序窗口。对于用户正在运行的应用程序，可以使用 Ctrl＋Q 组合键关闭其窗口。也可以使用 Ctrl＋W 组合键实现此目的。

(11) Ctrl＋Alt＋方向键：切换工作区。如果用户经常需要使用多个工作区进行操作，可以使用 Ctrl＋Alt＋↑组合键和 Ctrl＋Alt＋↓组合键在工作区之间进行切换。

(12) Ctrl＋Alt＋Del 组合键：注销。使用这个快捷键可以注销系统。

2.5 登录、注销、关机和重启

在安装完成 Linux 系统后，就可以开始对它进行使用和体验了。Linux 的基本操作包括登录、注销、重启和关机等。这些操作是使用 Linux 的基础。

2.5.1 登录系统

Linux 是一个多用户、多任务的操作系统，本机用户和任何访问该系统的合法用户都拥有一个账号，包括用户名和密码。只有通过用户名和密码的登录验证，才能进入 Linux 系统。登录(login)过程就是系统对用户身份的确认。

每个 Linux 系统都有一个特殊权限用户，用户名为 root，即根用户。它相当于 Windows 系统的超级用户(Administrator，管理员)，具有对系统的完全控制权。其他的普通用户对系统只有一部分控制权。Ubuntu 默认以普通用户身份启动系统，以保障系统的安全。在安装 Ubuntu 系统时，曾经提示输入用户名和密码，这个账号就是首次登录的默认用户。它是一种特殊用户，既不同于 root 用户，也不同于普通用户，其权限没有 root 用户高，但比普通用户高。

Linux 系统登录的方式可分为控制台登录和远程登录两种。

控制台是直接与系统相连的本地终端，是供本地用户使用的终端。Linux 系统采用软件的方式，在一个物理控制台上虚拟了多达 12 个控制台，包括 6 个字符控制台和 6 个图形控制台。控制台之间可以通过 Ctrl＋Alt＋Fn 组合键(n 为 1～12)来切换。系统启动时，默认启动 6 个字符控制台(对应 F1～F6 键)和一个图形控制台(对应 F7 键)。通常，系统启动后默认显示器显示 F7 键对应的图形控制台，显示登录图形界面。值得注意的是，Linux 允许同一个用户在不同的控制台上以相同的身份和不同的身份多次登录，同时进行多项工作。各个控制台上的交互过程相互独立，互不干扰。

另一种登录方式是远程登录。远程登录是多用户操作系统的体现。用户可以从远程终端登录到 Linux 系统，然后像使用本地终端一样使用远程终端。Linux 系统可以同时为多个远程和本地的用户提供服务，对登录用户数量也不设限制。远程登录 Linux 系统时，可以利用 ssh、telnet、rlogin 等远程连接到字符终端，也可以利用 Xmanager 远程连接到图形终端。

Ubuntu 启动后，登录界面如图 2-23 所示。输入用户名和密码后，进入 Ubuntu 18.04 LTS 的桌面环境。当然，也可以通过"登录"按钮左侧的选项决定进入以 X Window 为基础的图形用户界面还是以 Wayland(中文名为"沃兰")为基础的图形用户界面。

随后显示 Ubuntu 18.04 LTS 的运行界面，如图 1-6 所示。

2.5.2 注销系统

在图形控制台中，系统主界面的最上方的横条称为面板，其中包括显示当前的时间日

图 2-23　系统登录界面

期、中英文切换以及常用的系统设置和关机、重启等工具和功能。

　　单击面板最右边的向下箭头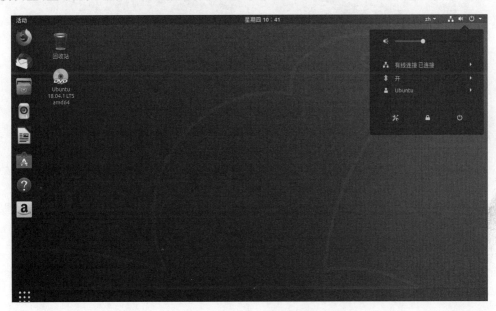，出现常用的系统设置选项，包括音量调节、网络的有线连接设置、蓝牙开关、用户的注销和账号设置等，如图 2-24 所示。

图 2-24　系统设置选项

　　在字符控制台中，使用 exit 命令或在命令提示符后按 Ctrl＋D 组合键，可退出系统。退出后，系统回到登录界面，用户可以重新登录系统。

2.5.3　关机和重启系统

　　当需要关机或重启系统时，应该使用正确的方法。在用户对某些系统设置进行了改动或者安装新软件之后,往往需要重新启动才能使修改生效。在图形控制台中,关闭和重启操作很直观,直接单击相应的按钮即可。例如,单击图 2-24 所示面板最右边的向下箭头,在系统设置选项中选择关机或者重新启动系统。

在字符控制台中,按 Ctrl+Alt+Del 组合键也可以重启系统。在字符命令界面,常用的关机命令是 shutdown,常用的重启命令是 reboot。这些命令都是 root 用户才可使用的。

2.6　Unity 界面简介

Unity 桌面环境提供了完整、简单、可用于触摸屏的环境,在用户的工作流中集成了应用程序。Unity 是基于 GNOME 桌面环境的用户界面,由 Canonical 公司开发。Unity 最早出现在 Ubuntu 10.10 上网本版本中,自 Ubuntu 11.04 以后成为 Ubuntu 发行版正式的桌面环境。但在 Ubuntu 18.04 LTS 中,它不再作为默认的桌面环境同步绑定发行。在 Ubuntu 18.04 LTS 中用户可以随时选择安装其他桌面环境来替换 GNOME 桌面环境。Ubuntu 并未完全停止对 Unity 和 KDE 的支持,这也是 Linux 操作系统开放性、灵活性的体现。

熟练掌握 Unity 中的一些快捷键可以提高操作效率。在 Unity 桌面环境下,按 Super 键(即键盘上的 Windows 图标键)不放,系统将在桌面上弹出常用快捷键提示,如图 2-25 所示。

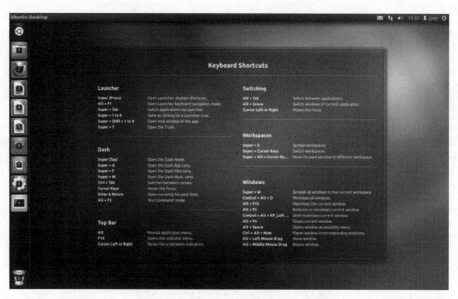

图 2-25　Unity 中的常用快捷键提示

1. 启动器面板

启动器面板中的常用快捷键如下:

(1) Super 键:激活启动器。

(2) Super+数字键:根据所按的数字键(1~9)打开应用程序或使其获取焦点。

(3) Super+T 组合键:打开回收站。

(4) Alt+F1 组合键:使启动器获取焦点,使用箭头键导航,按 Enter 键打开应用程序。

（5）Ctrl＋Alt＋T 组合键：启动终端窗口。

2. Dash 控制面板

Dash 控制面板中的常用快捷键如下：

（1）Super 键：打开 Dash。

（2）Super＋A 组合键：打开应用程序 Dash。

（3）Super＋F 组合键：打开文件及文件夹 Dash。

（4）Alt＋F2 组合键：打开运行命令模式。

（5）Esc 键：关闭 Dash。

3. 顶部面板

顶部面板中的常用快捷键如下：

（1）Alt 键：打开 HUD。在 Unity 中使用 HUD 功能可以在进行搜索的时候自动在关键字下显示一系列关联信息。

（2）Esc 键：关闭 HUD。

4. 窗口管理

窗口管理中的常用快捷键如下：

（1）Super＋W 组合键：扩展模式,在所有的工作区中缩小所有窗口。

（2）Super＋D 组合键：最小化所有窗口,再次使用则还原这些窗口。

（3）Ctrl＋Alt＋L 组合键：锁屏。

5. 窗口位置

窗口位置中的常用快捷键如下：

（1）Ctrl＋Alt＋0 组合键：最大化窗口。

（2）Ctrl＋Alt＋1 组合键：将窗口放到屏幕左下角。

（3）Ctrl＋Alt＋2 组合键：将窗口放到屏幕下半区。

（4）Ctrl＋Alt＋3 组合键：将窗口放到屏幕右下角。

（5）Ctrl＋Alt＋4 组合键：将窗口放到屏幕左侧。

（6）Ctrl＋Alt＋5 组合键：将窗口放到屏幕正中或最大化。

（7）Ctrl＋Alt＋6 组合键：将窗口放到屏幕右侧。

（8）Ctrl＋Alt＋7 组合键：将窗口放到屏幕左上角。

（9）Ctrl＋Alt＋8 组合键：将窗口放到屏幕上半区。

（10）Ctrl＋Alt＋9 组合键：将窗口放到屏幕右上角。

6. 工作区管理

工作区管理中的常用快捷键如下：

（1）Super＋W 组合键：以平铺模式列出所有窗口。

（2）Super＋S 组合键：展示模式,缩小所有工作区以管理窗口。

（3）Ctrl＋Alt＋方向键：切换到新工作区。

（4）Ctrl＋Alt＋Shift＋方向键：将窗口放置到新工作区。

7. 屏幕截图

屏幕截图操作的快捷键如下：

（1）PrintScreen 键：对当前工作区截图。

（2）Alt＋PrintScreen 键：对当前窗口截图。

2.7　程　序　接　口

2.7.1　系统调用

操作系统作为系统软件，它的任务是为用户的应用程序提供良好的运行环境。因此，操作系统内核提供了一系列内核函数，通过一组称为系统调用的接口提供给用户使用。系统调用的作用是把应用程序的请求传递给系统内核，然后调用相应的内核函数完成所需的处理，最终将处理结果返回给用户的应用程序。因此，系统调用是应用程序和系统内核之间的接口。Linux 系统调用包含了大部分常用系统调用和由系统调用派生出的函数。

2.7.2　系统调用接口

系统调用接口是由一系列系统调用函数构成的特殊接口。程序员或应用程序通过这个特殊的接口获得操作系统内核提供的服务，它是专为程序员编程时使用的，是应用程序和系统内核通信的桥梁。也就是说，在应用程序中使用的系统调用是以函数的形式展现给用户，提供给用户使用的。例如，用户可以通过与文件系统相关的系统调用，请求系统打开文件、关闭文件或读写文件，也可以通过与时钟相关的系统调用获得系统时间或设置定时器等。

操作系统内核提供的各种服务之所以需要通过系统调用提供给用户程序，根本原因是为了对系统进行保护。由于 Linux 的运行空间分为内核空间与用户空间，它们各自运行在不同的级别中，逻辑上相互隔离，所以用户进程在通常情况下不允许访问内核数据，也无法使用内核函数，它们只能在用户空间操作用户数据，调用用户空间函数。例如，打印函数 printf 就属于用户空间函数，打印输出的字符属于用户数据。但是，在很多情况下，用户程序在执行过程中需要调用系统程序来获得相应的系统服务，这时就必须利用系统提供给用户的特殊接口——系统调用。系统调用规定了用户进程进入内核的具体位置，即用户访问内核的路径是事先规定好的，只能从规定位置进入内核，而不准许随意跳入内核，这样才能保证用户程序的执行不会威胁内核的安全。

2.7.3　Linux 中的系统调用

Linux 系统与 Windows、UNIX 系统一样，都是利用系统调用来实现内核与用户空间通信的。但是 Linux 系统的系统调用比其他操作系统更加简洁和高效。Linux 系统调用仅仅保留了最基本和最有用的系统调用，全部系统调用只有 250 个左右，而有些操作系统的系统调用多达上千个。

总的来说，系统调用在系统中的主要用途如下：

（1）控制硬件。例如，把用户程序的运行结果写入文件，可以利用 write 系统调用来实现。由于文件所在的介质必然是磁盘等硬件设备，所以该系统调用就是对硬件实施的控制。

（2）设置系统状态或读取内核数据。例如，系统时钟就属于内核数据，要想在用户程序中显示系统时钟，就必须通过读取内核数据来实现，这通过 time 系统调用可以完成。另外，要想读取进程标识号、设置进程的优先级等，都需要通过相应的系统调用来处理，如 getpid、setpriority 等。

（3）进程管理。例如，在应用程序中要创建子进程，就需要利用 fork 系统调用来实现，另外,还有进程通信的相关系统调用,如 wait 等。

在 Linux 中常用的系统调用按照功能可分为进程控制、文件系统控制、系统控制、存储管理、网络管理、socket 控制、用户管理和进程通信 8 类。

常用的进程控制类系统调用如表 2-1 所示。

表 2-1 常用的进程控制类系统调用

系 统 调 用	功　　能	系 统 调 用	功　　能
fork	创建子进程	getpriority	获取调度优先级
clone	按指定条件创建子进程	setpriority	设置调度优先级
execve	运行可执行文件	pause	挂起进程,等待信号
exit	终止进程	wait	等待子进程终止
getpid	获取进程标识号		

常用的文件系统控制类系统调用如表 2-2 所示。

表 2-2 常用的文件系统控制类系统调用

系 统 调 用	功　　能	系 统 调 用	功　　能
open	打开文件	mkdir	创建目录
creat	创建新文件	symlink	创建符号链接
read	读文件	mount	安装文件系统
write	写文件	umount	卸载文件系统
truncate	截断文件	ustat	获取文件系统信息
chdir	改变当前工作目录	utime	改变文件的访问修改时间
stat	获取文件状态信息		

常用的系统控制类系统调用如表 2-3 所示。

表 2-3 常用的系统控制类系统调用

系 统 调 用	功　　能
_sysctl	读写系统参数
getrusage	获取系统资源使用情况
uselib	选择要使用的二进制函数库
reboot	重新启动
swapon	打开交换文件和设备
sysinfo	获取系统信息
alarm	设置进程的闹钟
stime	设置系统日期和时间

系 统 调 用	功　　能
time	获取系统时间
times	获取进程运行时间
uname	获取当前 UNIX 系统的名称、版本和主机等信息

常用的存储管理类系统调用如表 2-4 所示。

表 2-4　常用的存储管理类系统调用

系统调用	功　　能	系统调用	功　　能
mlock	内存页面加锁	mremap	重新映射虚拟内存地址
munlock	内存页面解锁	msync	将映射内存中的数据写回磁盘
mlockall	调用进程所有内存页面加锁	mprotect	设置内存映像保护
munlockall	调用进程所有内存页面解锁	getpagesize	获取页面大小
mmap	映射虚拟内存页	sync	将内存缓冲区数据写回硬盘
munmap	解除内存页映射	cacheflush	将指定缓冲区中的内容写回磁盘

常用的网络管理类系统调用如表 2-5 所示。

表 2-5　常用的网络管理类系统调用

系 统 调 用	功　　能	系 统 调 用	功　　能
getdomainname	获取域名	sethostid	设置主机标识号
setdomainname	设置域名	gethostname	获取主机名称
gethostid	获取主机标识号	sethostname	设置主机名称

常用的 socket 控制类系统调用如表 2-6 所示。

表 2-6　常用的 socket 控制类系统调用

系 统 调 用	功　　能	系 统 调 用	功　　能
socketcall	socket 系统调用	listen	监听 socket 端口
socket	建立 socket	select	对多路同步 I/O 进行轮询
bind	绑定 socket 到端口	shutdown	关闭 socket 上的连接
connect	连接远程主机	getsockname	获取本地 socket 名字
accept	响应 socket 连接请求	getsockopt	获取端口参数
send	通过 socket 发送信息	setsockopt	设置端口参数
recv	通过 socket 接收信息		

常用的用户管理类系统调用如表 2-7 所示。

表 2-7　常用的用户管理类系统调用

系 统 调 用	功　　　能
getuid	获取用户标识号
setuid	设置用户标识号
getgid	获取组标识号
setgid	设置组标识号
setregid	分别设置真实、有效的组标识号
setreuid	分别设置真实、有效的用户标识号
getresgid	分别获取真实、有效的和保存过的组标识号
setresgid	分别设置真实、有效的和保存过的组标识号
getresuid	分别获取真实、有效的和保存过的用户标识号
setresuid	分别设置真实、有效的和保存过的用户标识号

常用的进程通信类系统调用如表 2-8 所示。

表 2-8　常用的进程通信类系统调用

系统调用	功　　能	系统调用	功　　能
sigaction	设置对指定信号的处理方法	pipe	创建管道
sigpending	为指定的被阻塞信号设置队列	semctl	信号量控制
sigsuspend	挂起进程,等待特定信号	semop	信号量操作
kill	向进程或进程组发信号	shmctl	控制共享内存
msgctl	消息控制	shmget	获取共享内存
msgget	获取消息队列	shmat	连接共享内存
msgsnd	发消息	shmdt	拆卸共享内存
msgrcv	收消息		

2.7.4　API 和系统调用的关系

通过 API(Application Programming Interface,应用程序编程接口),程序员可以间接访问系统硬件和操作系统资源。操作系统的主要作用之一就是对系统硬件和操作系统资源进行封装并对上层用户屏蔽,防止用户有意或无意地对系统造成破坏。Linux 系统、Windows 系统或其他任何操作系统都是这样的。操作系统就像一个保护壳一样,保护系统资源不被外界破坏。因此,当用户需要对系统资源进行访问时,就必须通过操作系统向用户提供的接口才能实现,取得内核的服务。举一个现实生活中的例子,普通储户去银行办理存取款业务,必须通过银行柜台的工作人员(即接口)才能办理。在实际使用中,程序员大多调用的是 API,而系统管理员使用的则多是系统命令。

API 一般以函数的形式出现,如 read()、malloc()、abs()等。但是 API 并不需要和系统调用一一对应,它们之间的关系可以是一对一、一对多、多对一或者没有关系。其中,一对一的关系即 API 和系统调用的形式一致,例如 read()接口和 read 系统调用对应;一对多的关系即一个 API 是几个系统调用组合在一起形成的;多对一的关系即几种不同的 API 内部都使用同一个系统调用,例如 malloc()、free()内部利用 brk 系统调用来扩大或缩小进程的堆;最后一种情况,某些 API 根本不需要任何系统调用,不需要使用内核服务。例如 abs(),它的作用就是求绝对值,不需要任何系统调用就可以实现。

在 Linux 系统中,API 遵循 POSIX 标准,这套标准中定义了一系列 API。UNIX 系统也同样遵循这些标准,这些 API 主要是通过 C 语言函数库实现的。它除了定义了一些标准的 C 语言函数外,一个很重要的任务就是提供了一套封装例程(wrapper routine),将系统调用在用户空间包装后供用户编程使用。

例如,要获得当前进程的标识号,就需要使用系统调用 getpid 来实现。C 语言程序的示例如下:

```
#include <syscall.h>
#include <unistd.h>
#include <stdio.h>
#include <sys/types.h>
main()
{  long i;
   i=getpid();
   printf ("getpid()=%ld\n", i);
}
```

本 章 小 结

本章介绍了 Ubuntu 中的命令接口、图形接口和程序接口。Ubuntu 下的命令接口是 Shell,负责交互式解释和执行用户输入的命令。Ubuntu 下的图形接口的基础是 X Window,GNOME 桌面环境依赖于它才能运行。Ubuntu 中的程序接口以系统调用的方式体现,为程序员编程开发提供服务。另外,本章介绍了 Ubuntu 18.04 LTS 的运行界面组成,以及 GNOME 桌面环境下的图形化操作,对 Unity 风格的界面也做了简单的介绍。

实 验 2

题目:Ubuntu 系统接口实验。

要求:

(1) 掌握 GNOME 界面的操作。利用多种方法实现文件搜索功能。

(2) 完成在 GNOME 的桌面添加某个应用程序的快捷图标。

(3) 掌握 GNOME 常用组合键的使用。

(4) 利用 C 语言编程实现:通过系统调用 getpid 获得当前进程的标识号。

习 题 2

1. Linux 的操作系统接口有哪几种形式？

2. 解释 Shell 的含义和作用。

3. X Window 是由哪几个主要部分构成的？

4. X Window 采用的是何种结构？

5. GNOME 桌面环境由哪些部分组成？各部分的主要作用是什么？

6. 如何利用 Shell 命令控制关机或者重新启动 Ubuntu 系统？

7. 什么是系统调用？API 和系统调用的关系是什么？

8. Linux 中常用的系统调用按照功能的不同可分为哪些类别？每一类别的用途是什么？

第 3 章　Linux 文件系统

文件系统是操作系统用于确定磁盘或分区上的文件的方法和数据结构,即文件在磁盘上的组织方法。文件系统由 3 部分组成：与文件管理有关的软件、被管理的文件以及实施文件管理所需的数据结构。从系统角度来看,文件系统是对文件存储空间进行组织和分配,负责文件存储并对存入的文件进行保护和检索的系统。

3.1　Ubuntu 的文件系统

3.1.1　文件系统简介

计算机文件是数据元素的有序序列,根据不同的实现方式,这些数据元素可以是机器字、字符或二进制位。程序或用户只需通过文件系统就可以创建、修改、删除文件。每个文件都有一个符号化的名称,即文件名。用户可以通过指定文件名以及数据元素在文件中的线性索引,从而引用文件中的数据元素。

目录是文件系统维护所需的特殊文件,它包含了一个项目列表。一个计算机系统中有成千上万的文件,为了便于对文件进行存取和管理,计算机系统要建立文件的索引,即文件名和文件物理位置之间的映射关系,这种文件的索引称为文件目录。文件目录为每个文件设立一个表目。文件目录的表目中至少要包含文件名、物理地址、文件逻辑结构、文件物理结构和存取控制信息等,以建立起文件名与物理地址的对应关系,方便用户对文件的查找和修改等操作,实现按名存取文件。

文件系统是操作系统用于确定磁盘或分区上的文件的方法和数据结构,即文件在磁盘上的组织方法。文件系统也指用于存储文件的磁盘或分区。操作系统中负责管理和存储文件信息的部分称为文件管理系统,简称文件系统。从系统角度来看,文件系统是对文件存储空间进行组织和分配,负责文件存储并对存入的文件进行保护和检索的系统。具体地说,它负责为用户建立、保存、读出、修改、转储文件,控制文件的存取,当用户不再使用时删除文件等。

从另一个角度来看,文件系统还是操作系统在计算机的硬盘上存储和检索数据的逻辑方法,这些硬盘可以是本地驱动器,也可以是在网络上使用的卷或存储区域网络(Storage Area Network,SAN)上的导出共享等。一般来说,一个操作系统对文件的操作包括：创建和删除文件,打开文件以进行读写操作,在文件中搜索,关闭文件,创建目录以存储一系列文件,列出目录内容,从目录中删除文件,等等。

磁盘或分区和它所包括的文件系统的种类有很大的关系。少数程序直接对磁盘或分区的原始扇区进行操作,这可能会破坏文件系统。大部分程序基于特定文件系统进行操作,在其他类型的文件系统中不能工作。一个分区或磁盘在作为文件系统使用前,需要进行初始化,并将记录数据结构写到磁盘上。这个过程就称为文件系统的建立。

下面介绍几种常见的文件系统类型。

1. FAT 文件系统

FAT 的英文全称是 File Allocation Table,即文件分配表,最早于 1982 年开始应用于 MS-DOS 中。FAT 文件系统主要的优点是允许多种操作系统访问,如 MS-DOS、Windows 3.x、Windows 9x、Windows NT 和 OS/2 等。这一文件系统在使用时遵循 8.3 命名规则(即文件名最多为 8 个字符,扩展名为 3 个字符)。MS-DOS、Windows 3.x 和 Windows 95 都使用 FAT16 文件系统。

FAT 文件系统也是一种最初用于小型磁盘和简单文件夹结构的简单文件系统,用文件分配表映射和管理磁盘空间。它是专门为单用户操作系统开发的,不保存文件的权限信息,除了隐藏、只读等公共属性以外,不具备高级别安全防护措施。FAT 文件系统在磁盘的第一个扇区保存其目录信息。当文件改变时,FAT 必须随之更新,当复制多个小文件时,这种开销就会变得很大。FAT16 和 FAT32 能够管理的磁盘空间的大小不同。FAT16 最大只能支持 2GB,而 FAT32 可达到 2047GB。

FAT32 文件系统主要应用于 Windows 98 系统,它可以增强磁盘性能并增加可用磁盘空间。FAT32 的一个簇要比 FAT16 小很多,所以可以节省磁盘空间。而且它支持 2GB 以上的分区大小。默认情况下,Windows 98 也可以使用 FAT16。

2. NTFS 文件系统

NTFS(New Technology File System,新技术文件系统)最早专用于 Windows NT/2000 操作系统的文件系统。它支持文件系统故障恢复,尤其是大存储量的媒体和长文件名。

NTFS 是一个高度可靠、可恢复的文件系统,提供了 FAT 文件系统所没有的安全性、可靠性和兼容性。它提供了文件加密功能,能够大大提高信息的安全性,可以赋予单个文件和文件夹访问权限。它支持在大容量的硬盘上快速执行读、写和搜索等文件操作,支持文件系统恢复等高级操作。NTFS 为本地用户及网络上的远程用户都提供了文件和文件夹的安全特性。在 NTFS 分区上,可以为共享资源、文件夹以及文件设置访问权限。

与 FAT16 和 FAT32 相比,NTFS 的主要优点是:它通过使用相同卷大小条件下较小的簇,从而更有效地利用磁盘空间。只要简单地将文件系统从 FAT 转换为 NTFS,就可以释放出几百兆字节(MB)的磁盘空间。

NTFS 的主要弱点是只能被 Windows NT/2000 及以后的操作系统所识别。虽然它可以读取 FAT 文件系统和 HPFS(High Performance File System,高性能文件系统)文件系统的文件,但其文件却不能被 FAT 文件系统和 HPFS 文件系统所存取,因此兼容性较差。Windows NT 支持 FAT16、NTFS 文件系统,Windows 2000 支持 FAT16、FAT32 和 NTFS 文件系统。

3.1.2　Linux 文件系统架构

Linux 操作系统的核心是内核,而文件系统则是操作系统与用户进行交互的主要工具。不同的操作系统,其文件系统也不尽相同。例如,MS-DOS、Windows 95 等操作系统采用的是 FAT16 文件系统,Windows 2000/NT 等操作系统采用的是 NTFS 文件系统,Sun Solaris 操作系统采用的是 ZFS、UFS 文件系统。Linux 操作系统采用的文件系统一般为 Ext2、

Ext3 和 Ext4 等。Ext 是 Extended File System 的缩写,意为扩展的文件系统。

Linux 作为开源操作系统,其最大的优势就是支持多种文件系统。现代 Linux 内核几乎支持计算机系统中的所有文件系统。Linux 操作系统从一开始就追求让用户能够使用多个文件系统。事实上,用户在硬盘上使用一个或多个非 Linux 分区(如 FAT32 或 NTFS)的情况并不少见,如果用户想在 Linux 操作系统中使用非 Linux 文件系统,就必须在操作系统中挂载这些文件系统到 Linux 内核中。

Linux 文件系统采用了分层结构,如图 3-1 所示。

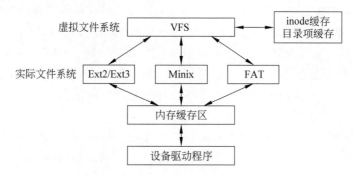

图 3-1　Linux 文件系统的分层结构

1. 设备驱动程序

文件系统需要利用存储设备来存储文件,因此,存储设备是文件系统的物质基础。除此之外,Linux 系统中的其他设备也作为文件,由文件系统统一管理。这些设备都由特定的设备驱动程序直接控制,它们负责设备的启动、数据传输控制和中断处理等工作。

Linux 系统中各种设备驱动程序都通过统一的接口与文件系统连接。文件系统向用户提供使用文件的接口,设备驱动程序则控制设备实现具体的文件 I/O 操作。

2. 实际文件系统

实际文件系统是以磁盘分区来划分的,每个磁盘分区由一个具体的文件系统管理,不同磁盘分区的文件系统可以不同。Linux 系统支持多种文件系统,除了专为 Linux 设计的 Ext2/Ext3、JFS、XFS、ReiserFS 和 NFS 之外,还支持以下文件系统:UNIX 系统的 sysv、ufs 和 bfs,Minix 系统的 minx 和 XIA,Windows 系统的 FAT16、FAT32 和 NTFS,以及 OS/2 系统的 hpfs,等等。这些文件系统都可以在 Linux 系统中工作。Linux 默认使用的文件系统是 Ext2/Ext3/Ext4。

3. 虚拟文件系统

实际文件系统通常是为特定的操作系统专门设计的,各种文件系统具有不同的组织结构和文件操作接口函数,相互之间往往差别很大。Linux 为了屏蔽各个文件系统之间的差别,为用户提供访问文件的统一接口,在具体的文件系统之上增加了一个称为虚拟文件系统(Virtual File System,VFS)的抽象层。

VFS 是 Linux 文件系统对外的接口。任何要使用文件系统的程序都必须经由这个接口来使用它。VFS 是一个异构文件系统之上的软件粘合层。有时也把 VFS 称为可堆叠的文件系统(stackable file system),因为 VFS 可以无缝地使用多个不同类型的文件系统,就像把多个文件系统堆叠在一起一样。通过 VFS,可以为访问文件系统的系统调用提供一个统一的抽象接口。VFS 最早由 Sun 公司提出，以实现 NFS(Network File System，网络文件系统)，但是现在很多系统都采用了 VFS(包括 UNIX、Linux、FreeBSD、Solaris 等)。VFS的原理如图 3-2 所示。

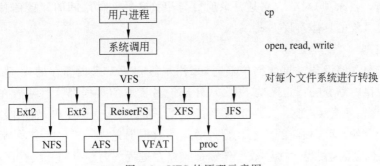

图 3-2　VFS 的原理示意图

虚拟文件系统运行在各个具体的文件系统之上，它采用一致的文件描述结构和文件操作函数，使得不同的文件系统能够按照同样的模式呈现在用户面前。有了 VFS，用户察觉不到文件系统之间的差异，可以使用同样的命令和系统调用来操作不同的文件系统，并可以在它们之间自由地复制文件。

VFS 的作用就是采用标准的 Linux 系统调用读写位于不同物理介质上的不同文件系统中的文件。VFS 是一个可以让 open、read、write 等系统调用不必关心底层的存储介质和文件系统类型就可以工作的粘合层。在 MS-DOS 操作系统中，要访问本地文件系统之外的文件系统，需要使用特殊的工具才能进行。而在 Linux 中，通过 VFS 这个抽象的通用访问接口屏蔽了底层的文件系统和物理介质的差异性。

每一种文件系统代码都隐藏了实现的细节。因此，对于 VFS 层和内核的其他部分而言，每一种文件系统看起来都是一样的。在 Linux 中，VFS 采用的是面向对象的编程方法。Linux 的 VFS 截取与文件系统有关的所有调用，为所有文件系统提供标准的接口或 API。对于用户而言，在使用 ls 命令列出不同物理介质上的文件时，实际上是没有区别的。

在 VFS 的公共文件模型中，目录被看作包含其他文件和其他目录列表的文件。某些文件系统(如 FAT16、FAT32 和 VFAT)在目录树中显示各个文件的存储位置。在这种情况下，目录不是普通的文件。因此，在文件系统上执行操作的过程中，文件系统必须将目录的视图动态建立为文件。显然，这样的视图实际上不是存储在文件系统中的，而是作为对象存在于内核空间中的。

此外，Linux 不会在实际的内核函数中执行与文件有关的系统调用。更确切地说，每个 read 和 icoctl 都将转化为各个文件系统处理该文件专用的函数的指针。为了实现这一点，VFS 的公共文件模型引入了公共文件系统控制块的概念，使各个文件系统与传统的 UNIX方法相互协调。这些控制块如下：

(1) 超级块结构。用于记录有关已装载的文件系统的信息。这个结构实际上匹配存储在设备上的文件系统控制块。

(2) inode(信息节点)对象。用于记录关于特定文件的信息。这个对象通常指向设备上的文件控制块。每一个这样的对象都有一个信息节点号码，该号码唯一地指向文件系统中的一个文件。

（3）file（文件）对象。用于记录目前打开的文件以及访问它的进程的信息。这个对象只保留在内核中，并在关闭文件时消失。

（4）dentry（目录项）对象。它是目录项目与相关联的文件之间的连接信息。每个文件系统都有这个对象的具体实现方式。

4. 缓存机制

文件系统和存储设备进行数据传输时，采用了缓存机制来提高存储设备的访问效率。缓存区是在内存中划分的特定区域，每次从外部设备读取的数据都暂时存放在这里。下次读取数据时，首先搜索缓存区。如果有需要的数据，则直接从这里读取；如果缓存区中没有，则再启动存储设备，读取相应的数据。写入磁盘的数据也先放入缓存区中，然后再分批写入磁盘中，使用缓存机制使得大多数数据传输都直接在进程的内存空间和缓存区之间进行，减少了对存储设备的访问次数，提高了系统的整体性能。VFS使用了内存缓存区、目录项缓存以及inode缓存等机制，使得整个文件系统具有相当高的效率。

3.1.3　Ext2文件系统

Linux的Ext2文件系统和UNIX使用的其他文件系统非常相似，但更接近于BSD系统所用的FFS（Fast File System，快速文件系统）。Ext2文件系统的特点是存取文件的性能极好，对于中小型的文件更具优势，这主要得益于它的簇快取层的优良设计。其单一文件大小与文件系统本身的容量上限以及簇的大小有关。在x86计算机系统中，簇最大为4KB，则单一文件大小上限为2048GB，而文件系统的容量上限为16 384GB。

Ext2文件系统采用了多重索引结构，用inode中的索引表描述，如图3-3所示。

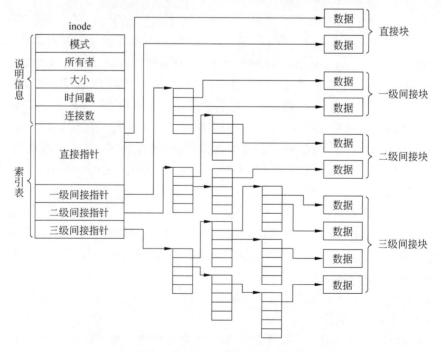

图3-3　Ext2文件的多重索引结构

索引表中前 12 个表项是直接指针,直接指向文件的数据块,这些块称为直接块。第 13 个表项是一个一级间接指针,它指向一个索引块,这个索引块中存放的是间接索引表。索引表的第 14 项和第 15 项提供了一个二次间接指针和一个三次间接指针,可提供对更多的间接块的索引。提供多级间接指针的目的是为了表达大型文件的结构。

Ext2 文件系统的默认块大小是 1KB。对于 12KB 以下的小文件,不需要使用间接索引,所有信息均在 inode 中,因此访问的速度非常快。较大的文件需要用到一个间接索引表。一个间接索引表含有 256 个间接指针,每个指针占 4B,则 1KB 的块可以容纳 256 个指针,可以索引 256 个间接块。因此,大小为 12~268KB 的文件需要一次间接索引,访问速度会有所降低。而对于大型的文件,可以使用二次间接指针甚至三次间接指针,得到最大约 16GB 的文件。

Ext2 的核心是两个内部数据结构,即超级块(superblock)和 inode。

超级块是一个包含文件系统重要信息(例如标签、大小、inode 的数量等)的表格,它是对文件系统结构的基础性、全局性描述,因此,没有了超级块的文件系统将不再可用。由于这个原因,Ext2 文件系统中不同位置存放着超级块的多个副本。

inode 是基本的文件级数据结构,文件系统中的每一个文件都可以在一个 inode 中找到它的描述。inode 描述的文件信息包括文件的创建和修改时间、文件大小、实际存放文件数据的块列表等。对于较大的文件,块列表可能包含附加数据块列表的磁盘位置(即间接块),甚至有可能出现二级或三级间接块列表。文件名字通过目录项(directory entry,通常缩写为 dentry)关联到 inode,目录项由文件名和 inode 构成。

图 3-4 展示了 Ext2 文件系统的数据结构。

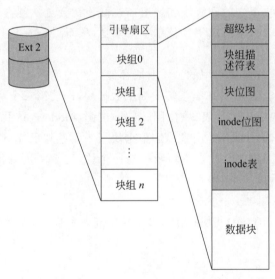

图 3-4　Ext2 文件系统的数据结构

Ext2 文件系统以引导扇区(boot sector)开始,紧接着是块组(block group)。因为 inode 表和存储用户数据的数据块(data block)可以位于磁盘相邻位置,这样就可以减少寻道的时间。为了性能的提升,整个文件系统被分为多个块组。一个块组由下面几项组成:

- 超级块：存储文件系统信息，必须位于每个块组的顶部。
- 块组描述符：存储块组的相关信息。
- 块位图：用于管理未使用的数据块。
- inode 位图：用户管理未使用的 inode。
- inode 表：每个文件都有一个相应的 inode 表，用来保存文件的元数据，例如文件模式、uid、gid、atime、ctime、mtime、dtime 和数据块的指针。
- 数据块：存储实际的用户数据。

每个块组组成的详细说明如下。

1. 超级块

超级块描述整个分区的文件系统信息，例如块大小、文件系统版本号、上次挂载的时间等。这些都是文件系统挂载、检查、分配、检索等操作的基本参数，是文件系统中最重要的数据，如果超级块损坏，则整个分区的文件系统就不再可用。超级块在每个块组的开头都有一个副本。

2. 块组描述符表

块组描述符表（Group Descriptor Table，GDT）由很多块组描述符（group descriptor）组成，整个分区分成多少个块组，就有多少个块组描述符。每个块组描述符存储一个块组的描述信息，例如，在这个块组中从哪里开始是 inode 表，从哪里开始是数据块，空闲的 inode 和数据块还有多少个，等等。和超级块类似，块组描述符表在每个块组的开头也都有一个副本。这些信息是非常重要的，一旦块组描述符意外损坏，就会丢失整个块组的数据，因此它有多个副本。通常内核只用到第 0 个块组中的块组描述符表，当执行 e2fsck 命令检查文件系统一致性时，第 0 个块组中的超级块和块组描述符表就会复制到其他块组。这样，当第 0 个块组的开头意外损坏时，就可以用其他副本来恢复，从而减小损失。

3. 块位图

一个块组中的块是这样被利用的：数据块存储文件中的数据。例如，某个分区的块大小是 1024B，某个文件是 2049B，那么就需要 3 个数据块，即使第三个块只存了 1B，也需要占用一个整块；超级块、块组描述符表、块位图、inode 位图、inode 表这几部分存储该块组的描述信息。块位图（block bitmap）是用来描述整个块组中哪些块已用、哪些块空闲的，它本身占一个块，其中的每个二进制位代表本块组中的一个块，这个二进制位为 1 表示该块已用，这个二进制位为 0 表示该块空闲。

4. inode 位图

inode 位图（inode bitmap）和块位图类似，本身占一个块，其中每个二进制位表示一个 inode 是否空闲。

5. inode 表

一个文件除了数据需要存储之外，一些描述信息也需要存储，例如文件类型（常规文件、目录、符号链接等）、权限、文件大小、创建/修改/访问时间等。利用 ls-l 命令看到的那些信息都保存在 inode 中，而不是数据块中。每个文件都有一个 inode，一个块组中的所有 inode 组成了 inode 表（inode table）。

inode 表占多少个块在格式化时就已决定，并写入块组描述符中。格式化工具 mke2fs 的默认策略是一个块组有多少个 8KB 就分配多少个 inode。由于数据块占整个块组的绝大部分,也可以近似认为一个数据块有多少个 8KB 就分配多少个 inode。换句话说,如果平均每个文件的大小是 8KB,当分区存满的时候 inode 表会得到比较充分的利用,数据块也不浪费。如果这个分区保存的都是很大的文件,则数据块用完的时候 inode 会有一些浪费;如果这个分区保存的都是很小的文件,则有可能数据块还没用完 inode 就已经用完了,数据块可能有很大的浪费。如果用户在格式化时能够对这个分区以后要存储的文件大小做一个预测,也可以用 mke2fs 的-i 参数指定每多少字节分配一个 inode。

6. 数据块

数据块根据不同的文件类型有以下几种情况:

- 对于常规文件,文件的数据存储在数据块中。
- 对于目录,其下的所有文件名和目录名存储在数据块中。文件名保存在它所在目录的数据块中,除文件名之外,ls -l 命令看到的其他信息都保存在该文件的 inode 中。目录也是一种文件,是一种特殊类型的文件,即目录文件。
- 对于符号链接,如果目标路径名较短,则直接保存在 inode 中,以便快速查找;如果目标路径名较长,则分配一个数据块来保存它。

设备文件、FIFO 和 socket 等特殊文件没有数据块。设备文件的主设备号和次设备号保存在 inode 中。

为了找到组成文件的数据块,内核首先查找文件的 inode。当一个进程请求打开/var/log/messages 时,内核解析文件路径并查找根目录的目录项,获得其下的文件及目录信息。下一步,内核继续查找/var 的 inode 并查看/var 的目录项,它也包含其下的文件及目录信息。内核继续使用同样的方法,直到找到指定文件的 inode。Linux 内核使用文件对象缓存(如目录项缓存或 inode 缓存)来加快查找相应 inode 的速度。

当 Linux 内核找到文件的 inode 后,它将尝试访问实际的数据块。inode 保存了数据块的指针。内核通过指针可以获得数据块。对于大文件,Ext2 提供了直接或间接的数据块参照,如图 3-5 所示。

当建立一个新的文件时,Ext2 文件系统要为它分配一个 inode 和一定数目的数据块;当该文件被删除时,Ext2 文件系统将回收其占有的 inode 和数据块;当该文件在读写过程中增加或减少了内容时,Ext2 文件系统也需要动态地为它分配和回收 inode 和数据块。

分配时根据 inode 位图和块位图的记录为文件分配 inode 和数据块。分配策略在一定程度上决定了文件系统的整体效率。Ext2 文件系统会尽可能把同一个文件所使用的块、同一个目录所关联的 inode 存放在相邻的单元中,至少是在同一个块组中,以提高文件的访问效率。

另外,Ext2 文件系统还采用了预分配机制来保证文件内容扩展时空闲块的分配效率。在文件建立的时候,如果有足够的空闲块,就在相邻的位置为文件分配多于当前需要的块,称为预分配块;当文件内容扩展时,优先使用预分配块,可以提高分配效率,也可以保证这些块相邻。如果预分配块用完或者根本没有启动预分配机制,分配新块时也要尽可能保证与原有块相邻。

3.1.4 Ubuntu 的目录结构

无论何时,当前工作目录中的所有文件都是可以直接存储的,并且通过名字可以直接引用文件。而对于非当前目录中的文件,必须在文件名之前加上各级目录构成的路径才能访

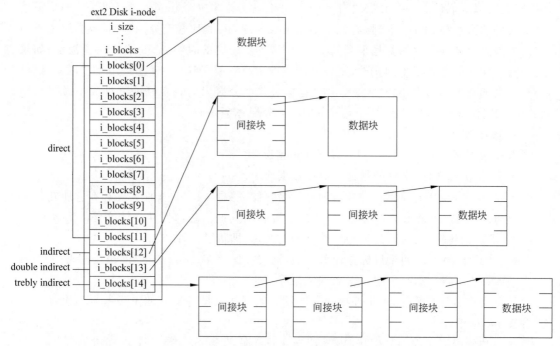

图 3-5 Ext2 文件系统直接或间接的数据块参照

问。文件的路径名指的就是从某个目录开始,穿过整个文件系统,直至到达目标文件而经过的目录层次。例如,从根目录开始,中间经过 usr 和 bin 两级子目录到达 find 文件的路径就是 find 文件的路径名,把上述访问路径写成 Linux 文件系统中的路径名就是/usr/bin/find。

每个目录中均包含以句点(.)和双句点(..)命名的两个特殊的目录文件,分别表示当前目录及其父目录。这两个特殊目录把文件系统中的各级目录有机地联系在一起。"."是当前目录的别名,要访问当前目录中的文件时,都可以直接使用".",而不必明确给出当前目录名。".."是当前目录的父目录的别名,从任何目录位置开始,都可以使用".."逐层攀升到文件系统层次结构的最上层。

路径名要么是由斜线字符分隔的一系列名字,要么是单个名字。在一系列名字中,最后一个名字是实际的文件,其他名字均为目录。文件可以是任何类型的文件。

Linux 文件系统采用树状分层结构,且只有一个根节点。与 Windows 一样,在 Linux 中路径分为绝对路径和相对路径。

(1)绝对路径。指文件的准确位置且以根目录为起点。例如,/usr/game/gnect 就是一个绝对路径,表示位于/usr/game/下的四子连线游戏。

(2)相对路径。是相对于当前目录的一个文件或目录的位置,还以上面的/usr/game/gnect 为例,如果用户现在处于/usr 中,只需要 game/gnect 就可以确定这个文件,而不需要将根目录和 usr 目录写出。

同样,Ubuntu 的目录众多,但所有目录都在根目录下,所以在安装时一定要有一个与根目录对应的磁盘分区才能安装系统。有序的组织结构有助于用户访问、管理和维护 Ubuntu 系统。Ubuntu 的目录结构如图 3-6 所示。

Linux 目录结构的描述如表 3-1 所示。

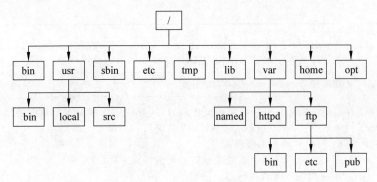

图 3-6　Ubuntu 的目录结构

表 3-1　Linux 目录结构的描述

目　录	描　述
/	Linux 文件系统的根目录
/bin	存放系统中最常用的可执行文件（二进制文件）。系统所需要的基本命令位于此目录下，也是最小系统所需要的命令，例如 ls、cp、mkdir 等命令。/usr/bin 目录中的文件是普通用户可以使用的命令
/boot	存放 Linux 内核和系统启动文件，包括 grub、lilo 启动程序
/dev	存放所有设备文件，包括硬盘分区、键盘、鼠标、USB、tty 等
/etc	存放系统所有配置文件，例如，passwd 存放用户账户信息，hostname 存放主机名。/etc/fstab 用于开机自动挂载一些分区，在里面写入一些分区的信息，就能实现开机挂载分区
/home	用户主目录的默认位置
/initrd	存放启动时挂载 initrd.img 映像文件以及所需设备模块的目录
/lib	存放共享的库文件，包含许多被/bin 和/sbin 中的程序使用的库文件
/lost＋found	在 Ext2 或 Ext3 文件系统中，当系统意外崩溃或意外关机时产生的一些文件碎片放在这里。在系统启动的过程中，fsck 工具会检查这里，并修复已经损坏的文件系统。有时系统发生问题，很多文件被移到这个目录中，可以用手工的方式修复文件或将其移到原来的位置上
/media	在这个目录下自动创建即插即用型存储设备的挂载点。例如，U 盘系统自动挂载后，会在这个目录下产生一个目录；CD-ROM/DVD-ROM 自动挂载后，也会在这个目录下创建一个目录，存放临时读入的文件
/mnt	通常用于作为被挂载的文件系统的挂载点
/opt	作为可选文件和程序的存放目录，有些自定义软件包也会被安装在这里，用户自己编译的软件包也可以安装在这个目录中
/proc	存放所有标识为文件的进程，它们通过进程号或其他的系统动态信息进行标识。例如，CPU、硬盘分区、内存信息等就存放在这里
/root	根用户（超级用户）的主目录
/sbin	存放涉及系统管理的命令，也就是 root 用户可执行的命令。这个目录和/usr/sbin、/usr/X11R6/sbin、/usr/local/sbin 目录是相似的
/srv	存放系统所提供的服务数据

目　　录	描　　述
/sys	用于将系统设备组织成层次结构,并向用户提供详细的内核数据信息
/tmp	临时文件目录。/var/tmp 目录与之相似
/usr	用于存放与系统用户直接有关的文件和目录,如应用程序及支持系统的库文件。其主要的子目录如下:/usr/X11R6:X Window 系统。 /usr/bin:用户管理员的标准命令。 /usr/include:C/C++ 等开发工具语言环境的标准 include 文件。 /usr/lib:应用程序及程序包的链接库。 /usr/local:系统管理员安装的应用程序。 /usr/local/share:系统管理员安装的共享文件。 /usr/sbin:用户和管理员的标准命令。 /usr/share:使用手册等共享文件。 /usr/share/dict:词表的。 /usr/share/man:系统使用手册。 /usr/share/misc:一般数据。 /usr/share/sgml:SGML 数据。 /usr/share/xml:XML 数据
/var	通常用于存放长度可变的文件,例如日志文件和打印机文件。其主要的子目录如下: /var/cache:应用程序缓存目录。 /var/crash:系统错误信息。 /var/games:游戏数据。 /var/lib:各种状态数据。 /var/lock:文件锁定记录。 /var/log:日志记录。 /var/mail:电子邮件。 /var/opt:/opt 目录的变量数据。 /var/run:进程的标识数据。 /var/spool:存放电子邮件、打印任务等的队列。 /var/tmp:临时文件目录

注意:与 Windows 不同,在 Ubuntu 中是严格区分大小写的。例如,文件 File.txt,FILE.txt、FILE.TXT 是 3 个不同的文件,在文件处理时要特别注意。

同时,还有与 Windows 不同的是,在 Windows 中后缀名是一个非常重要的标识符,是根据后缀名来判断文件的类型并进行处理的。例如,A.c 是一个 C 语言的源程序,而 A.txt 是一个纯文本文件。而在 Linux 系统中,文件类型与后缀名是没有直接关系的。

3.2　创建、挂载与卸载文件系统

3.2.1　创建文件系统

在安装操作系统时,安装程序将会引导用户提供必要的数据或作出相应的选择,然后自动划分磁盘分区,创建文件系统。在日常的应用过程中,仅当需要增加新盘或使用移动硬盘,改变现有的磁盘分区结构时,才有可能需要自己手工创建文件系统。在磁盘等存储设备分区之后,即可着手创建文件系统。

创建文件系统时,主要有两种方法:

(1) 使用最基本的、通用的 mkfs 命令。在选定的磁盘分区中创建指定的文件系统。

(2) 利用各种特定的工具,如 mke2fs、mkfs.ext2 或 mkfs.vfat 等,在选定的磁盘分区上直接创建特定类型的文件系统。

创建文件系统时,最基本的方法是使用 mkfs 命令。在 Linux 系统中,mkfs 命令实际上只是各种文件系统创建程序的一个总控程序,根据指定的文件系统类型,mkfs 将会调用特定文件系统的创建程序 mkfs.fs,其中 fs 可以是 ext2、ext3 或 vfat 等。因此,在创建一个具体的文件系统时,可以使用特定的文件系统创建命令。例如,为了创建一个 Ext2/Ext3 文件系统,可以直接使用 mkfs.ex2 或 mkfs.ext3 等命令,也可以使用等价的 mke2fs 命令。对于 Ext2/Ext3 文件系统而言,mke2fs 命令是最基本的工具。

用于创建 Ext2/Ext3 文件系统的 mkfs 与 mke2fs 命令的语法格式如下。

(1) mkfs 命令:

```
mkfs [-V] [-t fstype] [fs-options] device [size]
```

(2) mke2fs 命令:

```
mke2fs [-c|-l filename] [-b block-size] [-f fragment-size]
        [-i bytes-per-inode] [-I inode-size] [-J journal-options]
        [-G meta group size] [-N number-of-inodes]
        [-m reserved-blocks-percentage] [-o creator-os]
        [-g blocks-per-group] [-L volume-label] [-M last-mounted-directory]
        [-O feature[,...]] [-r fs-revision] [-E extended-option[,...]]
        [-T fs-type] [-U UUID] [-jnqvFSV] device [blocks-count]
```

其中的主要参数说明如下:

- -b:指定块大小,单位为字节。
- -c:检查是否有损坏的块。
- -f:指定不连续段的大小,单位为字节。
- -i:指定每多少字节创建一个 inode。
- -N:指定要建立的 inode 数目。
- -L:设置文件系统的标签名称。
- -m:指定给管理员保留的块的比例,默认值为 5%。
- -M:记录最后一次挂入的目录。
- -r:指定要建立的 Ext2 文件系统版本。
- -V:显示命令的版本号。

下面以一个例子来说明 mkfs 命令的执行过程。首先在虚拟机中添加一块 512MB 的未分区硬盘。添加完毕后重启系统,然后利用 fdisk -l 命令查看新增硬盘的信息。其中 Disk/dev/sdb 即为新增的硬盘,因为没有创建文件系统,所有没有包含任何有效的分区表。

```
user@user-desktop:~$ sudo fdisk -l
[sudo] password for user:
```

```
Disk /dev/sda: 10.7 GB, 10737418240 bytes
255 heads, 63 sectors/track, 1305 cylinders
Units =cylinders of 16065 * 512 =8225280 bytes
Sector size (logical/physical): 512 bytes / 512 bytes
I/O size (minimum/optimal): 512 bytes / 512 bytes
Disk identifier: 0x000e8668
Device Boot     Start   End     Blocks   Id   System
/dev/sda1    *       1    1244   9990144   83   Linux
/dev/sda2         1244    1306    492545    5   Extended
/dev/sda5         1244    1306    492544   82   Linux swap / Solaris
Disk /dev/sdb: 536 MB, 536870912 bytes
64 heads, 32 sectors/track, 512 cylinders
Units =cylinders of 2048 * 512 =1048576 bytes
Sector size (logical/physical): 512 bytes / 512 bytes
I/O size (minimum/optimal): 512 bytes / 512 bytes
Disk identifier: 0x00000000
Disk /dev/sdb doesn't contain a valid partition table
user@user-desktop:～$
```

接下来使用 mkfs -t ext2 /dev/sdb 命令对其进行创建文件系统的操作,以下为具体执行过程:

```
user@user-desktop:～$sudo mkfs -t ext2 /dev/sdb
mke2fs 1.41.11 (14-Mar-2010)
/dev/sdb is entire device, not just one partition!
无论如何也要继续? (y,n) y
文件系统标签=
操作系统: Linux
块大小=4096 (log=2)
分块大小=4096 (log=2)
Stride=0 blocks, Stripe width=0 blocks
32768 inodes, 131072 blocks
6553 blocks (5.00%) reserved for the super user
第一个数据块=0
Maximum filesystem blocks=134217728
4 block groups
32768 blocks per group, 32768 fragments per group
8192 inodes per group
Superblock backups stored on blocks:
        32768, 98304
正在写入 inode 表: 完成
Writing superblocks and filesystem accounting information: 完成
This filesystem will be automatically checked every 28 mounts or
180 days, whichever comes first. Use tune2fs -c or -i to override.
user@user-desktop:～$
```

最后要说明的是，在使用 mkfs 命令创建文件系统时，如果未使用-L 选项指定文件系统的卷标，在创建文件系统后，也可以使用 e2label 命令指定文件系统的卷标。e2label 命令的主要功能就是显示和命名未安装文件系统的卷标。

e2label 命令的格式如下：

```
e2label device [newlabel]
```

其中，device 为磁盘分区的设备名称，例如/dev/sda6；newlabel 表示文件系统的卷标。如果未指定 newlabel，e2label 命令将输出文件系统的卷标。需要指出的是，卷标不能超过16 个字符。下面将刚才创建的文件系统的卷标命名为 data1：

```
$ sudo e2label /dev/sdb
$ sudo e2label /dev/sdb data1
$ sudo e2label /dev/sdb
data1
```

3.2.2　挂载文件系统

在 Ubuntu 系统中，对于一个文件系统或分区而言，如果想要使用它，必须先对其进行挂载操作。挂载就是把新建的文件系统安装到 Linux 文件系统目录层次结构的某个挂载点上，然后才能使用新建的文件系统。也就是说，挂载点必须是目录，可以将挂载看成一个链接动作。

例如，如果想使用/dve/sdb 分区，需要对该分区进行读写数据的操作，但是不能直接对其进行操作，需要建立一个目录，使用挂载操作建立它与分区的对应关系。而这个目录就代表了/dve/sdb 分区，挂载后对于目录的数据读写操作本质上就是对/dve/sdb 分区的读写操作。与之对应，卸载就是断开目录与/dve/sdb 分区之间的对应关系，但并不删除目录，/dve/sdb 分区也继续存在，如果要读写数据，需要再次进行挂载操作。

对于任何文件系统——FAT 16/FAT 32 类型的 DOS 文件系统、NTFS 类型的 Windows 文件系统以及 iso9660 格式的 CD/DVD 等，都需要先进行挂载，然后才能使用。

挂载文件分区的命令是 mount，详见第 4 章。可以通过 mount 命令查看当前系统的挂载信息：

```
user@user-desktop:~$mount
/dev/sda1 on / type ext4 (rw,errors=remount-ro)
proc on /proc type proc (rw,noexec,nosuid,nodev)
none on /sys type sysfs (rw,noexec,nosuid,nodev)
none on /sys/fs/fuse/connections type fusectl (rw)
none on /sys/kernel/debug type debugfs (rw)
none on /sys/kernel/security type securityfs (rw)
none on /dev type devtmpfs (rw,mode=0755)
none on /dev/pts type devpts (rw,noexec,nosuid,gid=5,mode=0620)
none on /dev/shm type tmpfs (rw,nosuid,nodev)
none on /var/run type tmpfs (rw,nosuid,mode=0755)
none on /var/lock type tmpfs (rw,noexec,nosuid,nodev)
```

```
none on /lib/init/rw type tmpfs (rw,nosuid,mode=0755)
binfmt_misc on /proc/sys/fs/binfmt_misc type binfmt_misc (rw, noexec, nosuid,
nodev)
gvfs-fuse-daemon on /home/user/.gvfs type fuse.gvfs-fuse-daemon (rw,nosuid,
nodev,user=user)
user@user-desktop:~$
```

可以看到,刚才建立的 512MB 硬盘分区/dev/sdb 并未挂载,因此无法使用。下面将建立 data1 目录,并将/dev/sdb 挂载到 data1 目录下:

```
user@user-desktop:~$sudo mkdir /data1
user@user-desktop:~$sudo mount /dev/sdb /data1/
```

挂载完毕后,再次使用 mount 命令查看挂载信息,可以看到,分区/dev/sdb 已经被挂载到 data1 目录下。

```
user@user-desktop:~$mount
/dev/sda1 on / type ext4 (rw,errors=remount-ro)
proc on /proc type proc (rw,noexec,nosuid,nodev)
none on /sys type sysfs (rw,noexec,nosuid,nodev)
none on /sys/fs/fuse/connections type fusectl (rw)
none on /sys/kernel/debug type debugfs (rw)
none on /sys/kernel/security type securityfs (rw)
none on /dev type devtmpfs (rw,mode=0755)
none on /dev/pts type devpts (rw,noexec,nosuid,gid=5,mode=0620)
none on /dev/shm type tmpfs (rw,nosuid,nodev)
none on /var/run type tmpfs (rw,nosuid,mode=0755)
none on /var/lock type tmpfs (rw,noexec,nosuid,nodev)
none on /lib/init/rw type tmpfs (rw,nosuid,mode=0755)
binfmt_misc on /proc/sys/fs/binfmt_misc type binfmt_misc (rw, noexec, nosuid,
nodev)
gvfs-fuse-daemon on /home/user/.gvfs type fuse.gvfs-fuse-daemon (rw,nosuid,
nodev,user=user)
/dev/sdb on /data1 type ext2 (rw)
user@user-desktop:~$
```

还可以通过查看/etc/mtab 文件获得挂载信息。具体操作如下:

```
user@user-desktop:/$cat /etc/mtab
/dev/sda1 / ext4 rw,errors=remount-ro 0 0
proc /proc proc rw,noexec,nosuid,nodev 0 0
none /sys sysfs rw,noexec,nosuid,nodev 0 0
none /sys/fs/fuse/connections fusectl rw 0 0
none /sys/kernel/debug debugfs rw 0 0
none /sys/kernel/security securityfs rw 0 0
none /dev devtmpfs rw,mode=0755 0 0
none /dev/pts devpts rw,noexec,nosuid,gid=5,mode=0620 0 0
none /dev/shm tmpfs rw,nosuid,nodev 0 0
```

```
none /var/run tmpfs rw,nosuid,mode=0755 0 0
none /var/lock tmpfs rw,noexec,nosuid,nodev 0 0
none /lib/init/rw tmpfs rw,nosuid,mode=0755 0 0
binfmt_misc /proc/sys/fs/binfmt_misc binfmt_misc rw,noexec,nosuid,nodev 0 0
gvfs-fuse-daemon /home/user/.gvfs fuse.gvfs-fuse-daemon rw,nosuid,nodev,user=
user 0 0
/dev/sdb /data1 ext2 rw 0 0
user@user-desktop:/$
```

在 data1 目录下建立测试目录 testdir，并用 ls -l 查看目录信息，可以看到挂载成功，目录被正确建立。

```
user@user-desktop:/$sudo mkdir /data1/testdir
user@user-desktop:/$ls -l /data1/
总计 20
drwx------ 2 root root 16384 2012-05-01 00:44 lost+found
drwxr-xr-x 2 root root 4096 2012-05-01 01:08 testdir
user@user-desktop:/$
```

3.2.3 卸载文件系统

卸载文件系统意味着把文件系统从挂载点移走，删除/etc/mtab 文件中的挂载项。在文件系统的管理与维护工作中，有些工作只能在未挂载的文件系统中执行，因此需要进行卸载文件系统的操作。此外，当不再需要临时挂载的文件系统时，也应及时进行卸载操作，避免数据的误操作。

要卸载的文件系统必须处于空闲状态。一般来说，不能卸载一个尚处于工作中的文件系统。也就是说，当用户正在访问文件系统中的某个目录，或者进程打开了文件系统中的某个文件，或者文件系统正处于共享状态时，就无法卸载文件系统。卸载文件系统的命令是 umount。

下面卸载刚才挂载的文件系统/dev/sdb，具体操作如下：

```
user@user-desktop:/$sudo umount /dev/sdb
user@user-desktop:/$mount
/dev/sda1 on / type ext4 (rw,errors=remount-ro)
proc on /proc type proc (rw,noexec,nosuid,nodev)
none on /sys type sysfs (rw,noexec,nosuid,nodev)
none on /sys/fs/fuse/connections type fusectl (rw)
none on /sys/kernel/debug type debugfs (rw)
none on /sys/kernel/security type securityfs (rw)
none on /dev type devtmpfs (rw,mode=0755)
none on /dev/pts type devpts (rw,noexec,nosuid,gid=5,mode=0620)
none on /dev/shm type tmpfs (rw,nosuid,nodev)
none on /var/run type tmpfs (rw,nosuid,mode=0755)
none on /var/lock type tmpfs (rw,noexec,nosuid,nodev)
none on /lib/init/rw type tmpfs (rw,nosuid,mode=0755)
```

```
binfmt_misc on /proc/sys/fs/binfmt_misc type binfmt_misc (rw, noexec, nosuid,
nodev)
gvfs-fuse-daemon on /home/user/.gvfs type fuse.gvfs-fuse-daemon (rw, nosuid,
nodev, user=user)
user@user-desktop:/$
```

可以看到，文件系统已经被卸载。查看/etc/mtab 文件可以得到同样的结果。

```
user@user-desktop:/$cat /etc/mtab
/dev/sda1 / ext4 rw, errors=remount-ro 0 0
proc /proc proc rw, noexec, nosuid, nodev 0 0
none /sys sysfs rw, noexec, nosuid, nodev 0 0
none /sys/fs/fuse/connections fusectl rw 0 0
none /sys/kernel/debug debugfs rw 0 0
none /sys/kernel/security securityfs rw 0 0
none /dev devtmpfs rw, mode=0755 0 0
none /dev/pts devpts rw, noexec, nosuid, gid=5, mode=0620 0 0
none /dev/shm tmpfs rw, nosuid, nodev 0 0
none /var/run tmpfs rw, nosuid, mode=0755 0 0
none /var/lock tmpfs rw, noexec, nosuid, nodev 0 0
none /lib/init/rw tmpfs rw, nosuid, mode=0755 0 0
binfmt_misc /proc/sys/fs/binfmt_misc binfmt_misc rw, noexec, nosuid, nodev 0 0
gvfs-fuse-daemon /home/user/.gvfs fuse.gvfs-fuse-daemon rw, nosuid, nodev, user=
user 0 0
user@user-desktop:/$
```

再次用 ls -l 查看 data1 目录，会发现 testdir 目录已经不存在了，说明卸载成功。

```
user@user-desktop:/$ls -l /data1/
总计 0
user@user-desktop:/$
```

本 章 小 结

本章介绍了 Linux 的文件系统以及 Ubuntu 的文件系统中的目录结构。对于文件系统的具体使用，以创建文件系统、挂载文件系统和卸载文件系统为例进行了说明。

实 验 3

题目：文件系统的创建、挂载和卸载。
要求：
（1）在虚拟机中增加一个新硬盘，利用 mkfs 命令为它创建一个文件系统。
（2）将它挂载到 data1 目录下。显示挂载后的结果。
（3）卸载该文件系统。显示卸载后的结果。

习　题　3

1. 什么是文件系统？

2. 什么是文件目录？文件目录包括哪些具体内容？

3. 比较下面几种文件系统的不同：FAT16、FAT32、NTFS。

4. Linux 系统可以支持哪些文件系统类型？其中默认的是什么文件系统类型？

5. 什么是虚拟文件系统？

6. 什么是绝对路径、相对路径？

7. 详细解释 Ubuntu 系统的目录结构中各部分的主要功能。

8. 如何创建、挂载、卸载文件系统？

第4章 Linux 常用命令

Linux 系统提供了一整套十分完备的命令,利用这些命令可以高效地完成所有的操作任务。使用命令方式进行操作,具有比图形化操作更加快捷高效的特点,但是命令方式不够直观,需要用户熟练掌握命令的用法、格式以及选项和参数等内容,只有通过不断使用才能得心应手。

4.1 Linux 命令

4.1.1 Shell 程序的启动

要使用命令,必须先启动 Shell 程序。当用户成功登录字符终端后,Shell 也同时启动。当用户登录到图形桌面后,在系统中找到终端即可启动 Shell。例如,对于 Ubuntu 18.04 LTS 桌面系统,用户可以通过使用 Ctrl+Alt+T 组合键启动 Shell。或者,可以单击桌面左侧下角的显示应用程序图标▦,在搜索栏输入 terminal,单击"搜索"按钮,系统会自动搜索出终端并启动它,同时,左侧 dock 面板上也将出现终端图标▣。为了方便后续的使用,用户可以在此时右击左侧 dock 面板上的终端图标▣,在快捷菜单中选择"添加到收藏夹"命令,把终端图标添加至 dock 面板内。这样,以后在需要使用终端时,直接单击 dock 面板上的终端图标即可。

终端提供了在图形环境下运行的字符命令行界面。Shell 启动后,显示命令提示符,普通用户默认的提示符是 $,root 用户默认的提示符是 ♯。普通用户的 Shell 启动界面如图 4-1 所示,root 用户的 Shell 启动界面如图 4-2 所示。

图 4-1　普通用户的 Shell 启动界面

图 4-2　root 用户的 Shell 启动界面

4.1.2　命令的格式

Shell 命令是由命令名和多个选项以及参数组成的,各部分之间用空格分隔。Shell 命令是严格区分大小写的,因此,在使用 Shell 命令时应特别注意。

Shell 命令的格式如下:

命令名　[-选项…][参数…]

命令名是命令的名称,通常为小写。选项是以"一"(减号)作为前缀的,减号代表选项的开始。一个命令可能会有多个选项,可以单独使用,也可以组合使用。

4.2　目录操作基本命令

4.2.1　ls 命令

ls 命令是最常用的命令之一。它与 MS-DOS 系统的 dir 命令类似,用户可以利用 ls 命令查看某个目录下的所有内容。默认情况下,显示的条目按字母顺序排列。

【功能】　列出当前目录下的所有内容。ls 是 list 的缩写。

【格式】　ls　[选项]　[文件名或目录名]

【说明】　各选项的作用如表 4-1 所示。

表 4-1　ls 命令各选项的作用

选　项	作　用
-s	显示每个文件的大小
-S	按文件的大小排序
-a	显示目录中的全部文件,包括隐藏文件
-l	使用长列表格式,显示文件详细信息
-t	按文件修改的时间排序显示
-F	显示文件类型描述符。例如,＊为可执行的普通文件,/为目录文件

在使用 ls 命令显示文件及目录的信息时,会发现文件及目录列表中有多种颜色出现。Linux 中不同的颜色代表不同的含义。

* 黑色(默认色)代表普通文件。
* 绿色代表可执行文件。
* 红色代表 tar 包文件,即 Linux 下的压缩打包文件。
* 蓝色代表目录文件,即一个目录,在 Windows 中称为文件夹。
* 水红色代表图像文件。
* 青色代表链接文件,此类文件相当于快捷方式。
* 黄色代表设备文件,即一个设备。

【示例】

（1）参数为普通文件时，显示的是文件的信息：

ls［-l］文件名

（2）参数为目录时，显示指定目录下的文件列表信息：

ls 目录名

具体命令执行结果如图 4-3 所示。

图 4-3　ls 命令的使用

图 4-3 中各命令的作用如下：

- ls：单独使用时，显示当前目录下的所有文件及子目录。
- ls hello.txt：显示文件 hello.txt 的信息。
- ls -l hello.txt：显示文件 hello.txt 的详细信息。
- ls /home：显示/home 目录下的内容。

（3）参数为空，即没有指定文件或目录时，显示当前目录中的文件列表信息。下面以命令 ls -l 为例进行演示说明，如图 4-4 所示。

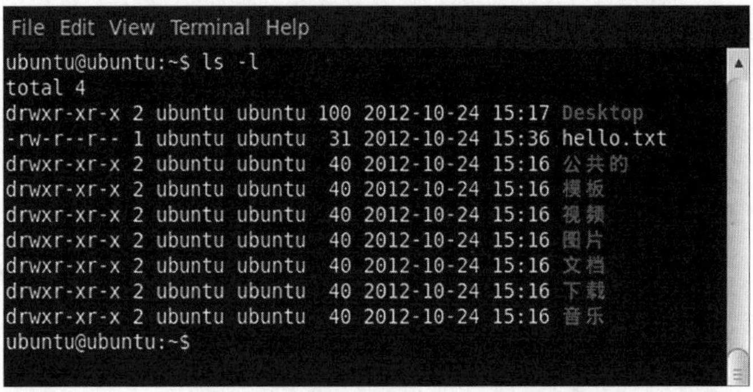

图 4-4　命令 ls -l 的执行结果

图 4-4 中执行结果各部分的含义如下：

（1）第一行的 total 4 代表当前目录下文件大小的总和为 4KB。

（2）以第二行为例，说明各个部分的详细含义。

```
drwxr-xr-x    2   ubuntu   ubuntu   100   2012-10-24 15:17   Desktop
```

这一行可以分为 7 个部分：

第一部分 drwxr-xr-x 共有 10 个字符。第一个字符有 4 种情况：-表示普通文件，d 代表目录，l 代表链接文件，b 代表设备文件。后面的 9 个字符每 3 个为一组，分别代表文件所有者、文件所有者所在用户组、其他用户对文件拥有的权限。每组中 3 个字符分别代表读、写、执行的权限，若没有其中的任何一个权限，则用-表示。执行的权限有两个字符可选：x 代表可执行，s 代表套接口文件。

第二部分是数字，代表当前目录下的目录文件数目，它是隐藏目录数目与普通目录数目之和。

第三部分 ubuntu 代表这个文件（目录）的属主为用户 ubuntu。

第四部分 ubuntu 代表这个文件（目录）所属的用户组为组 ubuntu。

第五部分 100 代表文件（目录）的大小，以字节为单位。

第六部分 2012-10-24 15：17 代表文件（目录）的修改时间。

第七部分 Desktop 代表文件（目录）的名字。

4.2.2　cd 命令

【功能】　转换用户所在的目录。cd 是 change directory 的缩写。

【格式】　cd　［路径名］

【示例】　从当前工作目录转换到根目录，采用的命令为

cd /

注意，在 cd 和/中间一定要用空格分隔。如果没有空格，就会出错。

【特殊用法举例】　"."代表当前目录；".."代表上层目录；"～"代表当前用户的宿主目录；"～用户名"代表进入"～"后用户的宿主目录；"/"代表回到根目录；"-"代表前一目录，即进入当前目录之前操作的目录。

cd 命令使用如图 4-5 所示。

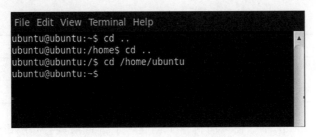

图 4-5　cd 命令的执行情况

图 4-6 中各行命令的含义如下：

第一行的 cd ..代表回退到上一层，可以看到上一层的目录是/home。

第二行的 cd ..代表继续回退一层，可以看到，结果是回到了根目录。

第三行的 cd /home/ubuntu 代表进入目录/home/ubuntu 中。因此，又回到了开始操作时的目录中。

注意：一定要用空格把命令的各个部分分隔开，不加空格就会报错。

4.2.3 pwd 命令

Linux 的目录结构很复杂,层次相当多。用户可以在任何被授权的目录下进行新目录的创建,以及利用 cd 命令在各个目录之间跳转,就好像漫游茂密的森林,很容易迷失方向。因此,随着各种命令的执行,在不知不觉中,用户就会遗忘当前所处的位置,即当前处于哪个目录中。这时候,可以利用 pwd 命令显示整个路径名,了解当前所处的目录层次。用户在执行一些特别的和重要的操作之前(例如删除操作),使用 pwd 命令获得当前目录的绝对路径也是十分必要的,这样可以避免误操作。

【功能】 显示当前工作目录的绝对路径。

【格式】 pwd

【示例】 列出当前目录的绝对路径,如图 4-6 所示。

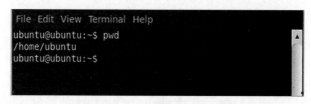

图 4-6 pwd 命令的执行情况

4.2.4 mkdir 命令

Linux 下的目录相当于 Windows 下的文件夹,目录里可以包含文件和子目录。正是由于每一级目录中都可以创建子目录,才形成了 Linux 文件系统的目录树结构,即一棵根在上的目录树。

【功能】 创建一个新目录。mkdir 是 make directory 的缩写。

【格式】 mkdir ［选项］目录名

【说明】 选项的作用如表 4-2 所示。

表 4-2 mkdir 命令各选项的作用

选 项	作 用
-m 权限	对新建目录设置存取权限。权限表示为 777、744、755 等,其含义见 4.3.6 节
-p	一次性建立多级目录,即以递归形式建立目录

【示例】 使用 mkdir 命令在当前目录下创建一个子目录,名为 mydir,如图 4-7 所示。

4.2.5 rmdir 命令

rmdir 命令只能用来删除一个空目录,即没有任何文件和包含文件的子目录的目录。如果要删除的目录非空,可以使用 rm 命令来执行删除操作。rm 命令的说明请参看 4.3.4 节。

【功能】 删除一个空目录。rm 是 remove directory 的缩写。

【格式】 rmdir ［-p］目录名

【说明】 -p 代表递归删除各级空目录。

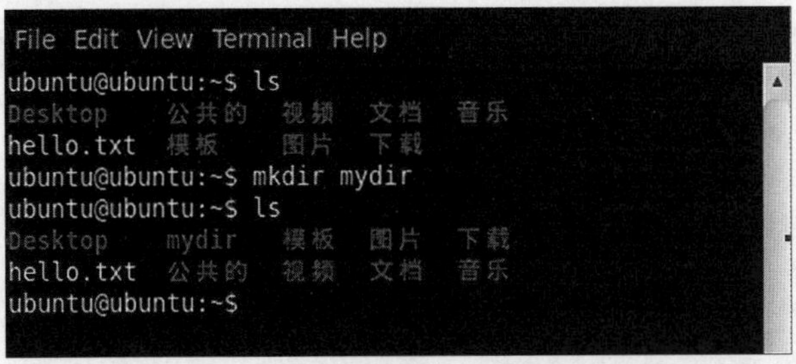

图 4-7　mkdir 命令的执行情况

【示例】　已知在/home/ubuntu 下有两个目录 mydir 和 dir1,mydir 为空目录,dir1 目录非空。rmdir 命令的执行情况如图 4-8 所示。

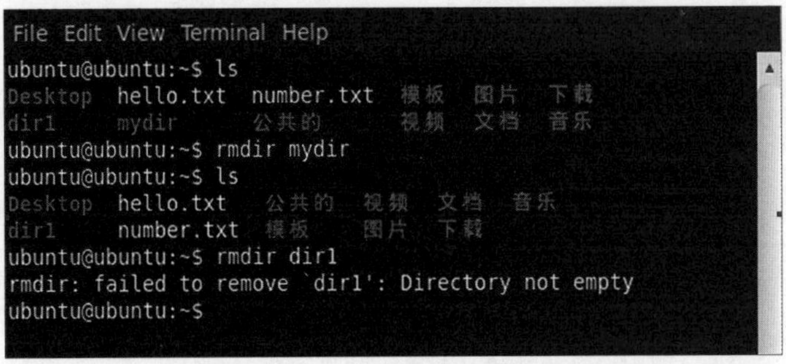

图 4-8　rmdir 命令的执行情况

图 4-8 中各命令的作用如下:

第一个命令 ls 显示当前目录下的内容,其中包含两个目录 dir1 和 mydir,dir1 为非空目录,mydir 为空目录。

第二个命令 rmdir mydir 成功地删除了 mydir 这个空目录。

最后一个命令 rmdir dir1 出错了,系统提示操作失败,dir1 目录不是空目录。即利用 rmdir 命令只能删除空目录,不能删除非空目录。

4.3　文件操作基本命令

4.3.1　touch 命令

touch 命令用来创建文件,如果文件名不存在,则创建一个新的空文件,且该空文件不包含任何格式,大小为 0。

【功能】　创建一个空文件。

【格式】　touch 文件名

【示例】　在当前目录下,利用 touch 命令创建一个新文件,文件名为 myfile,如图 4-9 所示。可以看到,使用 touch 命令成功地创建了新文件 myfile。

4.3.2　cat 命令

cat 命令的用法很多。其基本作用是:合并文件,并在屏幕上显示整个文件的内容。

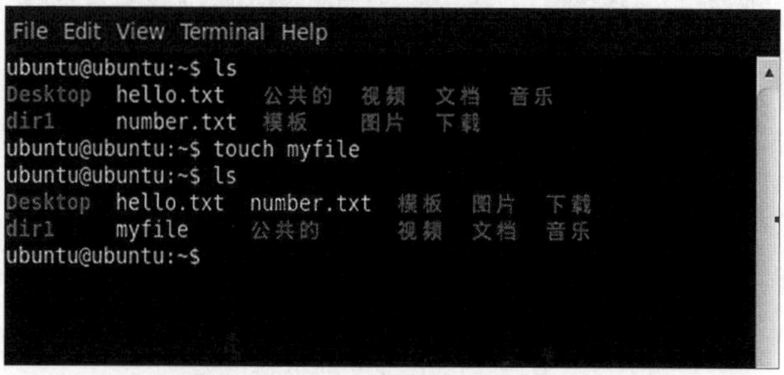

图 4-9　利用 touch 命令创建新文件

cat 是英文单词 concatenate(连接)的缩写。

用法 1:

【功能】　显示某文件的内容。

【格式】　cat　[选项]　[文件名]…

【说明】　cat 命令各选项的作用如表 4-3 所示。

表 4-3　cat 命令各选项的作用

选　　项	作　　用
-A	显示所有字符,包括换行符、制表符及其他非打印字符
-n	对文件中所有的行进行编号并显示行号
-b	除了空行不编号外,对文件中其他行都进行编号并显示行号
-s	将连续的空行压缩为一个空行

【示例】

(1) 利用 cat 命令显示某文件的内容。例如,在当前目录下,显示 hello.txt 文件的内容。输入以下命令:

```
cat hello.txt
```

结果如图 4-10 所示。

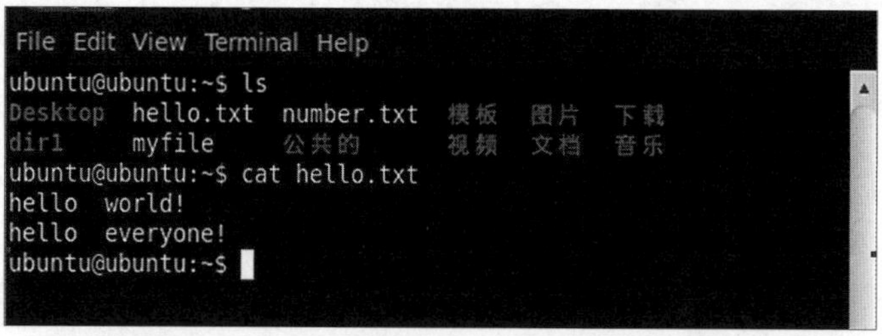

图 4-10　利用 cat 命令显示文件内容

(2) 在当前目录下,输入命令

```
cat -n hello.txt
```

显示结果如图 4-11 所示。可以看到,增加-n 选项后,对文件中所有的行进行编号并显示行号。

```
File Edit View Terminal Help
ubuntu@ubuntu:~$ ls
Desktop  hello.txt  number.txt  模板  图片  下载
dir1     myfile     公共的       视频  文档  音乐
ubuntu@ubuntu:~$ cat hello.txt
hello  world!
hello  everyone!
ubuntu@ubuntu:~$ cat -n hello.txt
     1  hello  world!
     2  hello  everyone!
ubuntu@ubuntu:~$
```

图 4-11 cat 命令中-n 选项的作用

【说明】 如果要按页显示,可输入命令

`cat filename.txt | ls`

在一个命令行中显示多个文件内容时,可以用分号(;)隔开各个命令。

格式如下:cat 文件名 1;cat 文件名 2

用法 2:

【功能】 重复刚刚输入的行,即显示标准输入内容。

【格式】 `cat`

【示例】 该用法在 cat 命令后没有任何选项和参数。在开始执行时,光标停留在下一行,等待键盘输入。用户输入一行,按 Enter 键后,cat 就显示一行相同的内容。当用户结束输入时,可以按 Ctrl+D 组合键退出,回到命令提示符下。

用法 3:

【功能】 使用重导向功能创建一个新文件。

【格式】 `cat >新文件名`

【说明】 >是重导向的符号,它代表把键盘输入的信息重导向到新文件中。内容输入结束后,按 Ctrl+D 组合键,退出新文件的创建。

【示例】 利用 cat 命令创建一个文件,文件名为 username,如图 4-12 所示。

图 4-12 利用 cat 命令创建文件 username

用法 4:

【功能】 实现文件的合并。

【格式】 cat 文件名 1 文件名 2 ＞ 文件名 3

【说明】 该用法实现了把两个文件的内容合并输入到第 3 个文件中。第 3 个文件中的内容依次是前两个文件的内容。

【示例】 已知当前目录下存在文件 username 以及 hello.txt。现在把这两个文件的内容合并输入到另一个文件中,该文件名为 userhello,如图 4-13 所示。

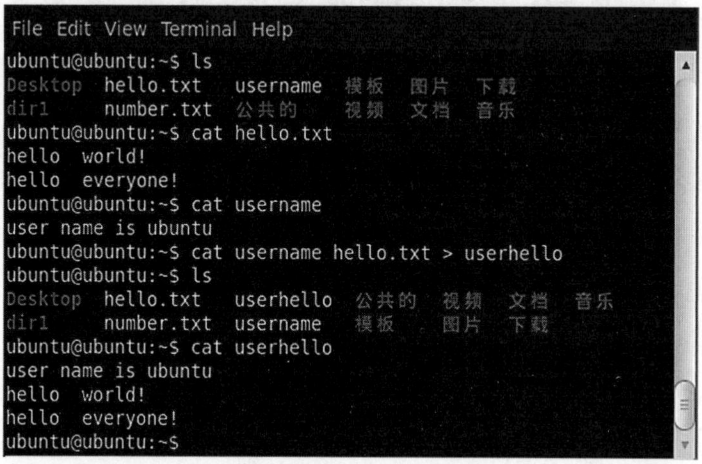

图 4-13　利用 cat 命令实现两个文件内容的合并

用法 5:

【功能】 向文件中追加内容。

【格式】 cat 文件名 2 ＞＞ 文件名 1

【说明】 该命令把文件 2 的全部内容追加到文件 1 的末尾。

【示例】 已知当前目录下存在文件 username 以及 hello.txt。现利用 cat 命令把 hello.txt 的内容追加到 username 文件的内容后面,如图 4-14 所示。

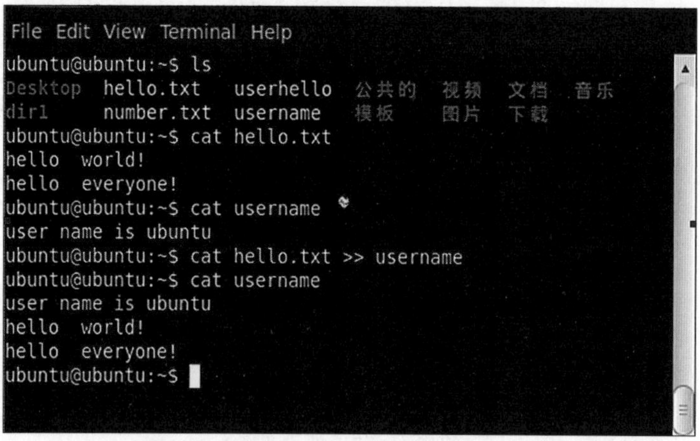

图 4-14　利用 cat 命令向文件中追加内容

4.3.3　cp 命令

【功能】　cp 命令实现文件的复制,其功能类似于 Windows 中的 copy 命令。cp 是 copy 的缩写。

【格式】　cp　[-选项]　<源文件>　<目标>

【说明】　-i 选项表示以安全询问的方式进行源文件的复制。

cp 命令格式中的"目标"可以是目标路径,也可以是目标路径下的文件名。如果为目标路径,即把源文件复制到目标路径中,文件名不变;如果为目标路径下的文件名,即以文件重命名方式实现文件的复制。

【示例】

(1) 当前待复制的文件为/home/ubuntu/number.txt。现在要把该文件复制到/home/ubuntu/dir1 目录下,且复制后的文件名不变,仍为 number.txt。执行过程如图 4-15 所示。

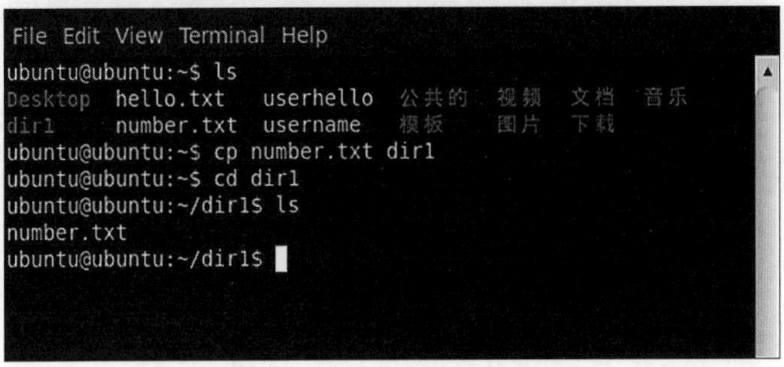

图 4-15　利用 cp 命令复制文件

在图 4-15 的例子中,采用了相对路径的表示方式,由于 dir1 目录正是/home/ubutnu 目录下的子目录,所以,复制的过程中使用了

```
cp  number.txt  dir1
```

的命令表示方式。当然,也可以改为绝对路径的表示方式,即

```
cp  number.txt  /home/ubuntu/dir1
```

(2) 把目录/home/ubuntu 下的 number.txt 文件复制到/home/ubuntu/dir1 目录下,并且将复制后的文件重新命名为 newnumber.txt。执行过程如图 4-16 所示。

在图 4-16 的例子中,cp 命令在复制文件并重命名时采用了绝对路径的表示方式。

(3) 以安全询问的方式进行文件复制。把目录/home/ubuntu 下的 number.txt 文件以安全询问的方式复制到/home/ubuntu/dir1 目录中。命令执行过程如图 4-17 所示。

在安全询问后输入 y,即覆盖重名文件;输入 n,则不覆盖,取消复制。

4.3.4　rm 命令

【功能】　rm 命令的作用是删除指定的文件。rm 是 remove 的缩写。

【格式】　rm　[选项]　[文件名或目录名]

【说明】　rm 命令各选项的作用如表 4-4 所示。

图 4-16　利用 cp 命令复制文件并重命名

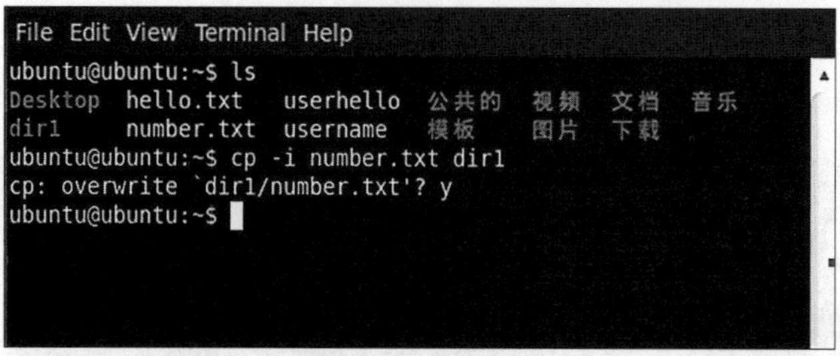

图 4-17　以安全询问方式复制文件

表 4-4　rm 命令各选项的作用

选　　项	作　　用
-i	以安全询问的方式执行删除操作
-r 或-R	递归处理,将指定目录及子目录中所有指定的文件一并删除
-f	强制删除文件或目录
-v	显示命令执行过程
-d	直接把要删除的目录的硬连接数据修改为 0,删除该目录

rm 命令选项为空时,可以进行文件的删除。

【示例】

(1)删除指定文件。把目录/home/ubuntu/dir1 下的 number.txt 文件删除。执行过程如图 4-18 所示。

(2)删除目录。设/home/ubuntu/mydir 是一个空目录,/home/ubuntu/dir1 是一个非空目录,利用 rm 命令将它们删除。执行过程如图 4-19 所示。

在图 4-19 所示的执行过程中,rm 命令通过-r 选项实现了空目录及非空目录的删除操作。

使用 rm 命令删除目录时应特别小心。最好以安全询问的方式执行删除操作。因为 rm 命令的功能比较强,无论要删除的目录是空目录还是非空目录,都一次性删除。安全询问的方式可以避免误操作。

(3)以安全询问方式删除目录。在/home/ubuntu/目录下新建子目录 newdir,以安全

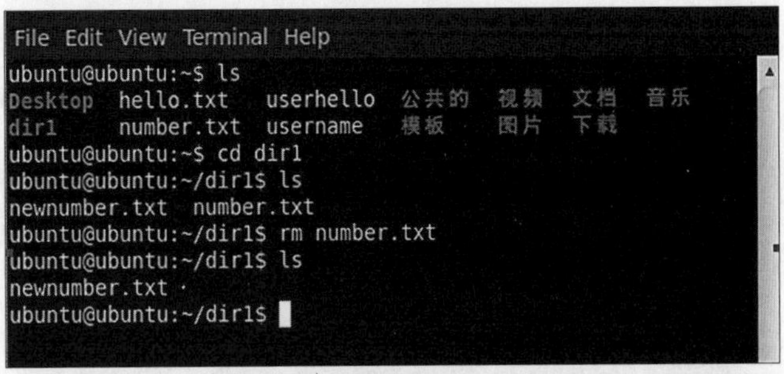

图 4-18　利用 rm 命令删除文件

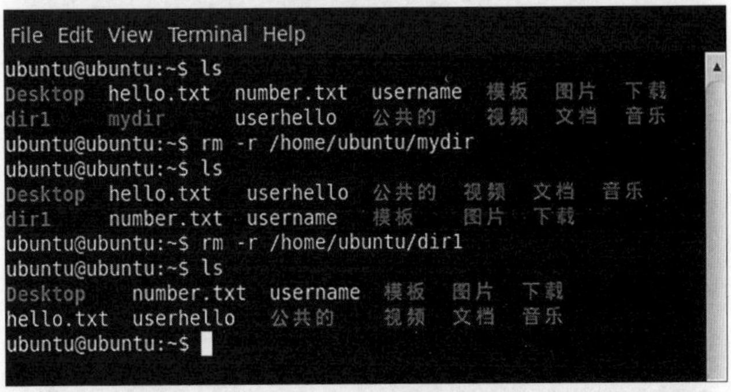

图 4-19　利用 rm 命令删除目录

询问的方式删除该目录。执行过程如图 4-20 所示。

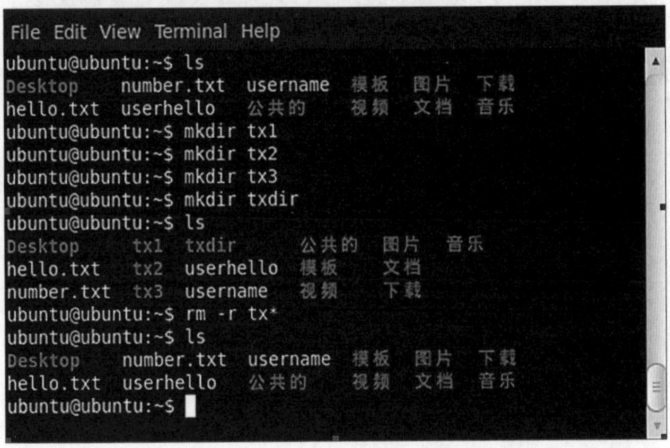

图 4-20　以安全询问方式删除目录

（4）结合使用通配符 ＊ ，可以删除多个文件。例如，要删除当前目录下所有文件名以 tx 开头的文件，执行过程如图 4-21 所示。

（5）利用一个 rm 命令一次性删除多个文件或者目录，文件名（目录名）之间要用空格隔开。设在/home/ubuntu/目录下有 3 个目录：mydir1、mydir2、mydir3，利用一个 rm 命令把这 3 个目录同时删除，执行过程如图 4-22 所示。

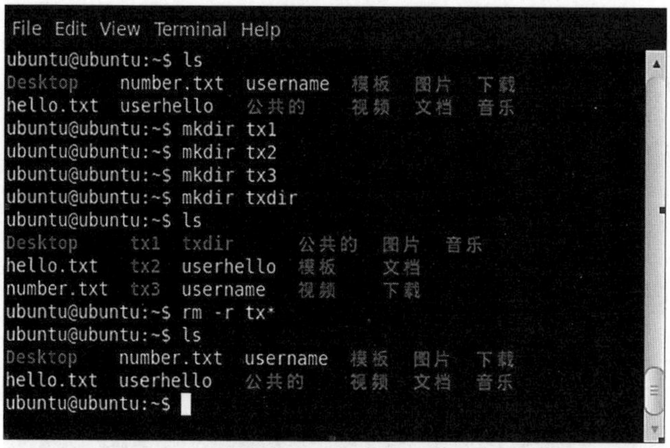

图 4-21　删除所有文件名以 tx 开头的文件

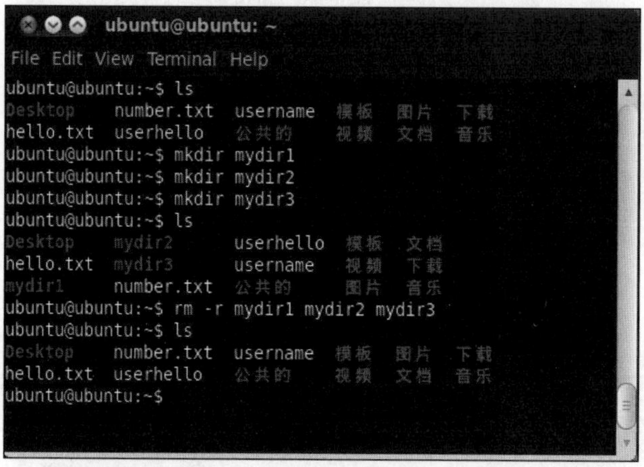

图 4-22　用一个 rm 命令删除多个目录

4.3.5　mv 命令

【功能】　mv 命令可以实现文件的移动，相当于 Windows 系统中的剪切并粘贴功能。mv 是 move 的缩写。

【格式】　mv　文件名　路径名

【示例】　当前 number.txt 文件所在的目录为/home/ubuntu。现在要把该文件移动到/home/ubuntu/mydir 目录下，执行过程如图 4-23 所示。

4.3.6　chmod 命令

【功能】　chmod 命令是 Linux 系统中一个非常重要的命令，它可以修改文件的权限和文件的属性。chmod 是 change modifier 的缩写。

在 Linux 中，可以通过 ls -l 命令查看某路径下的所有内容的详细信息。具体内容请参看 4.2.1 节。如果要对文件的权限进行修改，就需要利用 chmod 命令。

【格式】　chmod　［<文件使用者>+|-|=<权限类型>］　文件名 1　文件名 2 …

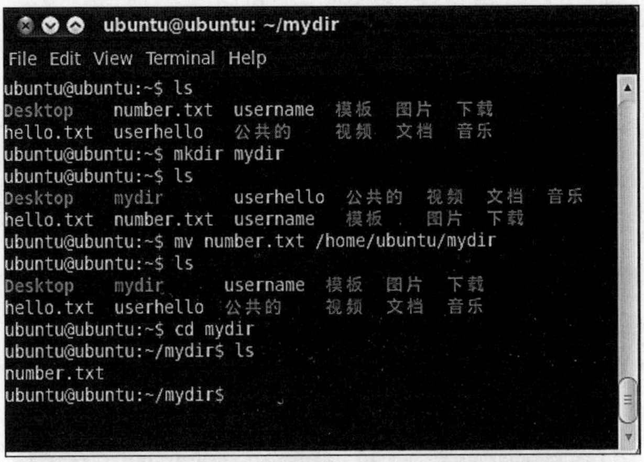

图 4-23　利用 mv 命令实现文件的移动

【说明】　该命令中的[<文件使用者>+|-|=<权限类型>]是一个整体,中间不加空格进行分隔。

(1) 文件使用者有 4 种类型,包括 u、g、o、a。在 chmod 命令中,可以采用其中任何一个或者它们的组合。

- "u": user,文件主,即文件或目录的所有者。
- "g": group,文件主所在用户组。
- "o": others,其他用户。
- "a": all,所有用户。

(2) +、-、=的含义如下:

- +: 代表增加权限。
- -: 代表取消权限。
- =: 代表赋予指定的权限,并取消其他权限(如果有)。

(3) 权限类型有 3 种: r、w、x。在 chmod 命令中,可采用这 3 种权限类型的组合。

- r: 代表读权限。
- w: 代表写权限。
- x: 代表可执行权限。

chomd 命令中选项及作用如表 4-5 所示。

表 4-5　chomd 命令中选项及作用

选　项	作　　用	选　项	作　　用
a+rw	为所有用户增加读、写的权限	o-rwx	取消其他用户的所有权限(读、写、执行)
a-rwx	取消所有用户读、写、执行的权限	ug+r	为所有者和组用户增加读权限
g+w	为组用户增加写权限	g=rx	只允许组用户读、执行,取消其写权限

【示例】　利用 chomd 命令修改某文件的权限。具体执行步骤如下:

(1) 先用 ls -l 命令查看当前目录下文件 username 的详细信息。

（2）对于该文件，取消所有用户读、写、执行的权限。

（3）为文件主用户增加读、写、执行权限。由于该文件是由文件主用户创建的，所以只有文件主用户才拥有修改文件权限的权利。

（4）为组用户增加读权限。

（5）为其他用户增加读权限。

以上步骤的执行过程和结果如图 4-24 所示。

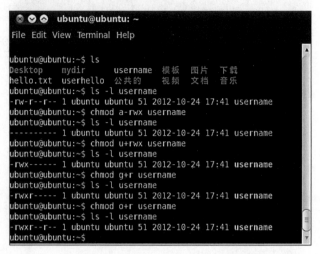

图 4-24　利用 chmod 命令修改文件权限

另外，也可以用数字表示权限。其中，4 表示读权限，2 表示写权限，1 表示执行权限，0 表示没有权限。例如，rwx 权限可以表示为 4+2+1=7，rw 权限可以表示为 4+2=6，rx 权限可以表示为 4+1=5。

【格式】　chmod　[mode]文件名

【说明】　mode 是 3 个 0～7 的八进制数值，分别代表 user、group、others 的权限。

【示例】　以下两个命令效果相同：

```
chmod a=rwx filename
chmod 777 filename
```

以下两个命令效果相同：

```
chmod ug=rwx,o=x filename
chmod 771 filename
```

4.4　文件处理命令

4.4.1　grep 命令

【功能】　grep 命令可以实现在指定的文件中查找某个特定的字符串。

【格式】　grep　[选项]　关键字　文件名

【说明】　-i 表示不区分大小写。

【示例】 利用 grep 命令查找文件中的字符串。

已知在当前目录下有普通文件 hello.txt。利用 grep 命令查找该文件中的字符串 hello，执行过程如图 4-25 所示。

图 4-25 利用 grep 命令查找文件中的字符串 hello

grep 命令的执行结果是显示含有要查找的字符串的每一行原文。

利用 grep 命令进行的查找是区分大小写的。要使 grep 的查找不分区大小写，可以加上 -i 选项。假设已知在当前目录下有普通文件 hello.txt，以不区分大小写的方式查找字符串 hello，执行过程如图 4-26 所示。

图 4-26 grep 命令中 -i 选项的使用

4.4.2 head 命令

【功能】 查看文件开头部分的内容。

【格式】 head ［数字选项］ 文件名

【说明】 数字选项用于指定要显示的行数。例如 −5，指定要显示前 5 行。

如果不加数字选项，则默认显示文件的前 10 行。

【示例】 在当前目录下有普通文件 hello.txt，显示该文件的前 2 行内容。执行过程如图 4-27 所示。

图 4-27　利用 head 命令显示文件的前 2 行内容

4.4.3　tail 命令

【功能】 查看文件结尾部分的内容。

【格式】 `tail　[数字选项]　文件名`

【说明】 数字选项用于指定要显示的行数。例如，−5，指定要显示结尾 5 行。

如果不加数字选项，则默认显示文件结尾的 10 行。

【示例】 显示当前目录下 hello.txt 文件的结尾 1 行的文件内容。执行过程如图 4-28 所示。

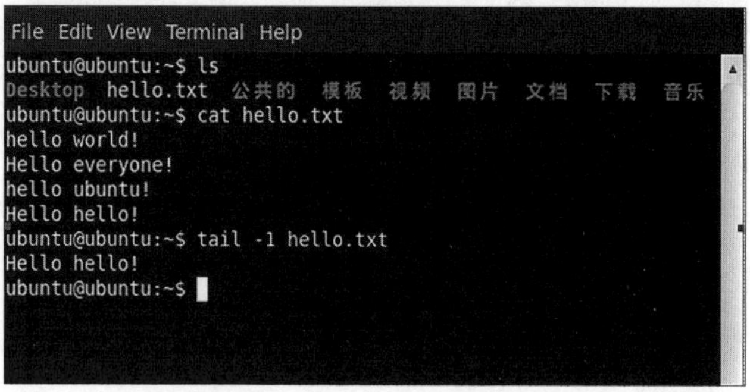

图 4-28　利用 tail 命令显示文件的结尾 1 行内容

4.4.4　wc 命令

【功能】 对文件的行数、单词数、字符数进行统计。wc 命令是一个对文件进行统计的相当实用的命令。

【格式】 `wc[选项]文件名`

【说明】 wc 命令中各选项的作用如表 4-6 所示。

表 4-6   wc 命令中各选项的作用

选　　项	作　　用
-l	显示行数
-w	显示单词数
-m	显示字符数

【示例】　利用 wc 命令统计当前目录下 hello.txt 文件中有多少行，单词数是多少，字符数是多少，执行过程如图 4-29 所示。

图 4-29　利用 wc 命令统计文件的行数、单词数、字符数

执行过程表明，hello.txt 文件共 4 行，单词数为 8 个，字符数为 56 个。

4.4.5　sort 命令

【功能】　对文件内容或者查询结果进行排序。

【格式】　sort ［选项］ 文件名

【说明】　sort 命令的选项很多，部分选项的作用如表 4-7 所示。

表 4-7　sort 命令中部分选项的作用

选　　项	作　　用
-f	忽略大小写
-r	反向排序
-t	指定分隔符
-i	只考虑可以打印的字符，忽略任何非显示字符

sort 命令是根据从指定的行抽取的一个或者多个关键字来进行排序的。

【示例】　已知当前目录下有文件 hello.txt，根据文件中的第 2 列将 hello.txt 文件排序并输出。执行过程如图 4-30 所示。

图 4-30　利用 sort 命令进行文件内容的排序显示

其中,sort 命令中的-t":"指定了每列的分隔符为冒号,-k2 选项指定了根据第 2 列进行
排序。

4.4.6　find 命令

【功能】　查找文件或目录。

【格式】　find 文件名(或目录名)

【示例】　利用 find 命令查找当前目录下的文件 hello.txt 和子目录 desktop。执行过程
如图 4-31 所示。

图 4-31　利用 find 命令查找文件和目录

可以看到,利用 find 命令进行目录的查找时,会显示目录下的内容,清晰地展示了找到
的目录下的所有内容。

4.4.7　which 命令

在 Windows 中,强大的搜索功能可以使用户方便地找到自己需要的文件。在 Ubuntu
中也提供了强大的查找命令。其中 which 命令提供了按路径进行查找的功能。

【功能】 按 PATH 变量所规定的路径查找相应的命令,显示该命令的绝对路径。

【格式】 `which  命令名`

【示例】 若想知道 ls 命令、cp 命令以及 which 命令的绝对路径,可以利用 which 命令来实现。执行结果如图 4-32 所示。

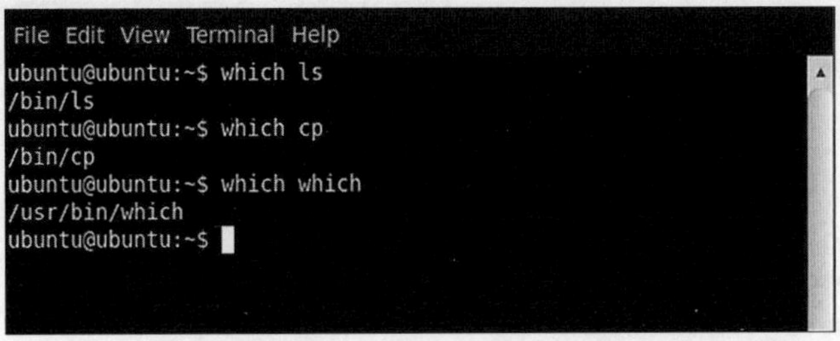

图 4-32　利用 which 命令显示某命令的绝对路径

【说明】 通过图 4-33 的执行过程可以看到,which 命令显示了 ls 命令、cp 命令、which 命令的绝对路径。which 主要用来查找命令,它按 PATH 变量规定的路径来查找,并且找到后显示该命令的绝对路径。

PATH 变量是系统默认的众多系统变量之一,它定义了执行命令时要查找的路径。例如,执行 passwd 命令给用户修改密码时,系统会自动到 PATH 变量所规定的路径下查找是否有此命令。如果找到了,就执行该命令;否则将提示命令不存在。在 Linux 中,要查看 PATH 变量的值,可以使用命令 echo "＄PATH"。执行过程如图 4-33 所示。

图 4-33　显示 PATH 变量的值

由图 4-33 的执行结果可以看到,PATH 变量中存放的值就是一连串的路径。不同的路径之间用":"(冒号)进行了分隔。which 命令一般只查找第一个匹配的结果;如果想显示所有匹配的结果,可以加上-a 选项。关于 PATH 变量的更多内容,请参看 10.2 节的详细介绍。

其实,在 Windows 系统中也存在 PATH 变量。以 Windows 10 为例,具体的查看方法是:右击"我的电脑",在快捷菜单中选择"属性"→"高级系统设置"命令,打开"高级"选项卡,单击"环境变量"按钮,就可以看到 Windows 下的 PATH 变量,如图 4-34 所示。在 Windows 下用 Java 编程时,也要设置 PATH 变量,否则无法编译、运行 Java 程序。

4.4.8　whereis 命令

【功能】 whereis 命令不但能查找命令,而且能查找 Ubuntu 资料库里记载的文件。

图 4-34　Windows 下的 Path 变量

【格式】 `whereis` ［选项］ 文件名

【说明】 whereis 命令中各选项的作用如表 4-8 所示。

表 4-8　whereis 命令中各选项的作用

选　项	作　用
-b	只查找二进制文件
-w	只查找 manual 路径下的文件

与 which 不同的是，whereis 不但能找到可执行的命令，而且将所有包含文件名中包含指定字符串的文件全部查找出来，速度很快。这是因为 Ubuntu 会将其所有资料都记录在一个资料库里，而 whereis 命令查找时并不会在整个磁盘上进行查找，只是在此资料库里进行查找。

【示例】 使用 whereis 命令查找 passwd 命令，执行过程如图 4-35 所示。

可以看到，whereis 命令不但找到了 passwd 命令，也找到了文件名包含 passwd 的文件。

4.4.9　locate 命令

【功能】 将所有与被查询的文件名相同的文件查找出来。

【格式】 `locate` 文件名

【说明】 locate 命令的使用方式很简单，直接加上要查询的文件名即可。因为它也是

图 4-35　whereis 命令的执行过程

在资料库里进行查询,所以速度也比较快。

4.5　压缩备份基本命令

4.5.1　bzip2 命令和 bunzip2 命令

【功能】　bzip2 和 bunzip2 是一对压缩和解压命令。

【格式】　压缩文件时命令格式如下:

bzip2 文件名 1　[文件名 2 …]

解压文件时命令格式如下:

bunzip2 文件名 1　[文件名 2 　…]

【说明】　在利用 bzip2 进行文件的压缩后,压缩前的原始文件消失,系统会生成一个新的压缩文件,文件的扩展名为.bz2。另外,利用 bzip2 生成的压缩文件必须利用 bunzip2 命令才能解压,恢复为原始文件。

【示例】　利用 bzip2 命令和 bunzip2 命令进行文件的压缩和解压。

(1) 利用 bzip2 命令和 bunzip2 命令对当前目录下的文件 hello.txt 进行压缩和解压操作。执行过程如图 4-36 所示。

图 4-36　文件的压缩和解压

另外,也可以在一条命令中同时对多个文件进行压缩操作。文件名之间用空格隔开。

(2) 利用 bzip2、bunzip2 命令对当前目录下的两个文件 hello.txt、number.txt 进行压缩

和解压操作。执行过程如图 4-37 所示。

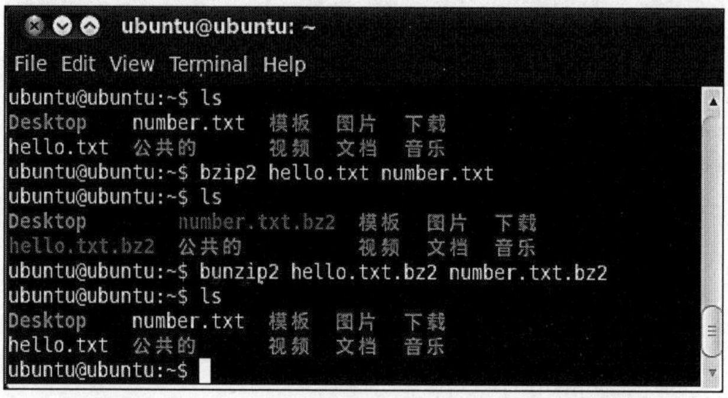

图 4-37　对多个文件同时进行压缩和解压操作

4.5.2　gzip 命令

【功能】　gzip 命令是在 Linux 系统中常用的压缩/解压命令之一。它不仅能够压缩文件，也能够实现文件的解压操作。

【格式】　gzip ［-选项］ 文件名

【说明】　gzip 命令中各选项的作用如表 4-9 所示。

表 4-9　gzip 命令中各选项的作用

选　项	作　　用
-d	解压
-n	指定压缩级别(1～9)

利用 gzip 命令可以把普通文件压缩为扩展名为.gz 的压缩文件。压缩完成后，原始文件消失。在压缩时还可以指定压缩级别，该命令的压缩级别范围是 1～9，默认的级别是 6。1 的压缩比最低，速度最快；9 的压缩比最高，速度最慢。

gzip 命令的解压操作是针对扩展名为.gz 的压缩文件进行的。它可以把压缩文件还原为普通文件。

【示例】　利用 gzip 命令对当前目录下的文件 hello.txt 进行文件压缩和解压。执行过程如图 4-38 所示。

4.5.3　unzip 命令

【功能】　对用 winzip 压缩的扩展名为.zip 的压缩文件进行解压操作。

【格式】　unzip ［选项］ 文件名

【说明】　unzip 命令中各选项的作用如表 4-10 所示。

表 4-10　unzip 命令中各选项的作用

选　项	作　　用	选　项	作　　用
-d	将文件解压到指定目录中	-n	不覆盖已经存在的同名文件
-v	查看文件目录列表但不解压	-o	以默认方式覆盖已经存在的同名文件

图 4-38　利用 gzip 命令进行文件的压缩和解压

【示例】

(1) 将当前目录中的 file.zip 文件解压。执行以下命令：

```
unzip  file.zip
```

(2) 只查看压缩文件里的文件目录，但不解压，执行以下命令：

```
unzip  -v  file.zip
```

(3) 将 file.zip 文件解压到/home/ubuntu/yasuo 目录中，执行以下命令：

```
unzip  -n  file.zip  -d  /home/ubuntu/yasuo
```

4.5.4　zcat 命令和 bzcat 命令

【功能】　zcat 命令和 bzcat 命令都用来查看压缩文件内容。

【格式】

```
zcat   文件名
bzcat   文件名
```

【说明】　zcat 命令和 bzcat 命令的不同之处是：zcat 命令针对扩展名为.gz 的压缩文件进行查看，而 bzcat 针对扩展名为.bz2 的压缩文件进行查看。

【示例】　利用 zcat 和 bzcat 命令查看当前目录下的压缩文件 hello.txt.gz、number.txt.bz2 的内容。执行过程如图 4-39 所示。

4.5.5　tar 命令

【功能】　对文件或者目录进行打包备份和解包操作。

【格式】　tar［-选项］［备份包的文件名］［要打包(或要解包)的文件或目录］

【说明】　tar 命令用来对文件或目录进行备份操作。打包备份与压缩的含义不同。打包备份是指把多个不同的文件放在一个大文件里，并没有压缩文件，这个大文件以.tar 为扩展名。利用 tar 命令打包后，原始文件并没有消失。而压缩是对单一文件进行的，无论 gzip 命令还是 bzip2 命令都只能生成单个文件的压缩文件。当然，tar 命令也可以通过选项参数的设置，将打包和压缩操作一次性完成。另外，它也可以实现解包解压操作。

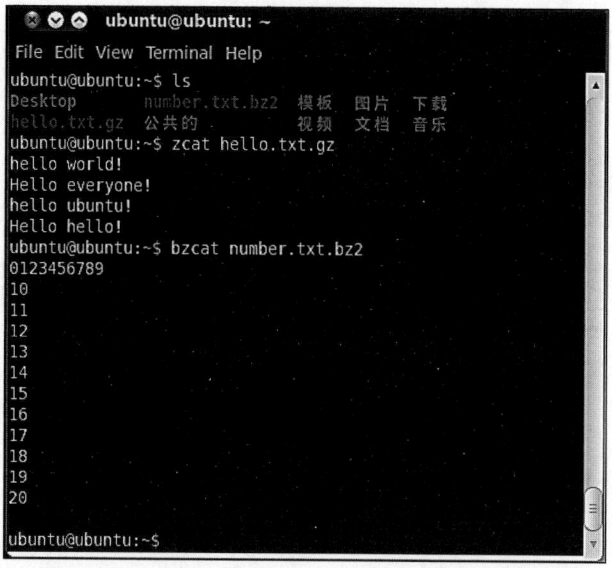

图 4-39　利用 zcat 和 bzcat 命令查看压缩文件的内容

tar 命令的选项很多,常用的选项及作用如表 4-11 所示。

表 4-11　tar 命令的常用选项

选　项	作　用
-c	创建新的打包文件
-x	抽取.tar 文件里的内容
-z	打包后直接用 gzip 命令压缩或者解压文件
-j	打包后直接用 bzip2 命令压缩或者解压文件
-t	查看打包文件里的文件目录
-f	使用文件或设备
-v	在打包或解包后将文件的详细清单显示出来

常用的典型操作如下:

```
tar -cf filename.tar file1 file2 file3
```

以上命令把 file1、file2、file3 打包,文件名为 filename.tar。

```
tar -tf filename.tar
```

以上命令查看 filename.tar 打包文件里的内容。

```
tar -xf filename.tar
```

以上命令抽取 filename.tar 打包文件里的内容,filename.tar 文件保持不变,不会消失。

【示例】

(1) 将当前目录下的文件 hello.txt、number.txt 打包后压缩成 new.tar.gz 文件。执行

过程如图 4-40 所示。

```
ubuntu@ubuntu:~$ ls
Desktop    number.txt  模板  图片  下载
hello.txt  公共的      视频  文档  音乐
ubuntu@ubuntu:~$ tar -cf new.tar hello.txt number.txt
ubuntu@ubuntu:~$ ls
Desktop    new.tar     公共的  视频  文档  音乐
hello.txt  number.txt  模板    图片  下载
ubuntu@ubuntu:~$
```

图 4-40　利用 tar 命令对文件进行打包和压缩

（2）查看当前目录下 new.tar 打包文件里的内容，然后删除当前目录下的两个普通文件 hello.txt、number.txt，再利用 tar 命令抽取 new.tar 打包文件里的内容。执行过程如图 4-41 所示。

```
ubuntu@ubuntu: ~
File Edit View Terminal Help
ubuntu@ubuntu:~$ ls
Desktop    new.tar     公共的  视频  文档  音乐
hello.txt  number.txt  模板    图片  下载
ubuntu@ubuntu:~$ tar -tf new.tar
hello.txt
number.txt
ubuntu@ubuntu:~$ ls
Desktop    new.tar     公共的  视频  文档  音乐
hello.txt  number.txt  模板    图片  下载
ubuntu@ubuntu:~$ rm hello.txt number.txt
ubuntu@ubuntu:~$ ls
Desktop  公共的  视频  文档  音乐
new.tar  模板    图片  下载
ubuntu@ubuntu:~$ tar -xf new.tar
ubuntu@ubuntu:~$ ls
Desktop    new.tar     公共的  视频  文档  音乐
hello.txt  number.txt  模板    图片  下载
ubuntu@ubuntu:~$
```

图 4-41　利用 tar 命令抽取打包文件里的内容

4.6　磁盘操作命令

1. mount 命令

【功能】　挂载。现在许多计算机系统是由 UNIX 系统、Linux 系统和 Windows 系统组成的混合系统，不同系统之间经常需要进行数据交换，这就需要经常在 Linux 系统下挂载光盘镜像文件、移动硬盘、U 盘等。因此，需要利用 mount 命令进行设备的挂载。

【格式】　`mount [-t vfstype] [-o 选项] device dir`

【说明】　各选项的详细说明如下。

（1）-t　vfstype 指定文件系统的类型。通常不必指定，mount 命令会自动选择正确的类型。vfstype 中的常用文件系统类型如表 4-12 所示。

（2）-o 选项主要用来描述设备或文档的挂载方式。常用的选项参数如表 4-13 所示。

表 4-12　**vfstype 中的常用文件系统类型**

vfstype 中的各个选项	作　　用
iso9660	光盘或光盘镜像
msdos	DOS FAT16 文件系统
vfat	Windows 9x FAT32 文件系统
ntfs	Windows NT NTFS 文件系统
smbfs	Mount Windows 文件网络共享
nfs	UNIX(Linux)文件网络共享

表 4-13　**-o 选项中各选项的作用**

-o 选项	作　　用
loop	用来把一个文件当成硬盘分区挂载在系统上
ro	采用只读方式挂载设备
rw	采用读写方式挂载设备
iocharset	指定访问文件系统所用字符集
device	要挂载的设备
dir	设备在系统上的挂载点

【示例】

（1）挂载 U 盘。

① Linux 系统把 U 盘当作 SCSI 设备。插入 U 盘之前,应先用 fdisk -l 或 more /proc/partitions 命令查看系统的硬盘和硬盘分区情况。命令如下:

```
[root@haut-ubuntu]#fdisk -l
```

② 插入 U 盘后,再用 fdisk -l 或 more /proc/partitions 命令查看系统的硬盘和硬盘分区情况。会看到系统多了一个 SCSI 硬盘/dev/sdd 和一个磁盘分区/dev/sdd1,/dev/sdd1 就是即将要挂载的 U 盘。

③ 建立一个目录,用来作为挂载点。命令如下:

```
[root@haut-ubuntu]#mkdir -p /mnt/usb
```

④ 挂载 U 盘,命令如下:

```
[root@haut-ubuntu]#mount -t vfat /dev/sdd1 /mnt/usb
```

现在可以通过/mnt/usb 来访问 U 盘了。

（2）挂载光盘镜像文件。

① 在光盘上制作光盘镜像文件。将光盘放入光驱,执行下面的命令:

```
[root@haut-ubuntu]#cp /dev/cdrom /home/sunky/mydisk.iso
```

或

```
[root@haut-ubuntu]#dd  if=/dev/cdrom  of=/home/sunky/mydisk.iso
```

执行上面的任何一条命令都可将光驱里的光盘制作成光盘镜像文件/home/sunky/mydisk.iso。

② 将文件和目录制作成光盘镜像文件,执行下面的命令:

```
[root@haut-ubuntu]#mkisofs - r - J - V mydisk - o /home/sunky/mydisk.iso  /home/sunky/ mydir
```

这条命令将/home/sunky/mydir 目录下所有的目录和文件制作成光盘镜像文件/home/sunky/mydisk.iso,光盘卷标为 mydisk。

③ 光盘镜像文件的挂载。

首先,建立一个目录用来作挂载点:

```
[root@haut-ubuntu]#mkdir /mnt/vcdrom
```

其次,用 mount 命令进行挂载:

```
[root@haut-ubuntu]#mount - o  loop - t  iso9660  /home/sunky/mydisk.iso  /mnt/vcdrom
```

现在,使用/mnt/vcdrom,就可以访问光盘镜像文件 mydisk.iso 里的所有文件了。

(3) 挂载移动硬盘。

① Linux 系统将 USB 接口的移动硬盘也当作 SCSI 设备。插入移动硬盘之前,应先用 fdisk -l 或 more /proc/partitions 查看系统的硬盘和磁盘分区情况:

```
[root@haut-ubuntu]#fdisk -l
```

② 接好移动硬盘后,再用 fdisk -l 或 more /proc/partitions 查看系统的硬盘和磁盘分区情况:

```
[root@haut-ubuntu]#fdisk -l
```

可以发现多了一个 SCSI 硬盘/dev/sdc 和它的两个磁盘分区/dev/sdc1、/dev/sdc2,其中/dev/sdc5 是/dev/sdc2 分区的逻辑分区。使用下面的命令挂载/dev/sdc1 和/dev/sdc5:

③ 建立目录用来作为挂载点:

```
[root@haut-ubuntu]#mkdir  -p  /mnt/usbhd1
[root@haut-ubuntu]#mkdir  -p  /mnt/usbhd2
```

④ 用 mount 命令挂载移动硬盘:

```
[root@haut-ubuntu]#mount  -t  ntfs  /dev/sdc1  /mnt/usbhd1
[root@haut-ubuntu]#mount  -t  vfat  /dev/sdc5  /mnt/usbhd2
```

注意:对 NTFS 格式的磁盘分区应使用-t ntfs 参数,对 FAT32 格式的磁盘分区应使用-t vfat 参数。若中文文件名显示为乱码或不显示,可以使用下面的命令格式:

```
[root@haut-ubuntu]#mount  -t  ntfs  -o  iocharset=cp936  /dev/sdc1  /mnt/
```

```
usbhd1
[root@haut-ubuntu]#mount  -t  vfat  -o  iocharset=cp936  /dev/sdc5  /mnt/
usbhd2
```

使用 fdisk(分区)命令和 mkfs(文件系统创建)命令,可以将移动硬盘的分区制作成 Linux 系统所特有的 Ext2、Ext3 格式。这样,在 Linux 下使用就更方便了。使用下面的命令直接挂载即可:

```
[root@haut-ubuntu]#mount  /dev/sdc1  /mnt/usbhd1
```

2. umount 命令

【功能】 卸载一个文件系统,它的使用权限是超级用户或/etc/fstab 中允许的用户。

【格式】 umount <挂载点|设备>

【说明】 umount 命令是 mount 命令的逆操作,它的参数和使用方法与 mount 命令是一样的。

【示例】 卸载 USB 设备,命令如下:

```
[root@haut-ubuntu]#umount  /mnt/usb
```

3. df 命令

【功能】 查看当前硬盘的分区信息。

【格式】 df ［选项］

【说明】 df 命令中各选项的作用如表 4-14 所示。

表 4-14　df 命令中各选项的作用

选　　项	作　　用
-a	把全部的文件系统和各分区的磁盘使用情况列出来
-i	列出 inodes(i 结点)的使用量
-k	把各分区的大小和挂载的分区的大小以 KB 为单位显示
-h	把各分区的大小和挂载的分区的大小以 MB 或者 GB 为单位显示
-t	列出某个文件系统的所有分区的磁盘空间使用量
-x	列出不属于某个文件系统的所有分区的使用量(和-t 选项作用相反)
-T	列出每个分区所属文件系统的名称

【示例】 写出全部文件系统和各分区的磁盘使用情况,df 命令的执行过程如图 4-42 所示。

4. du 命令

【功能】 查看当前目录下所有文件及目录的信息。

【格式】 du ［选项］

【说明】 du 命令各选项的作用如表 4-15 所示。

【示例】 在终端下输入命令 du – ab,观察执行的结果,如图 4-43 所示。

```
ubuntu@ubuntu:~$ df -ah
Filesystem            Size  Used Avail Use% Mounted on
aufs                  502M   33M  469M   7% /
none                     0     0     0    -  /proc
none                     0     0     0    -  /sys
none                  497M  232K  497M   1% /dev
none                     0     0     0    -  /dev/pts
/dev/sr0              700M  700M     0 100% /cdrom
/dev/loop0            672M  672M     0 100% /rofs
none                     0     0     0    -  /sys/fs/fuse/connections
none                     0     0     0    -  /sys/kernel/debug
none                     0     0     0    -  /sys/kernel/security
none                  502M  168K  502M   1% /dev/shm
tmpfs                 502M   24K  502M   1% /tmp
none                  502M   84K  502M   1% /var/run
none                  502M  4.0K  502M   1% /var/lock
none                  502M     0  502M   0% /lib/init/rw
binfmt_misc              0     0     0    -  /proc/sys/fs/binfmt_misc
gvfs-fuse-daemon         0     0     0    -  /home/ubuntu/.gvfs
ubuntu@ubuntu:~$
```

图 4-42　df 命令的执行过程

表 4-15　du 命令各选项的作用

选　项	作　　用
-a	列出所有文件及目录的大小
-h	以 GB 或 MB 为单位显示文件或目录的大小
-b	显示目录和文件的大小，以 B 为单位
-c	最后加上总计
-s	只列出各文件大小的总和
-x	只计算属于同一个文件系统的文件

```
ubuntu@ubuntu:~$ du -ab
792     ./.recently-used.xbel
72      ./hello.txt
40      ./.update-notifier
40      ./.gnome2_private
40      ./.nautilus
195     ./.gtk-bookmarks
74      ./.gnome2/gedit/gedit-2
134     ./.gnome2/gedit
40      ./.gnome2/nautilus-scripts
9714    ./.gnome2/accels/gedit
8774    ./.gnome2/accels/nautilus
18568   ./.gnome2/accels
40      ./.gnome2/panel2.d/default/launchers
100     ./.gnome2/panel2.d/default
160     ./.gnome2/panel2.d
40      ./.gnome2/keyrings
19082   ./.gnome2
318     ./.ICEauthority
40      ./视频
40      ./图片
40      ./音乐
40      ./文档
```

图 4-43　du 命令的执行结果

5. fsck 命令

【功能】　硬盘检测。该命令只能由 root 用户执行。

【格式】 fsck 分区名

【示例】 在终端输入以下命令：

```
fsck  /dev/sda1
```

观察执行的结果。

4.7 关机重启命令

1. shutdown 命令

【功能】 安全关机。

【格式】 shutdown ［选项］［时间］［警告信息］

【说明】 shutdown 命令中各选项的作用如表 4-16 所示。

表 4-16 shutdown 命令中各选项的作用

选 项	作 用	选 项	作 用
-h	停止系统服务，然后安全关机	-k	不真正关机，只是发出警告信息
-r	停止系统服务，然后安全重启	-t	在规定的时间后关机

要使用该命令关闭系统，必须首先保证是 root 用户，否则要使用 su 命令改变为 root 用户，再使用该命令。su 命令的用法请参看 7.2 节。

【示例】 使系统在 2min 后关机，输入以下命令：

```
shutdown -h  +2
```

使系统在 22:00 准时关机，输入以下命令：

```
shutdown -h 22:00
```

系统在 1min 后重启，并通知用户进行保存操作，输入以下命令：

```
shutdown  -r  +1  "system will be reboot after 1 minuter."
```

2. halt 命令

【功能】 关机。

【格式】 halt ［选项］

【说明】 常用的选项是-f，用于强行关机。

halt 命令单独使用，就等于执行了 shutdown -h 命令，停止系统服务后安全关机。带有-f 选项时，不调用 shutdown 命令，直接强行关机。

【示例】 观察 halt 命令和 halt -f 命令的执行效果。分别在终端输入以下两个命令：

```
halt
halt -f
```

3. poweroff 命令

【功能】 关机。

【格式】 poweroff

【说明】 poweroff 命令比较简单,直接使用该命令就可以实现关机。

4. reboot 命令

【功能】 重新启动系统。

【格式】 reboot

【说明】 reboot 命令比较简单,直接使用该命令就可以实现系统重启。

5. init 命令

【功能】 切换 Ubuntu 的运行级别。

【格式】 init ［运行级别］

【说明】 init 命令中的运行级别一共有 7 级(0~6)。其中,0 代表关机,6 代表重新启动。因此,要使用 init 命令进行关机操作或系统重启操作。另外,前面介绍的 shutdown 命令实际上也是利用 init 进行关机的。shutdown 命令执行时向系统发出一个信号,该信号能够通知 init 进程改变系统的运行级别,也就是说,init 进程接收到信号后,把系统运行级别转换到 0 级,实现系统关机。init 进程是系统的启动进程,它是系统启动后由系统内核创建的第一个进程,进程号为 1,在系统的整个运行期间具有相当重要的作用。

【示例】

(1) 实现关机操作,输入以下命令:

init 0

(2) 实现系统的重新启动,输入以下命令:

init 6

4.8 其他命令

1. echo 命令

【功能】 显示命令行中的字符串,主要用于输出提示信息。

【格式】 echo ［选项］ ［字符串］

【说明】 -n 选项表示输出字符串后光标不换行。

【示例】 利用 echo 命令输出提示信息。执行过程如图 4-44 所示。

从图 4-44 的执行过程可以看出,echo 命令后的字符串部分如果加了引号,则作为一个整体完整地输出。如果未加引号,则单词中间的多个空格缩减为一个空格进行输出。

2. more 命令和 less 命令

【功能】 对文件内容或者查询结果分屏显示。

【格式】 命令的格式如下:

more ［选项］ 文件名
其他命令 文件名|more
less ［选项］ 文件名

【说明】 more 命令可以单独使用,也可以配合其他命令和管道符(|)使用,将屏幕的信

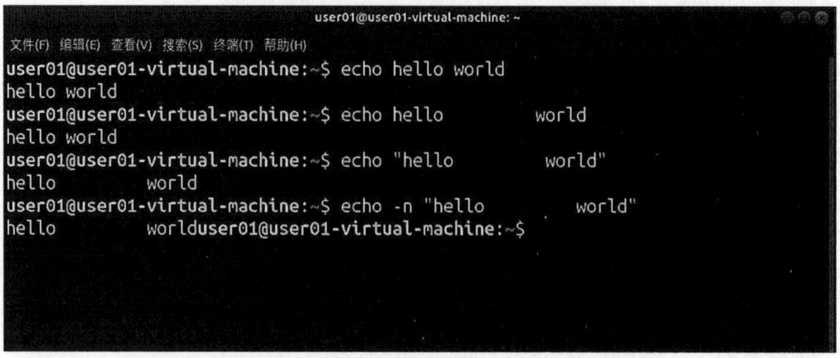

图 4-44 利用 echo 命令输出提示信息

息以分屏的方式一页一页地显示,以方便用户逐页阅读,并且可以利用键盘的相关按键进行显示控制。最基本的按键控制是:按空格(Space)键下翻一页显示,按 B 键上翻一页显示,按 Q 键退出。如果浏览到最后一页,会自动退出。

less 命令的功能与 more 十分相似,都是对屏幕信息进行分屏显示,都可以用来浏览纯文本文件的内容。不同的是 less 允许用户向上翻动,可以使用 Page Up 键、Page Down 键实现上下翻页,利用上下箭头实现上下翻行,与在 Windows 下的使用习惯相同。其他显示控制按键与 more 命令相同。

【说明】 more 命令中各选项的作用如表 4-17 所示。

表 4-17 more 命令中各选项的作用

选　项	作　用
-p	不滚屏,清屏
-s	将连续的空行压缩为一个空行
+n	从第 n 行开始显示

【示例】 观察以下 3 行命令的执行过程,分析它们的区别。

```
more 文件名
cat 文件名 | more
less 文件名
```

3. help 命令和 man 命令

【功能】 显示某个命令的格式和用法。

【格式】

```
help 命令名
man 命令名
```

【说明】 help 命令专门用于显示内建命令的格式和用法。内建命令是在 Shell 的内部实现的,而不能为外部程序所调用。然而大多数内部命令也作为相对独立的单一程序提供,而这也是 POSIX 标准的要求。常用的内建命令包括 cd 命令、pwd 命令、ls 命令等。

man 命令可以显示系统手册(manual)中的内容,这些内容大多数都是对命令的解释信息。man 是非常实用的工具,当使用某个并不熟悉的命令,需要了解该命令更为详细的信息和用法时,可以使用 man 命令来实现。man 命令的使用范围很广,无论是 Shell 的内建命令还是外部命令均可以利用 man 命令来查看其格式和用法。

【示例】 分别使用 man 命令和 help 命令查看 pwd 命令的用法,观察执行结果。

```
man pwd
help pwd
```

4. cal 命令

【功能】 显示日历。

【格式】 cal ［选项］ ［［月］年］

【说明】 cal 命令中各选项的作用如表 4-18 所示。

表 4-18　cal 命令中各选项的作用

选　项	作　用
-m	以星期一为每周的第一天显示日历
-j	以恺撒历显示,即以从 1 月 1 日起的天数显示
-y	显示今年年历

在 cal 命令的第三个部分"［［月］年 ］"中,如果命令中只标出一个参数,则代表年(1～9999),显示该年的年历;使用两个参数,则表示月及年。第一个参数代表月,第二个参数代表年。cal 命令也可以不带任何选项和参数,单独使用,则表示显示当前月的月历。

【示例】 观察以下命令的执行过程:

```
cal
cal 2020                (显示 2020 年年历)
cal 5 2020              (显示 2020 年 5 月的月历)
cal -m                  (以星期一为每周的第一天显示本月的月历)
cal -jy                 (以从 1 月 1 日起的天数显示今年的年历)
```

cal 命令单独使用以及 cal　2020 命令的执行过程如图 4-45 所示。

5. date 命令

【功能】 显示及设定系统时间。

【格式】

```
date［选项］+显示时间的格式
date 设定的系统时间
```

【说明】 date 命令中各选项的作用如表 4-19 所示。

表 4-19　date 命令中各选项的作用

选　项	作　用
-u	使用格林尼治时间
-r	最后一次修改文件的时间

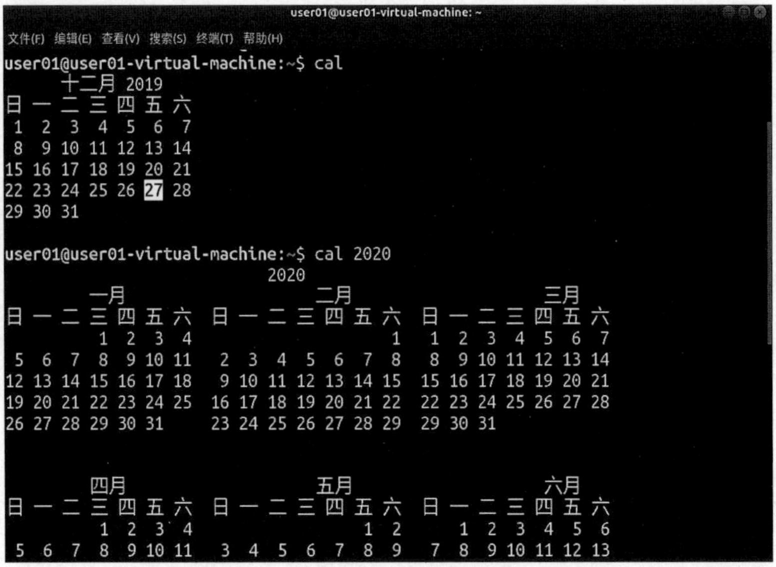

图 4-45　cal 和 cal 2020 命令的执行过程

date 命令常用的时间格式如表 4-20 所示。

表 4-20　date 命令常用的时间格式

选 项	作　　用	选 项	作　　用
%a	星期几的简称,例如一、二、三	%y	显示年的最后两位数字
%A	星期几的全称,例如星期一	%Y	显示年的 4 位数字(例如 2010、2011)
%D	日期(MM/DD/YY)格式	%r	时间(在 hh:mm:ss 后给出上午或者下午)
%T	显示时间格式(24 小时制,hh:mm:ss)	%p	显示上午或者下午
%x	显示日期的格式(MM/DD/YY)		

date 命令单独使用可以显示系统时间。如果要修改系统时间,必须取得 root 权限。设置时间时采用 MMDDhhmmYYYY.ss 的格式。例如:

```
date 122110322011.00
```

代表设置当前系统的日期是 2011 年 12 月 21 日,时间是 10:32:00。

当用户以 root 身份更改了系统时间之后,需要执行以下命令将系统时间写入 CMOS:

```
clock -w
```

这样下次重新开机时系统时间才会使用最新的正确时间。

【示例】　date 命令的使用。

(1) 查看当前的系统时间。执行过程如图 4-46 所示。

(2) 修改当前的系统时间。转换到 root 用户后,设置当前的日期是 2011 年 12 月 21 日,时间是 10:32:00。执行过程如图 4-47 所示。

图 4-46　利用 date 命令查看当前的系统时间

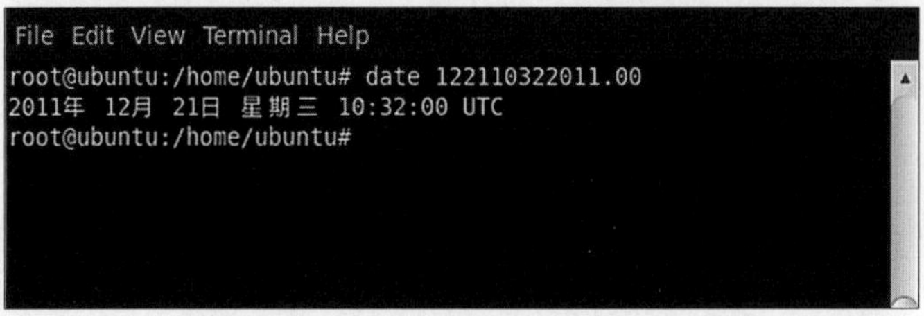

图 4-47　利用 date 命令设置系统时间

本 章 小 结

本章介绍了 Linux 操作系统的常用命令，主要包括文件和目录管理命令、权限设置命令、磁盘管理命令、文件备份和压缩命令、有关关机和查看系统信息的命令等。掌握这些常用命令，可以为使用 Linux 操作系统打下坚实的基础。

实　验　4

题目：Linux 下常用命令的操作。

要求：

（1）写出以下管理文件和目录命令的作用，并通过截图展示执行结果。

pwd　cd　ls　cat　grep　cp

（2）写出利用 mount 和 umount 命令挂载和卸载光驱的过程。

（3）写出利用 gzip、bzip2 命令进行某文件的压缩以及解压操作的过程，并练习利用 tar 命令将某些文件打包的操作。截图展示执行结果。

（4）写出利用 find 命令对某文件进行查找的过程，并练习用 sort 命令对某文件的内容进行排序显示。截图展示执行结果。

习　题　4

1. Linux 操作系统有哪些常用的基本命令？
2. 练习常用的目录操作命令。

3. 练习常用的文件操作命令。
4. 练习文件处理命令。
5. 练习文件压缩和解压命令。
6. 练习磁盘管理命令。
7. 练习关机和系统重启命令。

第 5 章　Linux 常用应用软件

Ubuntu 包含了日常所需的常用程序,集成了跨平台的办公套件 LibreOffice 和 Mozila Firefox 浏览器等,主要提供文本处理工具、图片处理工具、电子表格、演示文稿、电子邮件、多媒体播放、网络服务和日程管理等功能。

5.1　LibreOffice

在 Ubuntu 11.04 版本以前,集成的办公软件套件是 OpenOffice.org。它是一个跨平台的办公室软件套件,能在 Windows、Linux、Mac OS X(X 11)、和 Solaris 等操作系统上运行,它与各个主要的办公软件套件兼容。OpenOffice.org 的主要模块包括 Writer(文本文档)、Calc(电子表格)、Impress(演示文稿)、Draw(绘图)、Math(公式)、Base(数据库)等。从 Ubuntu 11.04 版开始,Ubuntu 将 LibreOffice 作为默认办公软件,取代了 OpenOffice.org。LibreOffice 是一套自由的办公软件,它可以在 Windows、Linux、Mac OS 平台上运行,这套软件共有 6 个应用程序。包括 Writer(文本文档)、Calc(电子表格)、Impress(演示文稿)、Draw(绘图)、Math(公式)、Base(数据库)。

LibreOffice 是 OpenOffice.org 办公套件衍生版,同样免费开源,遵照 GPL 分发源代码,但与 OpenOffice 相比增加了很多特色功能。LibreOffice 的版本号码被设置为与 OpenOffice.org 一致,故首次发布(2010 年)即为第 3 版,并不存在第 2 版、第 1 版。LibreOffice 第 3 版默认的文件格式是国际标准化组织的 Open Document Format(开放文档格式,包括.odt,.odp,.ods,.odg)。LibreOffice 拥有强大的数据导入和导出功能,能直接导入 PDF 文档以及微软公司的 Works、LotusWord,支持主要的 OpenXML 格式。它本身并不局限于 Debian 和 Ubuntu 平台,还支持 Windows、Mac OS、PRM packageLinux 等多个系统平台。目前 LibreOffice 的最高版本是 2020 年发布的 LibreOffice 6.4.3。在 Ubuntu 18.04 LTS 中集成的是 LibreOffice 6.0.7。

LibreOffice 能够与 Office 系列以及其他开源办公软件深度兼容,且支持的文档格式相当全面。LibreOffice 支持的文档格式见表 5-1。

表 5-1　LibreOffice 支持的文档格式

文档类型	扩 展 名
文本文档	.txt、.rft、.doc、.dot、.docx、.docm、.dotx、.dotm、.wps、.wpd .html、.htm、.xml、.odm、.sgl、.odt、.ott、.sxw、.stw、.fodt、.pdb、.hwp、.lwp、.psw、.sdw、.vor、,.oth
电子表格	.xls、.xlc、.xlm、.xlw、.xlk、.xlsx、.xlsm、.xltm、.xltx、.xlsb、.xml、.csv .ods、.ots、.sxc、.stc、.fods、.sdc、.vor、.dif、.wk1、.wks、.123、.pxl、.wb2
演示文稿	.ppt、.pps、.pptx、.pptm、.ppsx、.potm、.potx、.pot、.odp、.otp、.sti、.sxd、.fodp、.xml、.sdd、.vor、.sdp

文档类型	扩 展 名
绘图	.odg，.otg，.sxd，.std，.sgv，.sda，.vor，.sdd，.cdr，.svg，.vsd，.vst
网页	.html，.htm，.stw
公式	.odf，.sxm，.smf，.mml

Ubuntu 将 LibreOffice 作为一个标准内置软件提供，LibreOffice 的安装是在系统级完成的，这意味着所有用户都可以访问它。在 GNOME 桌面集成了 LibreOffice Writer（类似 Office 中的 Word），LibreOffice Impress（类似 Office 中的 PowerPoint），LibreOffice Calc（类似 Office 中的 Excel），LibreOffice Draw（类似 Office 中的绘图软件）4 个组件模块。在系统中搜索 libreoffice，将显示系统内置的这 4 个组件，如图 5-1 所示。

图 5-1 LibreOffice 内置的组件

5.1.1 LibreOffice Writer

LibreOffice Writer 是 LibreOffice 的一个组件，是与 Word 或 WordPerfect 有着类似功能和文件支持的文字处理器。它包含大量所见即所得的文字处理功能，也可作为一个基本的文本编辑器来使用。LibreOffice Writer 是 LibreOffice 最常用的 LibreOffice 办公组件。它既可以方便地制作备忘录，也可以制作出包含目录、图表、索引等内容的一部完整的图书。用户可以只专心制作文件的内容，而 Writer 软件可以负责对文件的美化。LibreOffice 提供的向导功能包含了信函、传真、会议议程和备忘录等标准文件的模板，也能执行邮件合并等较复杂的任务。当然，用户也可随意创建自己的模板。

LibreOffice Writer 中各项功能的存在位置，与 Word 有细微的差别，因此用户可能需要花点时间寻找类似的功能。在 Writer 中内置了拼写检查、词典、宏、样式和帮助等工具，并且其工作方式与其他字处理软件和应用程序是一致的。

用户可以通过单击桌面左侧 dock 面板上的 LibreOffice Writer 图标 来启动该软件。运行后，Writer 程序新建并打开一个空白文档，可以看到光标在闪动，表明一切就绪，等待用户在文档中输入内容。可以看出，LibreOffice Writer 启动后的界面与 Word 比较相似，熟悉 Word 的用户几乎不需要软件使用的学习和培训就能开始工作。LibreOffice Writer

主界面如图 5-2 所示。Writer 的界面很具有代表性，了解 Writer 的界面对于其他模块的使用会有很大的帮助。

图 5-2   LibreOffice Writer 主界面

Writer 如同其他的 Ubuntu 程序一样，关闭程序和最大化、最小化按钮在界面的右上角。界面最上方是标题栏，指明当前打开的文档名称和程序名。在标题栏下面是菜单栏，菜单栏下面是快捷按钮区域和选择列表区域。在其下方是横向的标尺以及空白的文档书写区域。右侧有纵向滚动条。最底部是一些状态提示信息，如页码数、字符数、样式、输入法状态、缩放标记等。

在 LibreOffice Writer 中输入多行字号由小到大的"LibreOffice Writer"文字，如图 5-3 所示。

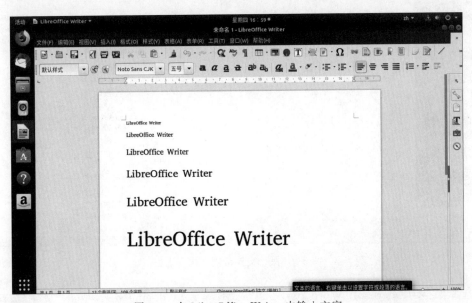

图 5-3   在 LibreOffice Writer 中输入文字

当在 Writer 中完成了编辑工作,需要存盘的时候,可以选择"文件"→"保存"菜单命令或者按 Ctrl+S 组合键,此时会弹出保存文件对话框,如图 5-4 所示。

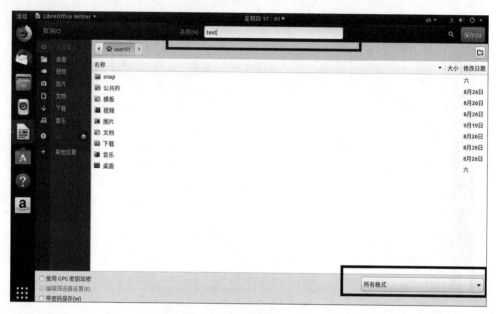

图 5-4　保存文件对话框

在保存文件对话框中,可以为文件选择要保存的格式,单击显示"所有格式"的保存文件格式下拉列表框,可以看到 LibreOffice Writer 支持的文件格式,如图 5-5 所示。

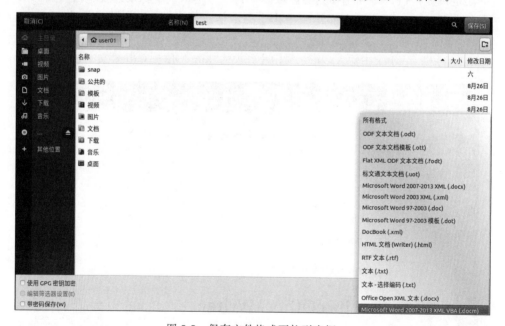

图 5-5　保存文件格式下拉列表框

选择保存为 Microsoft Word 2007-2003 XML VBA(.docm)格式,单击"保存"按钮后,会出现如图 5-6 所示的对话框,提示进行格式选择,包括 ODF 格式和 Microsoft Word 格式两种。其中，ODF 即开放文档格式，它是一种规范，是基于 XML（标准通用标记语言的子集）的文件格式，因此是为图表、演示稿和文字处理文件等电子文件而设置的。

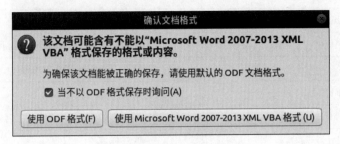

图 5-6 "确认文档格式"对话框

单击"使用 Microsoft Word 2007-2003 XML VBA 格式"，则文件保存为.docm 格式，可以通过 Word 打开在 LibreOffice Writer 中编辑的文件，看到的显示效果同 LibreOffice Writer 中一样。

作为一款办公软件，LibreOffice Writer 具有强大的功能，提供了丰富的功能键和快捷键。LibreOffice Writer 的功能键如表 5-2 所示，其中包括功能键 F1～F12 与 Ctrl 键和 Shift 键的组合。

表 5-2 **LibreOffice Writer 的功能键**

功　能　键	效　　　果
F2	公式编辑栏
Ctrl＋F2	插入字段
F3	执行自动图文集
Ctrl＋F3	编辑自动图文集
F4	打开数据源视图
Shift＋F4	选择下一个框架
F5	打开/关闭导航
Ctrl＋Shift＋F5	打开导航，转到指定页码
F7	拼写检查
Ctrl＋F7	同义词库
F8	扩展模式
Ctrl＋F8	显示隐藏/字段阴影
Shift＋F8	其他选择模式
Ctrl＋Shift＋F8	方块选择模式
F9	更新字段
Ctrl＋F9	显示字段
Shift＋F9	计算表格

功　能　键	效　　果
Ctrl＋Shift＋F9	更新输入字段和输入列表
Ctrl＋F10	打开/关闭非打印字符的显示
F11	打开/关闭样式和格式窗口
Shift＋F11	创建样式
Ctrl＋F11	将焦点设置到"应用样式"列表框
Ctrl＋Shift＋F11	更新样式
F12	显示编号
Ctrl＋F12	插入或编辑表格
Shift＋F12	显示/编号项目符号
Ctrl＋Shift＋F12	隐藏编号/项目符号

LibreOffice Writer 的快捷键如表 5-3 所示。

表 5-3　LibreOffice Writer 快捷键

快　捷　键	功　　能
Ctrl＋A	全选
Ctrl＋J	两端对齐
Ctrl＋D	双下画线
Ctrl＋E	居中
Ctrl＋F	查找和替换
Ctrl＋Shift＋P	上标
Ctrl＋L	左对齐
Ctrl＋R	右对齐
Ctrl＋Shift＋B	下标
Ctrl＋Y	恢复最后一个操作
Ctrl＋0	应用默认段落样式
Ctrl＋1	应用标题 1 段落样式
Ctrl＋2	应用标题 2 段落样式
Ctrl＋3	应用标题 3 段落样式
Ctrl＋5	1.5 倍行距
Ctrl＋加号（＋）	将选中的文本复制到剪贴板
Ctrl＋连字符（－）	自定义连字符
Ctrl＋Shift＋减号（－）	不间断短线（不能当作连字符使用）

快　捷　键	功　能
Ctrl+乘号(数字小盘上的＊)	运行宏字段
Ctrl+Shift+空格键	不间断空格。它不能用于分隔文字,在调整文字时也不会扩展
Shift+Enter	换行不换段
Ctrl+Enter	手动分页
Ctrl+Shift+Enter	在多栏文本中分栏
Alt+Enter	在项目符号内插入不带项目符号的新段落;在区域或表格的前面或后面直接插入新的段落
←	向左移动光标
Shift+←	光标和选定内容一起向左移动
Ctrl+→	跳至字(单词)首
Ctrl+Shift+←	逐字(单词)向左选择
→	向右移动光标
Shift+→	光标和选定内容一起向右移动
Ctrl+→	转到下一字(单词)的起始位置
Ctrl+Shift+→	逐字(单词)向右选择
↑	将光标上移一行
Shift+↑	向上选择行
Ctrl+↓	将光标移到上一段落的起始位置
Shift+Ctrl+↑	选定光标到段落的起始位置
↓	光标向下移动一行
Shift+↓	向下选择行
Ctrl+↓	将光标移到下一段落的起始位置
Shift+Ctrl+↓	选定光标到段落的结尾位置
Home	将光标移到行首
Shift+Home	选择当前位置与行首之间的内容,同时将光标移到行首
End	将光标移到行尾
Shift+End	选择当前位置与行尾之间的内容,同时将光标移到行尾
Ctrl+Home	将光标移到文档起始位置
Ctrl+Shift+Home	光标和选中的内容一起移到文档起始位置
Ctrl+End	将光标移到文档结束位置
Ctrl+Shift+End	光标和选中的内容一起移到文档结束位置
Ctrl+PageUp	在文字和页眉之间切换

快　捷　键	功　　能
Ctrl+PageDown	在文字和页脚之间切换
Insert	打开/关闭插入模式
PageUp	向上翻页
Shift+PageUp	屏幕上的页面和选中的内容一起向上移动
PageDown	向下翻页
Shift+PageDown	屏幕上的页面和选中的内容一起向下移动
Ctrl+Delete	删除光标至字尾的文字
Ctrl+Backspace	删除光标至字首的文字；在列表中删除当前段落前面的一个空段落
Ctrl+Shift+Delete	删除光标至句末的文字
Ctrl+Shift+Backspace	删除光标至句首的文字
Ctrl + 双击或 Ctrl + Shift +F10	快速固定或取消固定"导航""样式和格式"等窗口

用于段落和标题级别的快捷键如表 5-4 所示。

表 5-4　用于段落和标题的快捷键

快　捷　键	效　　果
Ctrl+Alt+↑	将活动段落或选定的段落向上移动一个段落
Ctrl+Alt+↓	将当前段落或选定的段落向下移动一个段落
Tab	将标题1~标题9在大纲中向下降一级
Shift+Tab	将标题2~标题10在大纲中向上升一级
Ctrl+Tab	在标题起始位置插入一个制表位。针对所用的窗口管理器可采用 Alt+Tab 组合键

用于表格的快捷键如表 5-5 所示。

表 5-5　表格中的快捷键

快　捷　键	效　　果
Ctrl+A	如果活动单元格是空白的，选择整个表格；否则选择活动单元格的内容，再按一次选择整个表格
Ctrl+Home	如果当前单元格是空白的，跳至表格的起始位置；否则按第一次时跳到当前单元格的起始位置，按第二次时跳到当前表格的起始位置，按第三次时跳到文档的起始位置
Ctrl+End	如果当前单元格是空白的，跳至表格的结束位置；否则按第一次时跳到当前单元格的结束位置，按第二次时跳到表格的结束位置，按第三次时跳到文档的结束位置
Ctrl+Tab	插入一个制表位(仅在表格中)。针对所用的窗口管理器，可采用 Alt+Tab 组合键
Alt+箭头键	沿着单元格的右/下边缘放大/缩小列/行

快 捷 键	效 果
Alt+Shift+箭头键	沿着单元格的左/上边缘放大/缩小列/行
Alt+Ctrl+箭头键	与 Alt+箭头键功能类似,但只能修改活动单元格
Alt+Insert	在插入模式中停留 3s。可以使用箭头键插入行/列,使用 Ctrl+箭头键插入单元格
Alt+Del	在删除模式中停留 3s。可以使用箭头键删除行/列,使用 Ctrl+箭头键将单元格与相邻单元格合并
Shift+Ctrl+Del	如果没有选定整个单元格,则删除从光标所在位置到当前句子结尾处的文本;如果光标在单元格结尾处,并且没有选定整个单元格,则删除下一个单元格的内容;如果没有选定整个单元格,并且光标在表格的结尾处,则删除此表格以下的句子,段落的剩余部分将被移到表格的最后一个单元格中;如果表格之后是一个空行,则删除此空行;如果选定一个或多个单元格,则删除包含选中的单元格的整个行;如果完全或部分选定全部行,则删除整个表格

5.1.2 LibreOffice Calc

LibreOffice Calc 是常用的 LibreOffice 办公组件之一,其作用相当于 Excel。从大型企业到家庭办公室,各行各业的专业人员都使用电子表格来保存记录、创建商业图表以及处理数据。LibreOffice Calc 是一个软件电子表格应用程序,它允许用户在组织成行列的单元格(cell)中输入和处理数据。单元格是单个数据的容器,可以是数量、标签或数学公式。用户可以执行一组单元格的计算(如加减一列单元格),或根据包含在一组单元格中的数值来创建图表,甚至可以把电子表格的数据融入文档中来增强专业表现力。

Calc 的启动方法与 Writer 类似,用户可以通过搜索功能找到该组件,方法如图 5-1 所示。运行后,Calc 新建并打开一个空白表格,可以看到光标在闪动。与 Writer 相同,Calc 最上方是标题栏,指明当前打开的文档名称和程序名。在标题栏下面是菜单栏,菜单栏下面是快捷按钮区域、选择列表区域以及单元格计算赋值框。在其下方是纵向和横向的单元格区域。底部和右侧有横向和纵向滚动条。横向滚动条下面是工作表名称选项卡。最底部是一些状态提示信息,如工作表名称、已选择的行列值、输入法状态、显示比例等。LibreOffice Calc 程序主界面如图 5-7 所示。

可以把用 LibreOffice Calc 创建的电子表格保存为多种文件格式,包括 ODF 电子表格的.ods 格式和与 Excel 兼容的.xls 格式,还支持 dBASE 数据库的.dbf 格式、CSV 文本的.csv 格式以及.xml 等格式。此外,用户可以把绘制的图表导出为多种图片文件格式,并把它们加入文本文件、网页和演示文稿中。LibreOffice Calc 能将文件保存为多种格式,在其保存界面上单击显示"所有格式"的保存文件类型下拉列表框,列出所有支持的文件类型,如图 5-8 所示。

与 Excel 一样,Calc 可以在表格中插入图表,图表类型包括柱形图、条形图、饼图等。可以根据选定的单元格区域将数据显示在图表中。"图表向导"对话框如图 5-9 所示。

在"选择图表类型"列表框中选中"饼图",在"形状"下拉列表框中选择"分离型",选择"3D 外观"复选框,构造出的饼图如图 5-10 所示。

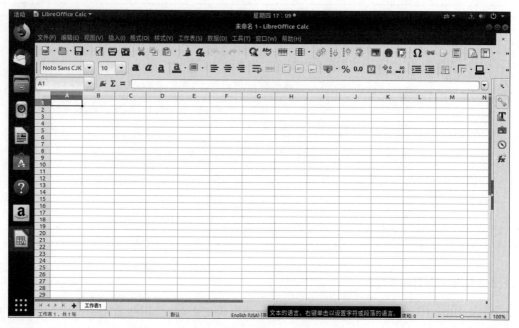

图 5-7　LibreOffice Calc 程序主界面

图 5-8　LibreOffice Calc 保存文件类型下拉列表框

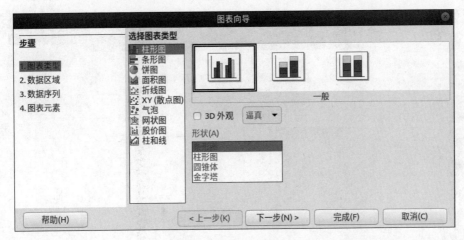

图 5-9　"图表向导"对话框

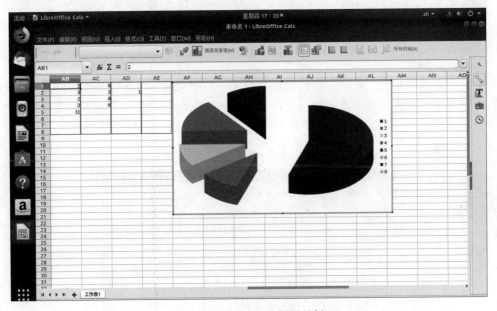

图 5-10　分离型 3D 饼图示例

对于电子表格类软件而言,丰富的计算函数是其主要特点之一,在 Excel 中集成了大量的函数。同样,在 LibreOffice Calc 中也集成了大量的函数,以方便用户进行各种复杂数据的计算,LibreOffice Calc 中的函数包括数据库、日期和时间、财务、信息、逻辑、数学、矩阵、统计等几大类,在"插入"菜单中选中"函数"命令,则打开如图 5-11 所示的"函数向导"对话框,当单击某一函数名称时,在右侧有该函数的简要说明。例如,单击 ABS 函数,右侧给出的提示为"一个数字的绝对值"。可以通过该说明了解函数的功能,更好地使用函数。

LibreOffice Calc 的另一特色,是可以直接将文件输出为 PDF 文件,省去了以往通过虚拟打印机等形式生成 PDF 文件的烦琐操作和另外购买 PDF 编辑软件的成本。PDF 全称为 Portable Document Format,即便携文档格式,是一种电子文件格式,这种文件格式与操作系统平台无关,也就是说,PDF 文件不管是在 Windows、UNIX 还是在苹果公司的 Mac OS

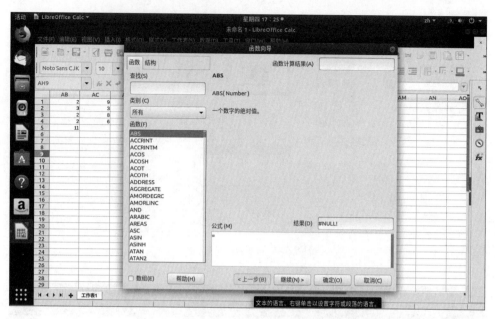

图 5-11　LibreOffice Calc"函数向导"对话框

操作系统中都是通用的。这一性能使它成为在 Internet 上进行电子文档发行和数字化信息传播的理想文档格式。越来越多的电子图书、产品说明、公司文告、网络资料、电子邮件使用 PDF 格式文件。在主界面上选择"文件"→"导出为 PDF"命令，将出现"PDF 选项"对话框，如图 5-12 所示。

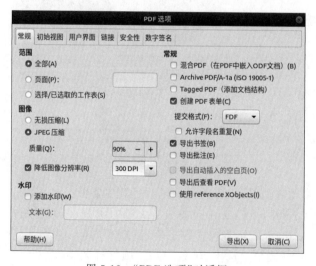

图 5-12　"PDF 选项"对话框

5.1.3　LibreOffice Impress

LibreOffice Impress 是一个功能与 PowerPoint 相近，并且可与 PowerPoint 文件格式兼容的演示文稿制作软件。一般说来，视觉效果会增强演示文稿的表现力，使演示能够吸引观众的注意力，并使观众保持对演示的兴趣。LibreOffice Impress 是一个能够帮助用户制作更有表现力的演示文稿的图形化工具。

使用 LibreOffice Impress 可以创建专业的演示文稿，其中可以含有图表、绘图对象、文字、多媒体内容等。如果需要，甚至还可以导入和修改 Microsoft PowerPoint 的演示文稿。在屏幕上放映幻灯片时，可以使用动画、幻灯片切换和多媒体等技术使演示文稿更加生动。

Impress 的启动方法与 Writer 类似，用户可以通过搜索功能找到该组件，方法如图 5-1 所示。启动后的主界面如图 5-13 所示。

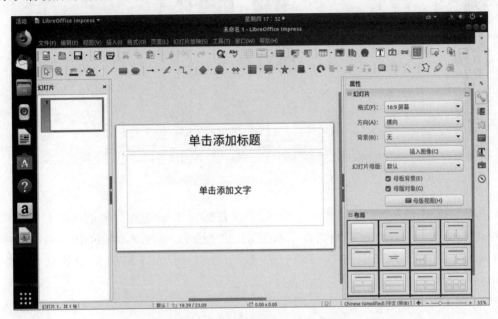

图 5-13　LibreOffice Impress 主界面

Impress 主界面与 Writer 类似，只是在中间的主要工作区域分为 3 个部分：左侧是幻灯片缩略图，中间是当前的幻灯片页面，而右侧则是幻灯片属性、版式、切换、动画等的操作界面，熟悉 Microsoft PowerPoint 的用户不会对 Impress 感到陌生。Impress 保存文件的默认格式是 ODF 演示文稿（.odp 格式），此外还支持 PowerPoint 的.pptx 和.ppsx 格式。

5.1.4　LibreOffice Draw

LibreOffice Draw 是一个功能与 Microsoft Visio 软件相近，并且可与 Microsoft Visio 文件格式兼容的专业矢量图绘制软件。LibreOffice Draw 绘制流程图特别方便、高效，它有丰富的"连接符"和"流程图"组件，可以画出专业而复杂的流程图。

Draw 的启动方法与 Writer 类似，用户可以通过搜索功能找到该组件，方法如图 5-1 所示。LibreOffice Draw 运行主界面如图 5-14 所示。

在 Draw 主界面中，最左侧是控件栏，接着是页面缩略图，中间是工作区，最右侧是"属性"任务窗格。

作为 Ubuntu 默认安装的 Office 办公软件，LibreOffice 集合了文档编辑、电子表格处理、幻灯片制作、绘图软件等常用办公软件，能够满足日常办公的需求。与 Microsoft Office

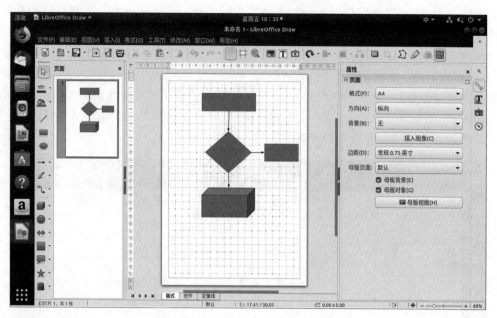

图 5-14　LibreOffice Draw 主界面

系列办公软件相比,一般的 Windows 用户几乎不需要学习,就能够方便地使用 LibreOffice 系列组件,这为 LibreOffice 软件的推广和普及提供了便利,也使得 LibreOffice 系列组件成为 Ubuntu 系统下办公软件的首选。关于 LibreOffice 更详细的使用说明,可参考 LibreOffice 帮助。

5.2　vi 文本编辑器

文本编辑器是对纯文本文件进行编辑、查看、修改等操作的应用程序。Linux 下有两种编辑器:一种是基于图形化界面的编辑器,如 Gedit;另一种是基于文本界面的编辑器,如 vi。vi 编辑器是 Linux 系统中最基本的文本编辑工具,它不仅适用于 Linux 系统,也适用于 UNIX 系统。vi 编辑器具有文本编辑的所有功能,并且高效快捷,具有强大的编辑功能、广泛的适用性以及出色的灵活性。熟练掌握 vi 编辑器的使用方法,对用户进行程序开发及系统管理具有重要意义。

5.2.1　文本编辑器简介

1. 文本编辑器

Windows 的记事本程序就是一个典型的文本编辑器。可以在记事本程序里编写纯文本文件,包括各种字符构成的文件;还可以用它编写程序,如编写一个 C 语言的小程序等。当然纯文本文件的用处不只这些,例如系统的日志文件、大量的配置文件都是采用纯文本文件的方式形成的。因此,纯文本文件是指没有应用字体或风格的文本文件,它全部由 ASCII 码字符及某种语言的编码字符构成。在 Linux 系统中,用户可以利用纯文本文件来完成编写程序和命令脚本、撰写电子邮件、配置和管理系统等操作。完成这些操作的基本工具就是文本编辑器。

Ubuntu 包括多个文件编辑器,其中有图形化的文本编辑器 Gedit,也有基于文本界面的编辑器,如 vi 编辑器、vim 编辑器、emacs 编辑器等。图形化的文本编辑器 Gedit 类似于 Windows 的记事本程序,使用方便,但它依赖于图形化界面,如果没有图形化界面,则无法使用。众所周知,在 Linux 的应用领域中,大部分服务器下的高端应用都是在文本界面下运行的,所以学习基于文本界面的编辑器的使用就显得异常重要了。

2. vi 文本编辑器简介

vi 是 visual 的缩写。vi 编辑器最初是为 UNIX 系统设计的,1978 年由伯克利大学的 Bill Joy 开发完成。时至今日,vi 始终是所有 UNIX 系统和 Linux 系统上默认配置的文本编辑器。甚至在 Mac OS、OS/2、IBM S/390 上也能见到 vi 的身影。vi 编辑器虽然不是图形化的软件,但是出色的灵活性和强大的功能使它深受广大 Linux 用户的喜爱,长期立于不败之地。

vi 编辑器的特点突出表现在以下几个方面。

(1) 强大的编辑功能。vi 不仅可以用来创建文本文档、编写脚本程序和编辑文本,而且还具有查找功能,可以在文件中以十分精确的方式进行信息查找。除此之外,vi 还支持高级编辑功能,如正则表达式、宏和脚本命令等。利用这些高级功能,用户可以自己定制并完成十分复杂的编辑任务。另外,vi 还可以和其他 Linux 系统提供的工具软件(如排版软件、排序软件、E-mail 软件、编译软件等)协同工作,这样就可以很方便地进行文件的加工整理工作。

(2) 广泛的适用性。vi 编辑器适用于各种版本的 UNIX 和 Linux 系统,在安装 Linux 时会自动安装附带的 vi 编辑器。另外,vi 还广泛适用于各种类型的终端设备。

(3) 操作灵活快捷。vi 的使用离不开各种命令,正是由于有了这些命令,才使 vi 高效快捷。命令可以在不同的应用条件下选择不同的参数,因此具有较好的灵活性。vi 的命令都比较简练,较少的几个字符的组合或单个字符构成的命令就可以完成一定的功能。但对于初学者或者习惯于图形化编辑器的用户来说,使用命令并不方便,甚至感到十分烦琐;但对于熟练用户来说,命令的使用具有快捷、高效、灵活的特点,通过命令以及参数的选择能够有效利用更加符合用户需要的功能,更加得心应手。因此,Linux 开发人员和系统管理员更加喜欢使用 vi 进行文本的编辑工作。相信随着学习的不断深入,初学者也会渐渐习惯 vi 的操作方式并喜欢上它。

3. 其他文本编辑器简介

Linux 下的文本编辑器除了 Gedit、vi 之外,还有 vim、Emacs、ex、sed 等很多种。这里介绍比较常用的 vim、Emacs 编辑器。

vim 是 vi improved 的缩写,即 vim 编辑器是 vi 编辑器的改进版。vim 是一个开放源代码的软件,它在 vi 的基础上增加了很多新功能,使用起来也更加方便易用。在 Ubuntu 中使用的是 vim,但通常也称它为 vi。

还有一种应用广泛的文本编辑器是 Emacs。20 世纪 70 年代,Emacs 诞生于麻省理工学院的人工智能实验室,它是深受广大程序员和计算机技术人员喜爱的一种强大的文本编辑器。Emacs 是 Editor Macros(编辑器宏)的缩写。

Emacs 具有广泛的可移植性,能够在大多数操作系统上运行,包括各种类 UNIX 系统

（例如 GNU/Linux、各种 BSD、Solaris、AIX、IRIX、Mac OS X 等）、MS-DOS、Microsoft Windows 以及 OpenVMS 等。

Emacs 既可以在文本终端也可以在图形用户界面（Graphics User Interface,GUI）环境下运行。在类 UNIX 系统上,Emacs 使用 X Window 产生 GUI,或者直接使用 GUI 编程框架 widget toolkit,也能够利用 Mac OS X 和 Microsoft Windows 的本地图形系统产生 GUI。用 GUI 环境下的 Emacs 能提供菜单、工具栏、滚动条,以及上下文菜单等交互方式。

5.2.2　vi 编辑器的启动与退出

1. vi 编辑器的启动

按 Ctrl＋Alt＋T 组合键,即可启动 Linux 下的 Shell 终端。在 Shell 的系统提示符后输入 vi 命令,按 Enter 键,就可以进入 vi 的编辑环境了。命令格式如下:

```
vi ［文件名］
```

注意:vi 与文件名之间要加一个空格。在该命令中,文件名是可选项,有以下 3 种情况:

- 如果未指定文件名,则创建一个新文件,用户可以随后给文件命名,如图 5-15 所示。

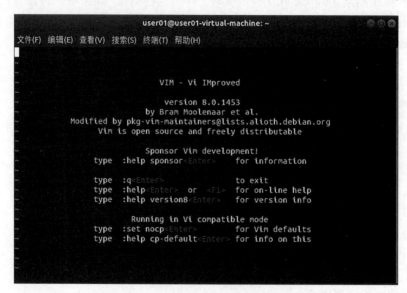

图 5-15　启动 vi 编辑器并打开新文件

- 若指定了文件名,并且该文件不存在,则以该文件名创建新文件。将光标定位在第一行第一列的位置上。
- 若指定了文件名,并且该文件存在,则直接打开该文件,并默认将光标定位在第一行第一列的位置上。如图 5-16 所示,利用 vi 编辑器打开已存在的文件 myfile。屏幕的最下面一行显示文件的名字、行数和字符数等信息。光标处的字符通常采用反显（白底黑字）方式显示。需要注意的是,"～"符号表示编辑器的行,并非文件的内容。

另外,可以通过其他参数的设置,在打开 vi 的同时,直接让光标定位到文件指定位置处。

图 5-16　打开已存在的文件 myfile

（1）如果要打开/etc/passwd 文件并直接将光标定位到第 5 行，可以采用以下命令：

```
vi  +5  /etc/passwd
```

命令如图 5-17 所示。

图 5-17　在 Shell 中输入命令

文件打开后，光标定位到第 5 行的行首处，如图 5-18 所示。

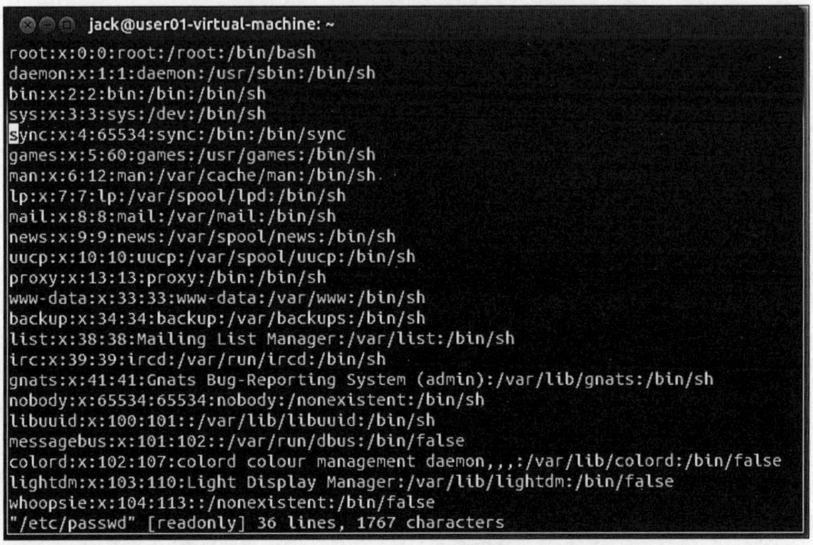

图 5-18　打开/etc/passwd 文件并将光标定位到第 5 行行首

（2）如果要打开/etc/passwd 文件并直接定位到含有某字符串的行，例如 root 的行，可以采用以下命令：

```
vi  +/"root"  /etc/passwd
```

文件打开后，光标定位到整个文件中第一个包含 root 的行，如图 5-19 所示。

图 5-19　打开/etc/passwd 文件并定位到包含 root 的行

2. vi 编辑器的退出

退出 vi 编辑器的方式也很简单，只需要在 vi 中输入退出命令即可。例如用"：wq"命令对文件进行存盘并退出。如果本次操作中并没有对文本进行修改，则可以用"：q"命令直接退出。更多的退出命令将在 5.2.4 节进行介绍。

如果对图 5-15 所示的 myfile 文件未做任何修改，就退出 vi 编辑器，可以使用退出命令"：q"，如图 5-20 所示。

图 5-20　直接退出 vi

如果对 myfile 文件进行了修改,要存盘并退出,使用的退出命令如图 5-21 所示。

图 5-21　存盘并退出 vi

5.2.3　vi 编辑器的工作模式

vi 与 Windows 记事本程序不同,它是一种多模式软件,具有 3 种工作模式。在不同的模式下,它对输入的内容有不同的解释,以完成不同的操作。

1. 命令模式

在命令模式下,vi 将输入的任何字符都当作相应的命令来执行。命令模式用于完成各种文本的修改工作。例如,可以对文件内容中的字符串进行查找、替换以及保存、退出等操作。

要注意的是,vi 启动之后首先进入命令模式。用户可以继续使用 vi 的编辑命令转换到插入模式,进行文本的输入等操作。还可以使用箭头键或者 k、j、h、l 键进行光标的移动。

2. 插入模式

在插入模式下,输入的字符都作为文件的内容显示在屏幕上,插入模式用于添加文本的内容,完成文本的录入工作。

启动 vi 后,进入插入模式的方法是输入以下命令:插入命令 i(或 I),追加命令 a(或 A),开辟空行命令 o(或 O)。执行这些命令后,就可以进行文本的输入操作了。当文本信息输入完毕,完成添加操作后,按 Esc 键就可以回到命令模式。

3. 转义模式

在转义模式下,光标停留在屏幕最末行,以接收输入的命令并执行。该模式用于执行一些全局性的操作,如文件操作、参数设置、查找与替换、复制与粘贴、执行 Shell 命令等。进入转义模式的方法是:按 Esc 键后,回到命令模式,再输入转义字符,如冒号(:)、斜线(/)、问号(?)等,就会进入转义模式。执行完相应的命令后,返回命令模式或退出 vi 编辑器。

用户在使用 vi 编辑器的过程中,需要不断地在这 3 种模式之间切换,以完成各种不同的工作。这 3 种模式之间的转换关系如图 5-22 所示。

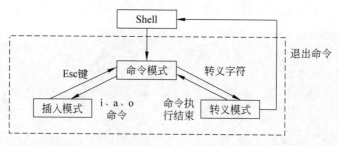

图 5-22　vi 的 3 种工作模式之间的转换关系

5.2.4　vi 编辑器的基本应用

vi 编辑器的文本编辑及修改等操作通过键盘就可以完成,不支持鼠标操作。vi 通过各种命令来实现文本的处理,因此 vi 命令是相当多的。但对于普通用户而言,掌握常用的 vi 命令就可以在使用 vi 时得心应手,可以应付一般的文本编辑及处理任务。熟练使用键盘操作与使用鼠标操作相比较,前者的效率会更高。

vi 的命令通常是简单的字符(如 a、i、o 等)或字符组合(如 dd、yy 等),还有少数利用组合键形成的命令,如 Ctrl+D 组合键等。因此,键盘上的某个键在不同的模式下将代表不同的含义,也会出现不同的效果。这些也正是由 vi 的使用方式决定的,即文本的处理和文本的输入都要靠键盘来完成。这也是学习使用 vi 编辑器的难点所在。

另外,需要注意的是,vi 的命令是严格区分大小写的,大写字母和小写字母代表的是不同的命令。

1. 添加文本

在输入文本内容之前,首先要确定光标停留的位置,也就是即将要输入的位置。然后执行插入命令,进入插入模式,才能在屏幕上显示输入的内容。处于插入模式时,会在屏幕底部显示 insert 的提示信息,使用户了解当前所处的模式。信息输入完毕后,按 Esc 键就可以返回命令模式了。因此,在添加文本的工作中,有两点是值得注意的:

* 如何移动光标以及使光标定位。
* 插入命令有哪些。

下面将对以上两点分别详述。

1) 光标的移动和定位

光标的移动命令如下:

* h、j、k、l: 光标向左、下、上、右移动一个字符。
* w: 以单词为单位向后移动光标。
* b: 以单词为单位向前移动光标。
* e: 光标移动到该单词的词尾。
* (、): 光标移动到句首、句尾。
* {、}: 光标移动到段首、段尾。

光标定位命令如下:

* $: 光标移至行尾。

- 0：光标移至行首（注意，这里是数字零，而非字母 o）。
- f 字符：光标移至指定的字符处。
- [n]G：光标定位到第 n 行。其中，n 为数字。未指定 n 时，光标移动到最后一行。

注意：[]代表其中的 n 为可选项，其本身不是需要输入的字符。

在命令模式下，键盘上的某些键也可以实现对光标的定位和移动操作。

- Home 键：光标移动到行首。
- End 键：光标移动到行尾。
- Page Up 键：向上翻页。
- Page Down 键：向下翻页。
- Backspace 键：光标前移一个字符。
- Space 键：光标后移一个字符。
- Enter 键：光标下移一个字符。
- 小键盘中的箭头键（上、下、左、右）：光标按箭头方向移动一个字符。

当文件比较大时，想要快速定位到指定的页时，就需要进行屏幕的滚动操作。除了按 Page Up 键、Page Down 键进行向上翻页和向下翻页外，还可以使用滚屏命令进行操作。常用的滚屏命令如下：

- Ctrl＋U 组合键：向上翻半屏。
- Ctrl＋D 组合键：向下翻半屏。
- Ctrl＋B 组合键：向上翻一屏，功能与按 Page Up 键相同。
- Ctrl＋F 组合键：向下翻一屏，功能与按 Page Down 键相同。

2）常用的插入命令

常用的插入命令如下：

- a：在光标位置后开始接收输入。
- A：在行尾后开始接收输入。
- i：在光标位置前开始接收输入。
- I：在行首前开始接收输入。
- o：在光标所在行之后开辟一个新的空行，并开始接收输入。注意，这里是小写字母，而非数字 0。
- O：在光标所在行之前开辟一个新的空行，并开始接收输入。注意，这里是大写字母，而非数字 0。

可以看出，插入命令都是单字符命令，可实现在当前光标位置处的前面、后面、行首、行尾、上一行、下一行等不同的位置接收用户的输入。另外，按 Insert 键也可以进入插入模式，它的功能与 i 命令相同，都是在光标位置前开始接收用户输入。

下面以图 5-21 所示的 myfile 文件为例进行文本输入命令演示。

图 5-23 所示为 i 命令的示例：光标定位在第二行首，输入 i 后，添加文本"Content："。

图 5-24 所示为 a 命令的示例：光标定位在第二行首，输入 a 后，添加文本 123456。

图 5-25 所示为 o 命令的示例：光标定位在第二行首，输入 o 后，添加文本 123456。

图 5-23　i 命令示例

图 5-24　a 命令示例

图 5-25　o 命令示例

2. 删除文本

删除文本时,一般情况下,要保证当前处于命令模式下。也就是说,当用户在插入模式下进行文本录入的时候,如果要删除某个字符时,要先按 Esc 键,转到命令模式之后,才能使用相关的删除命令进行字符的删除操作。具体步骤如下:

(1) 按 Esc 键。

(2) 移动光标到要删除的字符上,输入删除命令。

常用的删除命令如下:

- x:删除光标处的单个字符。
- X:删除光标左边的单个字符。
- D:删除一行文本。如果光标在文本的中部,则删除此行光标右边的文本。
- dd:删除光标所在行的文本,包括硬回车。
- J:将当前行与下一行合并为一行,即删除当前行的行尾处的换行符,光标置于第二行。
- d+定位符:删除从光标位置到指定位置范围内的字符。常用的有以下 3 个命令:

  d0:删除光标左边的文本。注意,这里是数字 0。

  d$:删除光标右边的文本。

  dG:删除光标所在行之后的所有行。

以上命令前带数字时,表示删除的范围扩大为 n 倍。例如:

2x:删除光标处的两个字符。

5dd:删除 5 行。

在命令模式下,还可以按 Delete 键实现删除光标处的字符,与 x 命令的作用相同。

另外,在插入模式下,键盘上的某些功能键也具有一定的操作意义。下面列出几种常用的功能键及其含义。

- Insert 键:实现插入和覆盖两种编辑状态的转换。

- Backspace 键：删除光标前的字符。
- Space 键：插入空格。
- Enter 键：换行。
- 小键盘的箭头键（上、下、左、右）：光标按箭头方向移动。

下面以图 5-25 所示的 myfile 文件为例进行文本删除命令演示。

图 5-26 为 x 命令示例：光标定位在第 3 行的行首，输入 x，删除光标处的字符。

图 5-26　x 命令示例

图 5-27 为 D 命令示例：光标定位在第 3 行的行首，输入 D，删除一整行的字符。

图 5-27　D 命令示例

3. 文本的替换与修改

文本的替换是用一个字符替换另一个字符，或用多个字符替换一个字符或一行，是一种先删除后插入的操作。用 Esc 键结束替换过程。

文本的修改是改写一部分文本的内容，先删除指定范围内的文本，然后插入新文本。用 Esc 键结束插入过程。

使用替换命令或修改命令，都要在命令模式下进行。因此，在操作前保证处于命令模式是十分必要的。回到命令模式的方式仍然是按 Esc 键。这些命令的具体步骤如下：

(1) 按 Esc 键转换到命令模式。

(2) 光标移动到要替换或修改的位置，输入替换或修改命令和新文本内容。

(3) 按 Esc 键结束替换或插入过程。

1) 常用的替换命令

- s：用输入的新文本替换光标处的字符。新文本可以为一个或多个字符。
- S：用输入的新文本替换光标所在的行。如果不输入新文本，则执行效果就是整行文本都被删除，变成一个空行。
- r：用输入的新字符替换光标处的字符。注意它与 s 命令的不同。
- R：用输入的新文本逐个替换从光标处开始的相应的字符。

下面以图 5-27 所示的 myfile 文件为例进行文本替换命令演示。

图 5-28 为 s 命令的示例：光标定位在第一行的行首，输入 s，再输入一串数字，替换字母 t。

图 5-28　s 命令示例

图 5-29 为 r 命令的示例：光标定位在第一行的行首，输入 r，再输入字母 T，替换字母 t。

2) 常用的修改命令

- c0：修改光标左边的字符。命令中包含的是数字 0(零)，而不是字母。
- c$：修改光标右边的字符。

图 5-29　r 命令示例

- c1：修改光标处的字符。命令中包含的是数字 1,而不是字母。
- cG：修改光标所在行之后的所有行。

下面以图 5-27 所示的 myfile 文件为例进行文本修改命令演示。

图 5-30、图 5-31 所示为输入 c0 后修改光标左边字符的效果。在图 5-30 中,光标定位到第一行的字母 f 处。输入 c0,再将 f 前的字母 y 修改为 $。在图 5-31 中,把第一行字母 f 前的 my 修改成大写字母 MY。

图 5-30　利用 c0 命令把 y 修改为 $

4. 文本的剪切、复制和粘贴

在插入模式下,不允许剪切、复制、粘贴文本。因此,要实现这些操作,应先按 Esc 键,保

图 5-31　利用 c0 命令把 my 修改为 MY

证处于命令模式下，再使用相关命令进行操作。

相关的常用命令如下：

- yy：复制光标所在的行。
- y0：复制光标左边的文本内容。命令中包含的是数字 0（零），而不是字母。
- y$：复制光标右边的文本内容。
- p：粘贴文本到光标处。
- dd：剪切光标所在行的文本。

下面以图 5-27 所示的 myfile 文件为例，利用 dd 和 p 命令进行文本剪切、粘贴。

将光标定位在 myfile 文件的第一行，输入 dd，剪切后的效果如图 5-32 所示。

图 5-32　剪切 myfile 文件第一行后的效果

将光标定位在文件的末尾,输入 p,粘贴后的效果如图 5-33 所示。

图 5-33　把第一行的内容粘贴到文件末尾的效果

　　下面以图 5-27 所示的 myfile 文件为例,利用 yy 和 p 命令进行文本复制、粘贴。将光标定位到文件的第一行,输入 yy,复制本行内容,然后将光标定位到第 3 行,输入 p,实现粘贴功能后的效果如图 5-34 所示。

图 5-34　执行复制、粘贴命令后的效果

5. 撤销与重复执行

　　在对文本的修改操作中,如果想取消刚刚执行的命令,则可以使用 u 命令。u 即 undo 的缩写。如果要重复执行刚才执行过的命令,则可以使用“.”命令。

　　执行这些命令前,要按 Esc 键,保证处于命令模式。

下面以图 5-34 的 myfile 文件为例,进行撤销命令的用法演示。输入 u,撤销刚刚执行的复制、粘贴操作后的效果如图 5-35 所示。

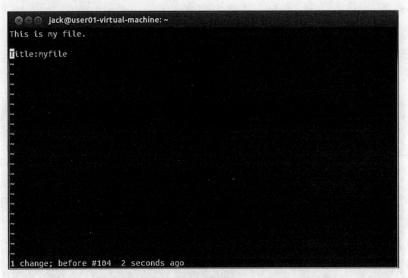

图 5-35　输入 u 撤销复制、粘贴操作后的效果

输入".",重复执行复制、粘贴操作后的效果如图 5-36 所示。

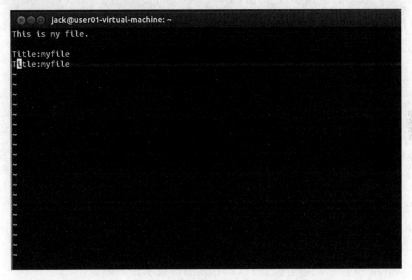

图 5-36　输入"."重复执行复制、粘贴操作后的效果

6. 全文查找与替换

对全文进行查找与替换等操作是在转义模式下进行的,它是对全文实施的控制方式。进入转义模式的方法是:先按 Esc 键进入命令模式,再按转义字符[如冒号(:)、斜线(/)、问号(?)等字符]进入转义模式,然后输入命令,按 Enter 键执行命令。

1) 关键字的查找

要在文件的全文中查找某个关键字,在确保处于命令模式后,执行查找命令"/关键字",

将从当前光标位置处开始查找,如果找到匹配的字符串,则光标将停留在第一个匹配字符串的首字符处。输入 n,可以继续向后查找。

例如,输入/my,光标将从当前位置移动到第一个 my 的首字母 m 上。输入 n,继续向后查找。当搜索到文件尾后,继续输入 n,则返回文件开头继续查找。

下面以图 5-36 所示的 myfile 文件为例,进行全文查找命令的演示,图 5-37 所示为全文查找 my 关键字的结果。

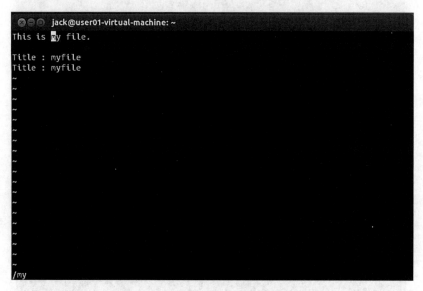

图 5-37　全文查找 my 关键字的结果

2）字符串的替换

在文件中要替换某字符串,同样要在确保处于命令模式后,执行替换命令 s。

命令的格式如下:

:［替换起始处,替换结束处］　s/要被替换的字符串/替换的字符串/［g］［c］

"替换起始处"和"替换结束处"指的是行号的范围。其中,可以用^符号代表全文的首行,用 $ 符号代表全文的末行。

g 选项表示替换目标行中所有匹配的字符串。若没有 g 选项,则只替换目标行中第一个匹配的字符串。

c 选项表示替换以互动的方式进行,即替换前会提示用户确认。

下面以图 5-36 的 myfile 文件为例,进行全文替换。在 vi 中按 Esc 键后,输入如下命令:

:1,$s/Title/Tip/g

按 Enter 键后,就实现了全文替换,把全文中的 Title 替换成 Tip,结果如图 5-38 所示。

7. 保存与退出命令

文件的全局性操作还包括文件的保存与退出,这些操作也是在转义模式下进行的。在使用文件保存与退出的命令前,先按 Esc 键,确保处于命令模式,然后输入转义字符":",再

图 5-38　把全文中的 Title 替换成 Tip 后的结果

输入相关命令，最后按 Enter 键执行命令。

常用的保存及退出命令如下：

: q：如果原文未修改，则不保存文件，直接退出 vi。

: q!：不保存文件，强制退出。"!"表示强制性操作。

: wq!：强制保存文件并退出。

: e!：放弃修改，编辑区恢复为文件的原样。

: w：保存当前文件。

: w 路径/文件名：另存为一个新的文件。相当于"另存为"功能。

图 5-39 所示为"另存为"功能的用法。在 vi 中按 Esc 键后，输入以下命令：

: w/home/jack/newmyfile

该命令把 myfile 文件另存为 newmyfile 文件，并保存在/home/jack 目录下。保存成功后会在 vi 底部给出提示信息，如图 5-40 所示。

8. 高级应用——多窗口编辑

用户在编写一个文件时，有时需要对照和参考另一个文件。vi 提供的高级功能之一就是支持同时打开两个文件，每个文件各占一部分窗口空间，同时展示在用户面前，而且光标可以由用户控制，在两个窗口之间来回切换，用户可以同时对两个文件进行修改、保存、退出等操作，十分方便。具体操作步骤如下：

(1) 在 vi 中依次打开两个文件：

① 在 Shell 中，输入命令

vi 文件 1

打开一个文件 1。

② 在已打开的文件 1 中，按 Esc 键回到命令模式。

图 5-39　把 myfile 文件另存为 newmyfile 文件

图 5-40　保存文件成功提示

③ 输入命令

: sp 文件 2

此时,用户就会看到屏幕被分成上、下两个窗口,上面的窗口展示的是文件 2 的内容,下面的窗口展示的是文件 1 的内容。光标自动停留在文件 2 的开始处。

例如,当前/home/user 目录下存在两个文件 myfile 和 exam,在 Shell 中输入

vi myfile

打开文件 myfile。

在已打开的文件 myfile 中，按 Esc 键回到命令模式后，输入

: sp newmyfile

打开文件 newmyfile。

用两个窗口显示两个文件的效果如图 5-41 所示。

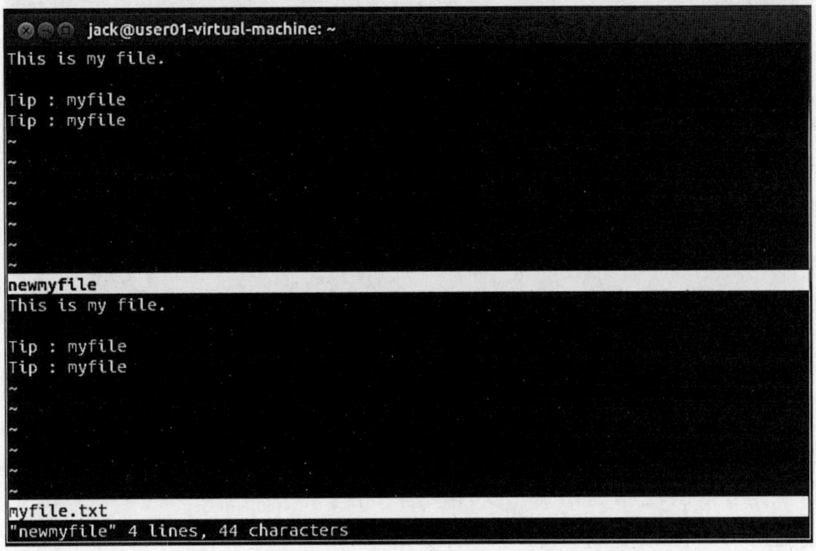

图 5-41　用两个窗口显示两个文件的效果

（2）在两个窗口之间切换光标。在打开文件之后，需要对两个文件分别进行编辑操作，如删除、插入、查找、替换等，这些操作实现的基础都是把光标定位到要进行编辑的文件中。因此，在两个文件之间切换光标就是要进行的第一步。具体的操作如下：

- 如果当前光标处于下面的窗口中，则按 Esc 键、Ctrl＋W 组合键、k 键，使光标定位到上面的窗口中。
- 如果当前光标处于上面的窗口中，则按 Esc 键、Ctrl＋W 组合键、j 键，使光标定位到下面的窗口中。

以图 5-41 为例，可以看到，开始时光标定位在上面窗口的 newmyfile 文件的开头。现在进行光标位置的切换，让光标定位到下面窗口的 myfile 文件的开头。按 Esc 键，然后按 Ctrl＋W 组合键，最后按 j 键，将光标定位到下面的窗口中。

（3）全文复制功能。如果在编辑某个文件时，要把另一个窗口的文件全文复制到当前文件中，则需要在命令模式下输入 r 命令进行操作，格式如下：

: r 被复制的文件名

执行结束后，就可以看到另一个文件的全文已经被复制到当前文件中。

例如，在 myfile 文件中，把 newmyfile 文件的全文复制过来。将光标切换到下面的窗口后，按 Esc 键，输入命令

: r newmyfile

图 5-42 所示为全文复制命令的效果。

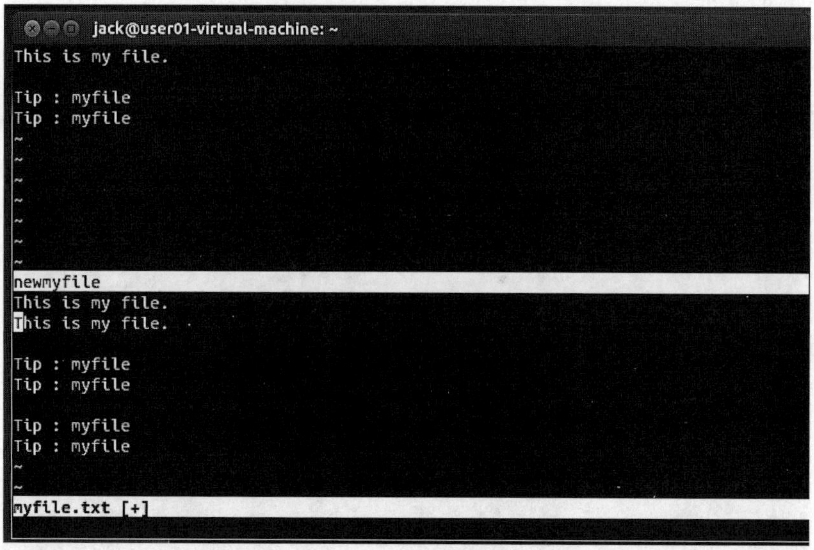

图 5-42　全文复制命令的效果

（4）关闭窗口。当多个窗口中的文件全部编辑完毕后，就要退出 vi。在多窗口模式下，退出 vi 的方法是：依次使用退出命令关闭所有文件。

9. 高级应用——区域复制

通常来说，vi 的编辑功能是以文件的行为基础进行的，但有时可能需要对文件的某些行中的某些列构成的区域进行复制，这就需要采用区域复制的功能来实现。

区域复制的具体操作步骤如下：

（1）打开文件，将光标移动到需要复制的第一行。

（2）按 Esc 键，确保当前处于命令模式，再按 Ctrl＋V 组合键。

（3）使用小键盘的箭头键进行区域选取。

（4）按 y 键结束区域选取。

（5）将光标移至目标位置，按 p 键实现区域复制。

例如，在 vi 中打开 myfile 文件，按 Esc 键后，按 Ctrl＋V 组合键，并通过小键盘的箭头键进行区域选取，选取的范围如图 5-43 所示。

按 y 键，结束区域选取。再把光标定位到文件末尾，按 p 键实现区域复制，效果如图 5-44 所示。

10. 高级应用——在 vi 中实现与 Shell 的交互

在利用 vi 进行文件的编辑时，如果需要执行 Shell 命令，可以在不退出 vi 的情况下进行。在命令模式下，使用！命令来访问 Shell。命令的格式如下：

:!Shell 命令

执行的结果将显示在 vi 中。按 Enter 键，即可继续进行编辑工作。

例如，在用 vi 编辑 myfile 文件时，想查看今天的日期，则在按 Esc 键后，输入 Shell 命令：! date，如图 5-45 所示。此时，就会显示系统的日期和时间，效果如图 5-46 所示。

此时，按 Enter 键，就重新回到了 vi 中，可以继续编辑 myfile 文件了。

图 5-43　选取区域

图 5-44　区域复制的效果

图 5-45 在 vi 中输入 Shell 命令

图 5-46 Shell 命令执行的效果

5.3 Gedit 文本编辑器

Gedit 是一个图形化的文本编辑器,其使用方便、直观,可以打开、编辑并保存纯文本文件。它还支持剪切和粘贴文本、创建新文本、打印等功能,是一个方便易用的编辑器软件。它的具体操作与 Windows 下的记事本程序十分相似,因此,对于熟悉 Windows 的用户而言,对 Gedit 也不会感到陌生。但 Gedit 与 Windows 记事本程序还是略有不同。例如,Gedit 采用标签页的形式展现在用户面前,因此,如果用户打开了多个文本文件,并不需要打开多个 Gedit 窗口,只需要在一个 Gedit 窗口中利用标签页在不同文件之间切换即可。

如何启动 Gedit 呢? Gedit 是随着 Ubuntu 系统的安装过程自动安装的。因此,启动 Ubuntu 后,只需要像启动 Windows 系统中的记事本一样,经过几个简单的步骤就可以找到并启动 Gedit。单击 Ubuntu 主界面左下角的图标，就会看到常用的应用程序图标集合,其中就有 Gedit(中文名称为文本编辑器)的图标。也可以在搜索框中输入 gedit,再单击 Geidt 图标,就可以启动它了,如图 5-47 所示。当然,还可以通过 Shell 来启动 Gedit。在 Shell 提示符下,输入 gedit 命令也可以启动 Gedit,如图 5-48 所示。注意,Gedit 只能在图形化桌面环境下运行。Gedit 的主界面如图 5-49 所示。

图 5-47　通过 Dash 主页启动 Gedit

图 5-48　通过 Shell 命令启动 Gedit

当 Gedit 启动后,顶部的工具栏有“打开”按钮、“新建”图标、“保存”按钮,以及下拉菜单按钮。下方是空白的编辑区,这就是用户进行操作的主要工作区域。这时就可以直接在该区域中进行文本的编写;或者单击工具栏左端的“打开”按钮,打开要进行修改或编辑的文本;或者单击“新建”图标,新建一个新文档。单击工具栏右端的下拉菜单按钮可以完成另存为、查找、跳转行、关闭等操作。“打开”按钮还提供了方便的查找定位目录以及文件的功能,便于用户寻找想要的文件,如图 5-50 所示。

当文件被加载后,就可以在图 5-49 所示的主编辑区域中看到文件的内容了,这时就可以进行文本的修改等工作了。如果文件很长,一页显示不完,用户可以单击并按住窗口右侧的滚动条,通过上下移动光标来查看文件的所有内容;也可以使用键盘上的向上箭头、向下

图 5-49　Gedit 的主界面

图 5-50　"打开"按钮的文件查找定位功能

箭头的按键进行文本的滚动翻页；还可以采用 Page Up、Page Down 键，以页为单位进行滚动翻页。

当文本文件被写入或修改后，用户可以通过单击工具栏上的"保存"按钮或者下拉菜单中的"保存"命令进行文本的保存。如果保存的是一个新创建的文件，系统会弹出一个对话框,提示用户给新文件命名,并选择要保存的路径,即文件要保存在系统中的位置。"保存"下拉菜单中还有一项功能是"另存为",这项功能可以把某个已经存在的文件保存到一个新路径下,或者进行重新命名。这样,对"另存为"之后的文件进行修改或编辑,就不会影响原文件了。这项功能为用户修改配置文件提供了方便。保存新文件,如图 5-51 所示。

图 5-51　保存新文件的对话框

5.4　Shotwell 照片管理器

Shotwell 是 Linux 下预装的照片管理器,适用于 GNOME 桌面环境。它是一个方便易用的照片管理工具,广泛支持各种数字照相设备,用户只要连上相机或者手机,就能轻松地传输、分享和存储照片。如果用户需要深度处理照片,也可以到 Ubuntu 软件中心下载并尝试其他的图像处理软件。Ubuntu 18.04 LTS 也支持 GIMP 图像编辑器、Pitivi 视频编辑器。

Shotwell 是 Ubuntu 系统下的预装软件,会在系统的安装过程中自动安装。因此,单击 Ubuntu 主界面左下角的显示应用程序图标▦,在搜索框中输入 Shotwell,单击 Shotwell 图标就可以启动该软件,如图 5-52 所示。当然,还可以通过 Shell 终端启动 Shotwell,方法

图 5-52　搜索并启动 Shotwell

是在 Shell 提示符下输入 shotwell 命令。Shotwell 的主界面如图 5-53 所示。

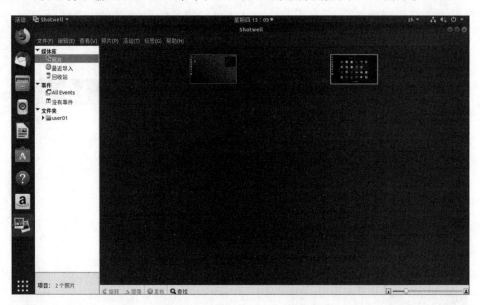

图 5-53　Shotwell 的主界面

　　Shotwell 照片管理器可以完成大量的照片处理工作，如剪裁、校正、调整角度、去除红眼等。Shotwell 照片管理器的常用操作都可以通过界面顶端的菜单栏和下方的工具栏进行。菜单栏包括"文件""编辑""查看""照片""帮助"等功能，工具栏包括"旋转""剪裁""校正""红眼""调整""增强"等功能。

1. 打开照片

　　单击选择要打开的照片，右击，从弹出的快捷菜单中选择"打开方式"→"Shotwell 照片管理器"选项，就可以启动 Shotwell 并打开照片，如图 5-54 所示。

图 5-54　打开照片

2. 剪裁照片

在图 5-55 中，单击主界面下方工具栏的"剪裁"按钮，弹出剪裁浮动工具栏，同时照片上出现一个矩形选择框，如图 5-55 所示。将鼠标移动到矩形选择框的边缘，鼠标指针变形，指示可以拖动矩形的一边，改变剪裁范围。单击剪裁浮动工具栏上的剪裁尺寸选择下拉列表，有多种预定义剪裁尺寸供用户选择，如图 5-56 所示。此项功能可以方便地把照片处理成证件照，或用于冲印特定尺寸的照片。

图 5-55　剪裁功能

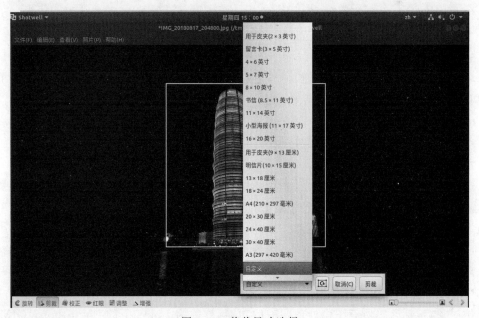

图 5-56　剪裁尺寸选择

3. 照片校正工具

单击下方工具栏的"校正"按钮,弹出角度校正浮动工具栏,如图 5-57 所示。该工具栏上有"角度"滑块,可以调整照片偏转的角度。这在纠正因拍照时角度不正确造成的照片倾斜问题时十分有用。

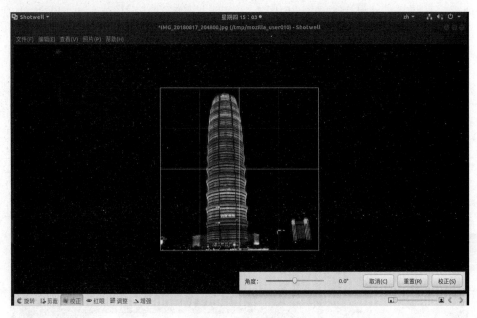

图 5-57　照片校正

4. 消除红眼功能

单击下方工具栏的"红眼"按钮,弹出红眼消除浮动工具栏,同时照片上出现一个圆圈。用鼠标将圆圈拖到红眼所在位置,然后用红眼消除浮动工具栏上的滑块调整圆圈的大小。单击"应用"按钮,就会发现,红眼已经被消除了。

5. 强大的调整功能

单击下方工具栏的"调整"按钮,弹出色彩色度浮动工具栏,可以调整照片的曝光值、色彩饱和度、色调、色温、阴影、亮度等参数。

6. 一键增强功能

单击下方工具栏的"增强"按钮,照片的对比度观感随即增强,效果非常明显。

7. 打印功能

选择"文件"→"打印"菜单命令,即弹出"打印"对话框,如图 5-58 所示。打印对话框有"常规""页面设置""图像设置"3 个选项卡,可以根据需要方便地调整打印尺寸、分辨率、页边距等,便于用户打印出满意的照片。

Ubuntu 18.04 LTS 也支持 GIMP 图像编辑器、Pitivi 视频编辑器。GIMP 是免费的图像处理软件,GIMP 是 GNU Image Manipulation Program(GNU 图像处理程序)的缩写,通过 GNU 版权模式来发行和维护。在设计之初,GIMP 即以 Adobe 公司的 Photoshop 软件为模仿对象,包括几乎所有图像处理所需的功能,被称为 Linux 下的 Photoshop。GIMP 在 Linux 系统推出时就深受许多绘图爱好者的喜爱,它的接口相当轻巧,但其功能可以与专业

图 5-58　"打印"对话框

的绘图软件相媲美;它提供了各种影像处理工具、滤镜,还有许多组件模块。Pitivi 视频编辑器提供给用户一个自己创建和编辑电影的平台。GIMP 图像编辑器和 Pitivi 视频编辑器在 Ubuntu 18.04 LTS 中没有预安装,需要单独安装。如果用户想体验 GIMP 图像编辑器,可以在界面左侧的 dock 面板中单击 Ubuntu 软件中心图标,打开 Ubuntu 软件中心,单击"全部"选项卡,在搜索栏中输入 GIMP,系统将搜索出 PhotoGIMP,如图 5-59 所示。单击该软件进行安装即可,如图 5-60 所示。

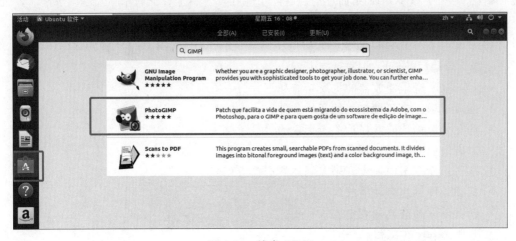

图 5-59　搜索 GIMP

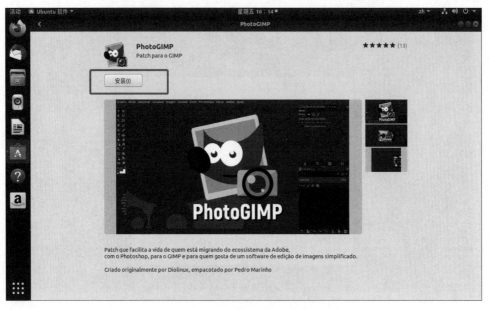

图 5-60 安装 PhotoGIMP 软件

5.5 多媒体播放软件

5.5.1 Rhythmbox 音乐播放器

Rhythmbox 是 Linux 下的音乐播放和管理软件,是 Ubuntu 发行版默认预安装的音乐播放器,主要用于 GNOME 桌面环境。它除了能在计算机上存储音乐,也支持网络共享、播客、电台,便携式音乐设备(包括手机)和互联网音乐服务。它可以播放各种音频格式的音乐,管理收藏的音乐。可以通过单击窗口左侧的 Rhythmbox 图标 ◉ 来启动 Rhythmbox 音乐播放器。启动后的界面如图 5-61 所示。

Rhythmbox 音乐播放器的主要功能如下:

* 播放音乐库中各种格式的音乐文件。
* 通过元数据读取并显示关于音乐的信息。
* 以有组织的视图显示音乐。
* 从音乐库视图中拖曳音乐以创建静态播放列表。
* 根据条件创建自动播放列表。
* 在音乐库和播放列表中搜索音乐。
* 收听 Internet 电台。
* 读取音频光盘,并从网上获取音轨标题等信息。
* 将播放列表刻录成音频光盘。

5.5.2 Totem 电影播放器

在 Ubuntu 中,还预装了一个著名的媒体播放器——Totem,也称为 Videos。Totem

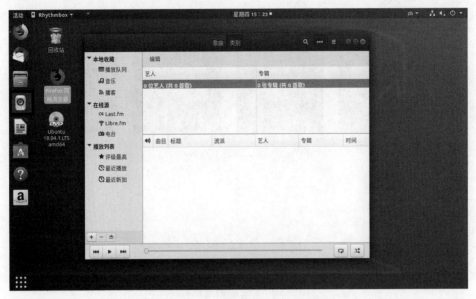

图 5-61　Rhythmbox 音乐播放器的界面

是一款基于 GNOME 桌面环境的媒体播放器,使用 Gstreamer 或 Xine 作为多媒体引擎,可运行在 Linux、Solaris、BSD 以及其他 UNIX 系统中。Totem 遵守 GNU 通用公共许可协议。它支持搜索本地视频、DVD、本地网络共享(基于 UPnP/DLNA),并支持大量网站上的精华视频。Totem 还有一些其他功能,例如字幕下载器、DVD 刻录、文件浏览器的视频缩略图生成器、文件属性标签等。

Totem 的启动方式,单击 Ubuntu 主界面左下角的显示应用程序图标 ,在搜索框中输入 totem,单击 Totem 图标 就可以启动 Totem,如图 5-62 所示。当然,还可以通过 Shell 终端来启动 Shotwell。在 Shell 命令提示符下,输入 totem 命令也可以启动 Totem。Totem 的运行界面如图 5-63 所示。

图 5-62　搜索 Totem

Totem 软件具有以下特点:

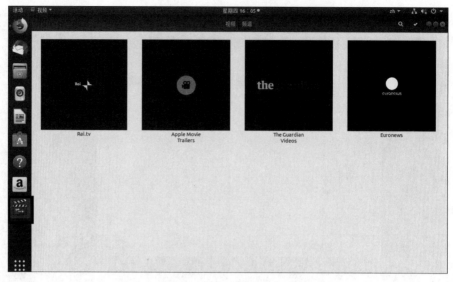

图 5-63　Totem 的运行界面

- 可选择使用 Gstreamer 或 Xine 作为多媒体引擎。
- 与 GNOME 及 Nautilus 紧密结合。
- 可以在 Xinerama 桌面环境中实现全屏幕。
- 支持双头输出,视口可改变长宽比。
- 自动调整影片画面大小。
- 支持多语种及字幕,可自动加载外挂字幕。
- 支持 4.0、4.1、5.0、5.1 声道,支持立体声与 AC3 音频输出。
- 可设定电视输出。
- 支持 Linux 红外模块控制(Linux Infrared Remote Control,LIRC)。
- 支持 SHOUTcast、m3u、asx、SMIL 与 RealAudio 播放列表。
- 提供可重播及暂停模式的播放列表,可用鼠标改变播放顺序。
- 可用 Gromit 支持 Telestrator。
- 有图示预览动画功能。
- 支持东亚地区书写方向从右至左的语言。

Totem 的常用快捷键及功能说明如表 5-6 所示。

表 5-6　Totem 的常用快捷键及功能说明

快 捷 键	功 能 说 明
I	隔行扫描开或关
A	循环改变纵横比(每按一次改变一种纵横比)
P	暂停(暂停后再按一次 P 则为开始)
Esc	退出全屏
F	全屏(全屏状态下再按一次下则退出全屏)

快 捷 键	功 能 说 明
H	只显示播放画面,隐藏控制栏和菜单栏(隐藏状态下再按一次 H 则显示控制栏和菜单栏)
0	原始画面的一半
1	原始画面
2	原始画面放大到两倍
r	放大画面
t	缩小画面
d	开始和停止 telestrator(画面标记)模式(即可在视频画面上画图)
e	擦除 telestrator 模式在画面上的画图结果
←	后退 15s
→	快进 1min
Shift+←	后退 5s
Shift+→	快进 15s
Ctrl+←	后退 3min
Ctrl+→	快进 10min
↑	提升音量 8%
↓	降低音量 8%
b	跳到播放列表的上一个文件并开始播放
n	跳到播放列表的下一个文件并开始播放
q	退出 Totem
Ctrl+E	释放挂载的媒体(硬盘、USB、光盘等)
Ctrl+O	打开一个新文件
Ctrl+L	打开一个新 URL

本 章 小 结

本章介绍了 Ubuntu 下的常用工具软件的使用。在 LibreOffice 软件包的使用中介绍了 Writer、Calc、Impress、Draw 的功能和常用方法。对于用户常用的文本编辑操作工具,介绍了非图形化的 vi 文本编辑器和图形化的文本编辑器 Gedit 的使用方法。熟练掌握 vi 编辑器的使用方法,对用户使用 Linux 系统具有重要的作用。此外,还介绍了 Shotwell 照片管理器、Rhythmbox 音乐播放器和 Totem 电影播放器等工具的使用。这些常用工具软件可以为用户的系统操作带来更多的便利和乐趣。

实　验　5

题目 1：练习图形化编辑器的使用。

要求：

（1）打开 Gedit 图形编辑器。

（2）编写一个 C 语言的小程序，输出"hello world"。

（3）保存该程序，文件名为 hello.c，保存位置为当前用户的主目录。

题目 2：练习 vi 编辑器的使用。

要求：

（1）打开终端，利用 vi 编辑器新建一个空文件 song.txt 并将其打开。

（2）在该文件中输入以下文字：

```
a song of Indian boys
one little, two little, three little Indians
four little, five little, six little Indians
seven little, eight little, nine little Indians
ten little Indian boys
```

（3）将第三行文本复制到第四行的下面。

（4）把全文中的 little 替换为 ok。

（5）删除第一行文本。

（6）保存文件并退出 vi 编辑器。

习　题　5

（1）在 Ubuntu 中编辑文本的常用工具有哪些？

（2）vi 编辑器的工作模式有哪几种？它们之间如何实现转换？

（3）LibreOffice 与 Microsoft Office 办公软件的不同之处有哪些？

（4）如何使用 Shotwell 照片管理器剪裁照片尺寸？

（5）如何使用 Rhythmbox 音乐播放器在音乐库和播放列表中搜索歌曲？

第6章　进程管理与系统监控

一个具有较好的安全性和稳定性的系统是用户所需要的。无论进行何种操作和业务处理,用户都希望系统始终处于安全、稳定的状态。因此,及时地进行系统的进程管理和系统监控工作是保证系统安全、稳定的必要手段。对进程进行监控,了解和查看系统日志文件,使用系统监视器监控系统运行状况,获知内存以及磁盘空间的信息,等等,可以为用户掌握系统运行状况提供可靠的信息。

6.1　进程管理

6.1.1　什么是进程

进程的概念最早出现在 20 世纪 60 年代,此时操作系统已经进入多道程序设计的时代。程序的并发执行不仅提高了系统的执行效率,也带来了资源利用率的极大提高。与此同时,并发程序的执行过程也变得更加复杂,其执行结果不可再现。为了更好地研究、描述和控制并发程序的执行,在操作系统中引入了进程的概念。进程概念的引入使多道程序的并发执行有了可控性和可再现性。

1. 进程的概念

进程(process)通常被定义为可并发执行的、具有一定功能的程序段在给定数据集上的一次执行过程。简而言之,进程就是程序的一次运行过程。

进程和程序的概念既相互联系又相互区别。

(1) 联系。程序是构成进程的组成部分之一,一个进程的运行目标是执行它所对应的程序,如果没有程序,进程就失去了其存在的意义。从静态的角度看,进程是由程序、数据和进程控制块 3 部分组成的。

(2) 区别。程序是静态的,而进程是动态的。进程是程序的执行过程,因而进程是有生命期的,有诞生,也有消亡。因此,程序的存在是永久的;而进程的存在是暂时的,它动态地产生和消亡。一个进程可以执行一个或几个程序,一个程序也可以构成多个进程。例如,一个编译进程在运行时要执行词法分析、语法分析、代码生成和优化等几个程序;一个编译程序可以同时生成几个编译进程,为几个用户服务。进程具有创建其他进程的功能,被创建的进程称为子进程,创建者称为父进程,从而构成进程家族。

进程还有其他的定义,其中较典型的定义如下:

* 进程是程序的一次执行。
* 进程是一个程序及其数据在处理机上顺序执行时所发生的活动。
* 进程是程序在一个数据集合上运行的过程,它是系统进行资源分配和调度的一个独立单位。
* 进程是可以和其他计算并发执行的计算。

- 进程是可并发执行的程序在一个数据集合上的运行过程。

2. 进程的特征

进程的定义形式多种多样,但是,这些定义都指明了进程的共同特征。只有真正了解进程的基本特征,才能真正理解进程的含义。进程具有以下几个基本特征:

(1) 动态性。进程的实质是程序的一次执行过程,因此,动态性是进程最基本的特征。动态性还表现为:它由创建而产生,由调度而执行,由撤销而消亡。可见,进程有一定的生命期。而程序只是一组有序指令的集合,并存放于某种介质上,本身并无运动的含义,因此是静态的。

(2) 并发性。这是指多个进程能在一段时间内同时运行。并发性是进程的重要特征。引入进程的目的也正是为了使其程序能和其他进程的程序并发执行。而程序(没有建立进程时)是不能并发执行的,即程序不反映执行过程的动态性。

(3) 独立性。这是指进程是一个能独立运行、独立分配资源和独立调度的基本单位,凡未建立进程的程序,都不能作为一个独立的单位参加运行。只有进程有资格向系统申请资源并获得系统提供的服务。

(4) 异步性。这是指进程按各自独立的、不可预知的速度向前推进,或者说进程按异步方式运行。

(5) 结构性。为使进程能独立运行,应为之配置一个称为进程控制块(Process Contgrol Block,PCB)的数据结构。这样,从结构上看,进程由程序段、数据段及 PCB 这 3 部分组成,UNIX 系统中把这 3 部分称为进程映象。

3. 进程的基本状态及其转换

1) 进程的基本状态

由进程运行的间断性,决定了进程至少具有下述 3 种基本状态:

(1) 就绪状态。当进程已分配到除处理机以外的所有必要的资源后,只要能再获得处理机,便能立即执行,进程这时的状态称为就绪状态。在一个系统中,可以有多个进程同时处于就绪状态,通常把它们排成一个队列,称为就绪队列。

(2) 执行状态。指进程已获得处理机,其程序正在执行。在单处理机系统中,同一时刻只能有一个进程处于执行状态。

(3) 阻塞状态。进程因发生某事件(如请求 I/O、申请缓冲空间等)而暂停执行时,即进程的执行受到阻塞,称这种状态为阻塞状态,有时也称为等待状态或睡眠状态。通常将处于阻塞状态的进程排成一个队列,称为阻塞队列。

2) 进程状态的转换

处于就绪状态的进程,在进程调度程序为之分配了处理机之后,便由就绪状态转变为执行状态。正在执行的进程也称为当前进程。如果一个进程因时间片已用完而被暂停执行,该进程将由执行状态转变为就绪状态;如果因发生某事件而使一个进程的执行受阻(例如,进程请求访问某临界资源,而该资源正被其他进程访问),使之无法继续执行,该进程将由执行状态转变为阻塞状态。图 6-1 给出了进程的

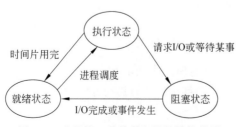

图 6-1 进程的 3 种状态之间的转换关系

3 种状态之间的转换关系。

需要说明的是,处于执行状态的进程因等待某事件而变为阻塞状态时,当等待的事件发生之后,被阻塞的进程并不恢复到执行状态,而是先转变到就绪状态,再由调度程序重新调度执行。原因很简单,当该进程被阻塞后,进程调度程序会立即把处理机分配给另一个处于就绪状态的进程。

4. 进程控制块

1) 进程控制块的作用

为了描述和控制进程的运行,系统为每个进程定义了一个数据结构,该数据结构被称为进程控制块(PCB)。所谓系统创建一个进程,就是由系统为某个程序设置一个 PCB,用于对该进程进行控制和管理。进程任务完成后,由系统收回其 PCB,该进程便消亡。系统根据 PCB 来感知相应进程的存在,因此 PCB 是进程存在的唯一标志。

2) 进程控制块中的内容

PCB 中包含了进程的描述信息和控制信息。

PCB 的内容主要包括描述信息、现场信息和控制及资源管理信息。

(1) 描述信息。这一部分信息量的多少由操作系统的设计者决定。主要包括进程标识号和家族关系。

- 进程标识号。用于唯一地标识一个进程。包括内部标识号和外部标识号。在所有操作系统中,都为每个进程赋予一个唯一的数字标识号,它通常是一个进程的序号。因此,设置内部标识号主要是为了方便系统使用。外部标识号是由创建者提供的,通常由字母、数字所组成,往往供用户(进程)在访问该进程时使用。
- 家族关系。用于说明本进程与其他家族成员之间的关系,例如指向父进程及子进程的指针。因此,PCB 中应该有相应的项描述其家族关系。

(2) 现场信息。这一部分信息量的多少依赖于 CPU 的结构。主要包括现行状态、现场保留区、程序和数据地址。

- 现行状态。说明进程的当前状态,作为调度程序分配处理机的依据。当进程处于阻塞状态时,要在 PCB 中说明阻塞的原因。
- 现场保留区。用于保存进程由执行状态变为阻塞状态时的 CPU 现场信息,例如程序状态字、通用寄存器、指令计数器等的内容。
- 程序和数据地址。记录该进程的程序和数据存放在内存或外存中的地址,用以把 PCB 与其程序和数据联系起来。

(3) 控制及资源管理信息。主要包括进程的优先级、互斥与同步机制、资源清单和链接字。

- 进程的优先级。表示进程使用 CPU 的优先级的整数。优先级高的进程可优先获得 CPU。
- 互斥与同步机制。实现进程间的互斥与同步的机制,例如信号量或锁等。
- 资源清单。列出进程所需资源及当前已获得的资源。
- 链接字。也称为进程队列指针,它给出了本进程所在队列中的下一个进程的 PCB 首地址。

总之,PCB 是系统感知进程存在的唯一实体。通过对 PCB 的操作,系统为有关进程分配资源,从而使得有关进程得以被调度执行;而完成进程所要求功能的程序段的有关地址,以及程序段在进程执行过程中因某种原因被停止后的现场信息也都保存在 PCB 中;当进程执行结束后,系统通过收回 PCB 来释放进程所占有的各种资源。

6.1.2 进程的启动

启动进程的过程即启动程序或者命令的过程。通常,程序和命令保存在磁盘上,当在命令行中输入一个可执行程序的文件名或者命令并按 Enter 键后,Linux 系统内核就把该程序或者命令的相关代码加载到内存中并开始执行。系统会为该程序或者命令创建一个或者多个相关的进程,以完成程序或者命令规定的任务。

启动进程的方式分为前台方式和后台方式两种。

1. 以前台方式启动进程

打开系统终端,在终端窗口的命令行提示符后输入 Linux 命令并按 Enter 键,就以前台方式启动了一个进程。例如,输入命令

```
vi story
```

就以前台方式启动了一个进程,该进程专门负责执行 vi 编辑器程序。在该进程还未执行完时,可按 Ctrl+Z 组合键将该进程暂时挂起,然后使用 ps 命令查看该进程的有关信息。

ps 命令的格式如下:

```
ps [选项]
```

各选项的作用如表 6-1 所示。

表 6-1　ps 命令中各选项的作用

选　项	作　用	选　项	作　用
-e	显示所有进程	a	显示所有终端的所有进程
-f	以全格式显示所有进程	u	以面向用户的格式显示所有进程
-r	只显示正在运行的进程	x	显示所有不占用终端的进程
-o	以用户定义的格式显示所有进程		

ps 命令默认只显示在本终端上运行的进程,除非指定了-e、a、x 等选项。

当没有指定显示格式时,ps 命令采用默认格式,分 PID、TTY、TIME、CMD 4 列显示进程。各列的含义如表 6-2 所示。

表 6-2　默认格式各列的含义

列	含　义
PID	进程标识号
TTY	进程对应的终端,"?"表示该进程不占用终端
TIME	进程累计使用的 CPU 时间
CMD	进程执行的命令名

指定-f 选项时,采用全格式,分 UID、PID、PPID、C、STIME、TTY、TIME、CMD 8 列显示进程。其中,UID、PPID、C、STIME 这 4 列的含义如表 6-3 所示。

表 6-3　全格式中 UID、PPID、C、STIME 列的含义

列	含　义	列	含　义
UID	进程属主的用户名	C	进程最近使用的 CPU 时间
PPID	父进程的标识号	STIME	进程开始时间

其余 4 列含义见表 6-2。

指定 u 选项时,采用用户格式,分 USER、PID、%CPU、%MEM、VSZ、RSS、TTY、STAT、START、TIME、COMMAND 11 列显示进程。其中,USER、%CPU、%MEM 等 8 列的含义如表 6-4 所示。

表 6-4　用户格式中 USER、%CPU、%MEM 等 8 列的含义

列	含　义
USER	同 UID
%CPU	进程占用 CPU 的时间与进程总运行时间之比
%MEM	进程占用的内存与总内存之比
VSZ	进程占用虚拟内存的大小,以 KB 为单位
RSS	进程占用实际内存大小,以 KB 为单位
STAT	进程当前状态,用字符表示。其中,R 为执行态,S 为睡眠态,D 为不可中断睡眠态,T 为暂停态,Z 为僵死态
START	同 STIME
COMMAND	同 CMD

其余 3 列的含义见表 6-2。

例如,以前台方式启动进程,输入以下命令:

```
vi story
```

按 Ctrl+Z 组合键将该进程暂时挂起,然后使用 ps 命令查看该进程的有关信息。执行过程及结果如图 6-2 所示。

上面以命令方式打开 vi 编辑器程序,启动 vi 编辑器进程。通过按 Ctrl+Z 组合键挂起该进程,系统提示"[1]+　Stopped　　vi story"。不带选项的 ps 命令以默认格式(4 列)显示当前终端的进程信息。其中,vi 进程的 PID(即进程标识码,也称为进程号)是 1537。带-f 选项的 ps 命令以全格式(8 列)显示进程信息,被挂起的 vi 进程的 PID 仍是 1537。进程号可以唯一地标识一个进程。

2. 以后台方式启动进程

在终端以后台方式启动进程,需要在执行的命令后面添加 & 符号。

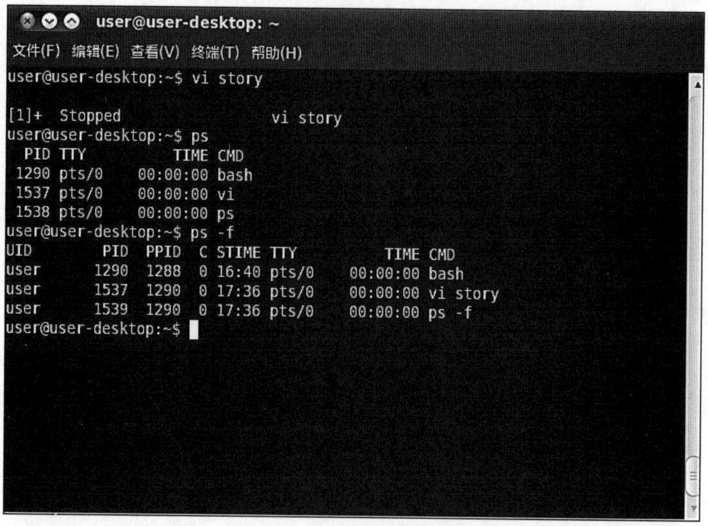

图 6-2　以前台方式启动进程并使用 ps 命令查看进程的信息

例如，在终端输入命令

```
vi  song&
```

按 Enter 键，将从后台启动一个 vi 编辑器进程。系统显示如图 6-3 所示。

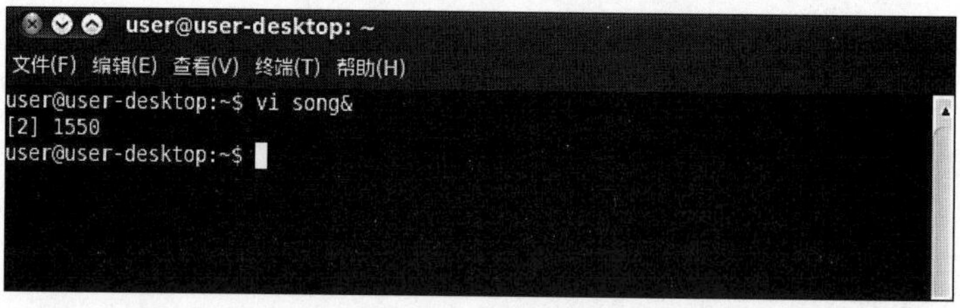

图 6-3　以后台方式启动进程

第 2 行中的数字 2 表示该进程是运行于后台的第 2 个进程，数字 1550 是该进程的 PID。第 3 行中出现了 Shell 提示符，表示已返回前台。此时，再执行 ps 命令，能够看到现在系统中有两个 vi 进程，它们的 PID 是不同的。PID 为 1537 的进程是刚刚被挂起的进程，PID 为 1550 的进程是以后台方式启动的进程。此时，执行 jobs 命令还可以查看当前终端的后台进程，如图 6-4 所示。可以看到，当前有两个后台进程。

在前台运行的进程是正在进行交互操作的进程，它可以从标准输入设备接收输入，并将输出结果送到标准输出设备。在同一时刻，只能有一个进程在前台运行，而在后台运行的进程一般不需要进行交互操作，不接收终端的输入。通常情况下，可以让一些运行时间较长，而且不接收终端输入的程序以后台方式运行，让操作系统调度它的执行。

6.1.3　进程的调度

在 Linux 系统中，多个进程可以并发执行。但如果系统中并发执行的进程数量过多，会造成系统的整体性能下降。因此，用户可以根据一定的原则，对系统中的进程进行调度，例如终止进程、挂起进程、改变进程优先级等。root 用户或者普通用户都可以进行这种操作，

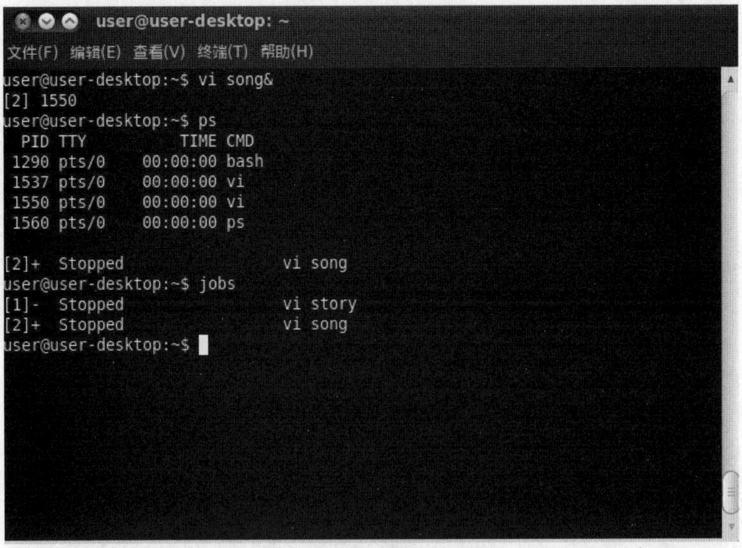

图 6-4　前台进程和后台进程的信息

调度进程的执行。

1. 改变进程的优先级

在 Linux 系统中，每个进程都有特定的优先级。系统在为进程分配 CPU 等资源时，是通过优先级来进行判断的。优先级高的进程可以优先执行。通常，用户进程执行的优先级是相同的，但是可以使用命令来改变某些进程的优先级。

1）ps 命令

在终端下，输入 ps -l 命令可以查看当前用户进程的优先级，如图 6-5 所示。

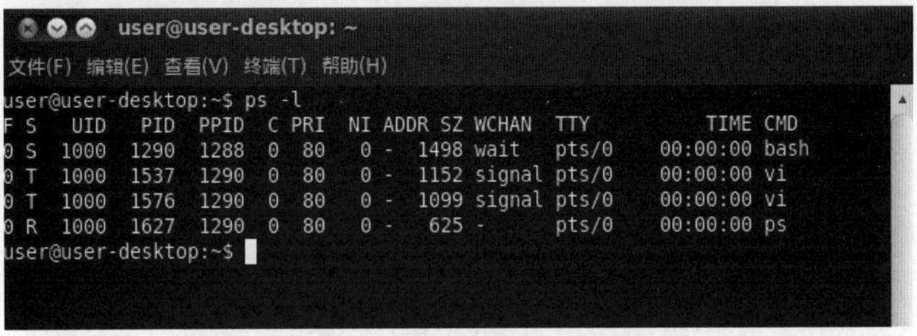

图 6-5　利用 ps 命令查看当前用户进程的优先级

在图 6-5 中，PRI 和 NI 两列是与进程优先级有关的信息。PRI 表示进程的优先级，是由操作系统动态计算的，是进程的实际优先级。NI 表示进程的请求优先级，它由进程拥有者或者超级管理员进行设置，NI 会影响到进程的实际优先级。

2）nice 命令

【功能】　在启动进程时指定进程的请求优先级。

【格式】　nice［选项］命令

【说明】　常用的选项是 -n，n 值表示请求优先级，n 值的范围为 -20～19。n 值越小，请求优先级越高。即，-20 代表最高的请求优先级，19 代表最低的请求优先级。如果不加该选项,默认请求优先级为 10。

默认情况下,只有 root 用户才能提高进程的请求优先级,普通用户只能降低进程的请求优先级。

【示例】 以后台方式启动 vi 进程,并使用 nice 命令将 vi 进程的请求优先级设置为13,最后查看设置的结果。执行过程如图 6-6 所示。

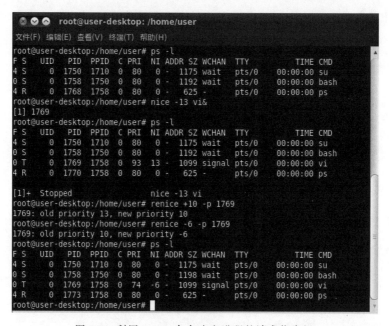

图 6-6　设置并查看进程的优先级

3）renice 命令

【功能】　在进程执行时改变请求优先级。

【格式】　renice［+/-n］［-g 命令名 …］［-p 进程标识号 …］［-u 进程所有者 …］

【说明】　可以通过命令名、进程标识号、进程所有者指定要改变的进程的请求优先级。

【示例】　利用 renice 命令改变进程的请求优先级。执行过程如图 6-7 所示。

图 6-7　利用 renice 命令改变进程的请求优先级

以 root 用户身份,先利用 nice 命令为后台启动 vi 进程设置请求优先级为 13。可以看

· 178 ·

到,后台运行的 vi 进程的 PID 为 1769。使用 ps -l 命令查看结果。然后使用 renice 命令把 vi 进程的请求优先级改变为 10,再使用 renice 命令把 vi 进程的请求优先级改变为−6,最后使用 ps -l 命令查看改变后的效果。

2. 挂起和激活进程

一个处于执行状态的进程被挂起时,会被系统自动转到后台,处于暂停状态;在合适的时候再被激活,恢复执行状态。

要挂起当前正在运行的前台进程,可通过按 Ctrl+Z 组合键来实现。要激活被挂起的进程,可以采用两种方式:

- fg 命令:使被挂起的进程返回前台运行。
- bg 命令:激活被挂起的进程,使之在后台运行。

1) fg 命令

【功能】 使被挂起的进程返回前台运行。

【格式】 fg [参数]

【参数】 数字 n,代表进程序列号。

【示例】 在前台启动 vi 编辑器进程,创建文档时,在命令模式下,按 Ctrl+Z 组合键,挂起该进程。使用 fg 命令激活该进程的执行,继续编写文档,最终退出 vi,如图 6-8 所示。

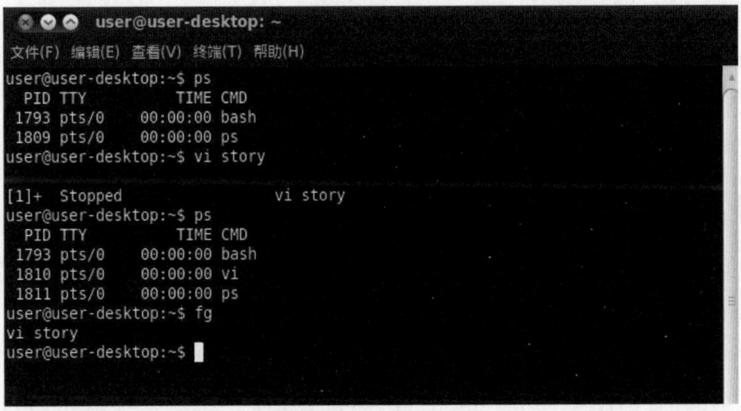

图 6-8 使用 fg 命令的示例

2) bg 命令

【功能】 激活被挂起的进程,使之在后台运行。

【格式】 bg [参数]

【参数】数字 n,代表进程序列号。

【举例】 使用 bg 命令激活被挂起的进程,使之在后台运行,如图 6-9 所示。

【说明】 在图 6-9 中,首先使用 find 命令启动一个前台执行的进程,查找文件名为 hello.c 的文件。在 find 命令执行期间(即还未找到 hello.c 文件时),按 Ctrl+Z 组合键,挂起该进程,系统将其调至后台,并显示

```
[1]+ Stopped          find / -name hello.c
```

然后再启动另一个前台执行的进程——vi 编辑器。在命令模式下,按 Ctrl+Z 组合键,挂起该 vi 进程,系统显示

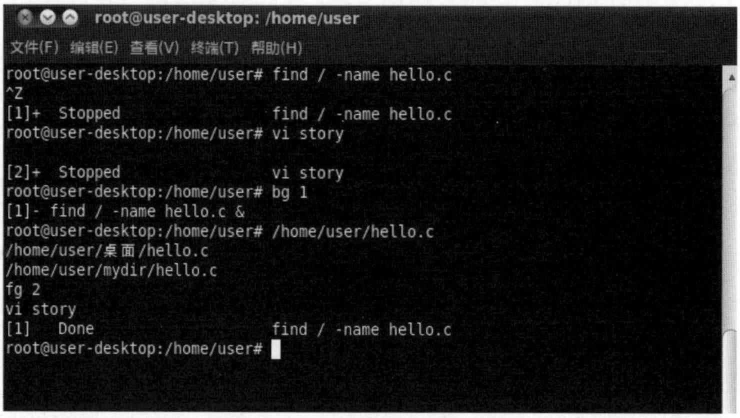

图 6-9　使用 bg 命令的示例

```
[2]+  Stopped                 vi story
```

数字 2 代表当前系统中有两个被挂起的进程，均在后台。

接着使用 bg 命令，将 find 命令进程激活，并转至后台运行。系统显示

```
[1]- find / -name hello.c &
```

在该行最后有一个 & 符号，这说明该进程正在后台执行。过一段时间，系统会显示该命令的执行结果。在此之前，也可以使用 fg 2 命令将 vi 进程激活并调至前台运行。

3. 终止进程

终止进程是系统管理员协调系统资源利用率的有效手段。当某个进程已经僵死或者占用了大量 CPU 时间时，就需要将该进程终止。

要终止进程的执行，可以使用以下方法：

- 按 Ctrl+C 组合键。
- 使用 kill 命令。

1）Ctrl+C 组合键

Ctrl+C 组合键可以用来终止一个前台执行的进程。如果想要终止后台执行的进程，可以先使用 fg 命令将该进程调至前台，再使用 Ctrl+C 组合键终止它。

2）kill 命令

【功能】　终止进程。

【格式】　kill　[-信号]　PID

【说明】　kill 命令用来终止进程，实际上是向一个进程发送特定的信号，从而使该进程根据这个信号执行特定的动作。信号可以用信号名称表示，也可以用信号码表示。要查看 kill 命令能向进程发送哪些信号，可以使用 kill -l 命令。其执行过程如图 6-10 所示。

【示例】　终止 vi 进程的执行，如图 6-11 所示。

【说明】　在图 6-11 中，首先启动 vi 进程，编辑文档。在命令模式下，按 Ctrl+Z 组合键，挂起该进程。再使用 ps 命令查看系统进程状况，得知 vi 进程的进程标识号为 1965。使用命令

```
kill  -9  1965
```

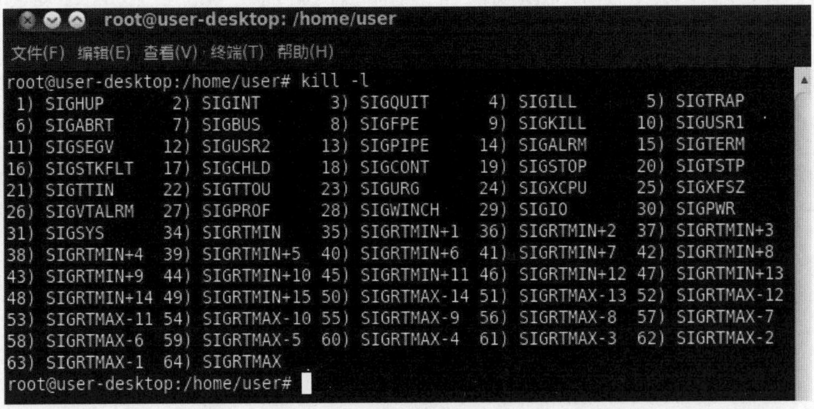

图 6-10　kill-l命令的执行过程

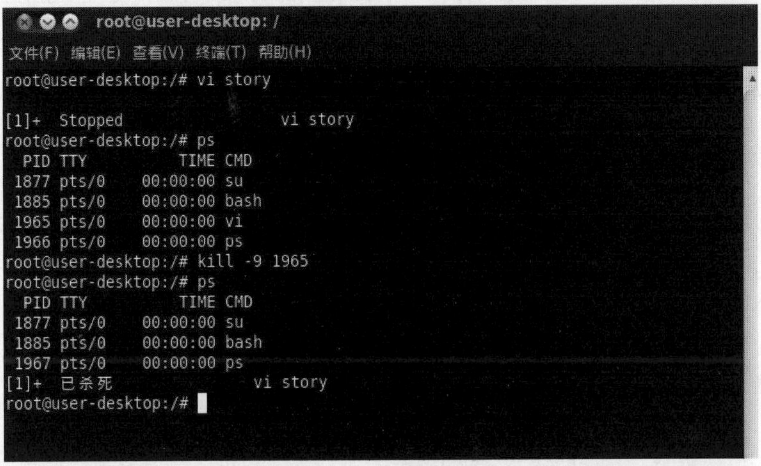

图 6-11　利用 kill 命令终止进程的执行

终止该进程的执行。然后再用 ps 命令查看进程信息，得知 vi 进程已经被终止。

在上面的命令中，数字 9 是信号码，它的信号名为 SIGKILL，使用它可以强行终止进程的执行。用这种方式终止进程可能会造成数据丢失、终端无法恢复到正常状态等情况。因此，这种方式仅限于不带信号选项的 kill 命令不能终止某些进程时使用。在 kill 命令中，如果不带信号选项，则该命令会向指定进程发送中断信号，其信号名为 SIGTERM，信号码为 15。如果指定进程没有收到该信号，它将被终止运行。用这种方式终止进程时，进程会自动结束，不会造成其他损失。

6.1.4　进程的监视

监视进程，即了解当前系统中进程的运行情况，例如，哪些进程正在运行，哪些进程已经结束，是否有僵死进程，进程占用资源的情况，等等。这些信息对系统的高效运行具有重要的意义。

通过 top 命令可以监控系统的各种资源（包括内存、CPU 等）的利用率。该命令会定期更新显示内容，默认根据 CPU 的负载大小进行排序。top 命令是 Linux 下常用的性能分析工具,能够实时显示系统中各个进程的资源占用状况,类似于 Windows 的任务管理器。

【功能】 监视系统进程。

【格式】 top [-选项]

【说明】 top 命令常用选项及作用如表 6-5 所示。

表 6-5　top 命令常用选项及作用

选项	作　　用
c	显示整个命令行
d	指定每两次屏幕刷新之间的时间间隔。默认 3s 刷新一次
i	不显示任何闲置或者僵死进程
n	指定监控信息每秒的更新次数
p	进程标识号列表
s	使 top 命令在安全模式下运行
S	使用累计模式

【示例】 top 命令的执行结果如图 6-12 所示。

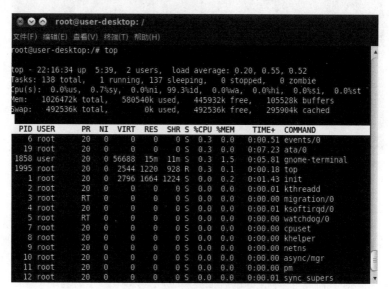

图 6-12　top 命令的执行结果

执行 top 命令后,结果会不断更新。如果想要终止该命令的执行,可以按 q 键退出该命令。如果想看到以内存利用率排序的显示,可以在 top 命令执行期间按 m 键。如果想看到以执行时间排序的显示,可以在 top 命令执行期间按 t 键。

在图 6-12 中可以看到,top 的执行结果分两部分:第一部分为系统状态信息,第二部分为系统中各进程的详细信息。

1. 系统状态的整体统计信息

第 1 行:系统状态信息。主要包括系统启动时间、已经运行的时间、当前已登录的用户数、3 个平均负载值。

第 2 行：进程状况信息。主要包括进程总数、处于运行状态的进程数、处于休眠状态的进程数、处于暂停状态的进程数、处于僵死状态的进程数。

第 3 行：各类进程占用 CPU 时间的百分比。主要包括用户模式进程、系统模式进程、优先级为负的进程、闲置进程占用 CPU 时间的百分比。

第 4 行：内存使用情况统计信息。主要包括内存总量、已用内存的大小、空闲内存的大小、缓存的大小。

第 5 行：交换空间统计信息。主要包括交换空间总量、可用交换空间的大小、已用交换空间的大小、缓存交换空间的大小。

2. 各进程的详细信息

各进程的详细信息中各项的含义如表 6-6 所示。

表 6-6　各进程的详细信息中各项的含义

列	含　义
PID	进程标识号
USER	进程所有者的用户名
PR	优先级
NI	nice 值。负值表示较高优先级，正值表示较低优先级
VIRT	进程使用的虚拟内存总量，单位为 KB
RES	进程使用的、未被换出的物理内存大小，单位为 KB
SHR	共享内存大小，单位为 KB
S	进程状态。D 表示不可中断的睡眠状态，R 表示运行状态，S 表示休眠状态，T 表示跟踪或者停止状态，Z 表示僵死状态
%CPU	从上次更新到现在占用 CPU 时间百分比
%MEM	进程使用的物理内存百分比
TIME+	进程使用的 CPU 时间总计，以 0.01s 为最小单位
COMMAND	启动进程的命令名或者命令行

在 top 命令的执行过程中，用户还可以通过相应的按键实现与命令的交互。这些按键及作用如表 6-7 所示。

表 6-7　top 命令中的交互按键及作用

按　键	作　用
h 或者?	显示帮助画面，给出一些简短的命令总结说明
k	终止一个进程。系统将提示用户输入要终止的进程的 PID，以及要发送给该进程的信号。一般的终止进程可以使用信号 15；如果进程不能正常结束，就使用信号 9 强制结束该进程。默认值是信号 15。在安全模式中此命令被屏蔽
i	忽略/显示闲置和僵死进程。这是一个开关式命令

按　键	作　用
q	退出程序
r	重新安排一个进程的优先级。系统提示用户输入需要改变的进程的 PID 以及需要设置的进程优先级。输入一个正值将使优先级降低,反之则使优先级提高。默认值是 10
S	切换到累计模式
s	改变两次刷新之间的延迟时间。系统将提示用户输入新的时间,单位为秒。如果有小数,就换算成毫秒。输入 0 则系统将不断刷新,默认值是 5s。需要注意的是,如果设置的值太小,很可能会引起不断刷新,从而根本来不及看清显示的信息,而且系统负载也会大大增加
f 或者 F	从当前显示中添加或者删除项目
o 或者 O	改变显示项目的顺序
l	切换显示平均负载和启动时间信息
m	切换显示内存信息
t	切换显示进程和 CPU 状态信息
c	切换显示命令名称和完整命令行
M	按占用内存大小排序
P	按占用 CPU 百分比排序
T	按时间/累计时间排序
W	将当前设置写入～/.toprc 文件,这是修改 top 配置文件的推荐方法

6.2　系　统　日　志

日志文件(log file)是记录 Linux 系统运行情况及详细信息的文件。系统运行过程中的错误情况或问题都会被日志文件记录下来,例如用户登录以及其他与安全相关的问题。因此,系统的日志文件对系统的安全而言是十分重要的。系统的日志文件为管理员用户了解系统状态、跟踪系统使用情况等提供了可靠的依据。

6.2.1　日志文件简介

日志文件是用于记录系统操作事件的文件或文件集合。操作系统有操作系统日志文件,数据库系统也有数据库系统日志文件,等等。

系统日志文件是包含系统信息的文件,包括内核、服务、在系统上运行的应用程序等的信息。不同的日志文件记载不同的信息。例如,有的是默认的系统日志文件,有的记载特定任务。大多数日志文件是纯文本文件,通过文本编辑器就可以打开。通常情况下,只有管理员用户才拥有读取或修改日志文件的权限。

6.2.2 常用的日志文件

日志文件都在/var/log 目录下,通过 ls 命令可以查看该目录下的日志文件都有哪些,如图 6-13 所示。

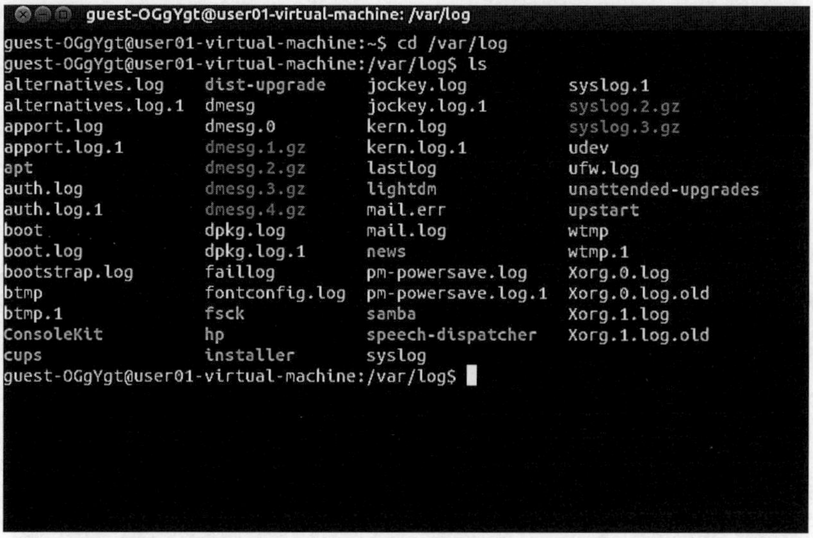

图 6-13　/var/log 目录下的日志文件

用户可以使用文本编辑器打开某个日志文件并查看其内容。日志文件通常详细记录了程序的执行状态、时间、日期、主机等信息。通过日志文件可以获得系统运行的详细信息。

1. 日志文件类型

Ubuntu 系统在/var/log/目录下保存的日志文件很丰富,以方便系统在出现错误的时候查询相应的日志,如表 6-8 所示。

表 6-8　/var/log 下的日志文件和子目录

日志文件和子目录	说　明
/var/log/alternatives.log	更新替代信息都记录在这个文件中
/var/log/apport.log	应用程序崩溃记录
/var/log/apt	用 apt-get 安装卸载软件的信息
/var/log/auth.log	登录认证日志
/var/log/boot.log	包含系统启动信息的日志
/var/log/btmp	记录所有失败启动信息
/var/log/Consolekit	记录控制台信息
/var/log/cpus	涉及所有打印信息的日志
/var/log/dist-upgrade	记录 dist-upgrade 这种更新方式的信息
/var/log/dmesg	包含内核缓冲信息。在系统启动时,显示屏幕上与硬件有关的信息

日志文件和子目录	说　　明
/var/log/dpkg.log	包括安装或用 dpkg 命令清除软件包的日志
/var/log/faillog	包含用户登录失败信息。错误登录命令也会记录在本文件中
/var/log/fontconfig.log	与字体配置有关的日志文件
/var/log/fsck	文件系统日志文件
/var/log/kern.log	记录内核产生的日志,有助于在定制内核时解决问题
/var/log/lastlog	记录所有用户的最近信息。这是一个二进制文件,因此需要用 lastlog 命令查看其内容
/var/log/mail/	这个子目录包含邮件服务器的额外日志
/var/log/samba/	这个子目录包含由 samba 存储的信息
/var/log/wtmp	记录每个用户详细的登录、注销等信息。使用 wtmp 命令可以发现谁正在登录系统,谁正在使用命令显示这个文件或信息等操作
/var/log/xorg. * .log	来自 * (如 0、1)的日志信息

2. 常用的日志文件

1) /var/log/dmesg 文件

这个日志文件记录了与启动 Ubuntu 有关的引导信息,包含内核缓冲信息。在系统启动时,显示屏幕上与硬件有关的信息。通过查看/var/log/dmesg 文件,可以获知 Linux 系统能够检测出的硬件等信息。可以通过使用文本编辑器 Gedit 打开该文件,也可以通过在终端输入 dmesg 命令打开它。其内容如图 6-14 所示。

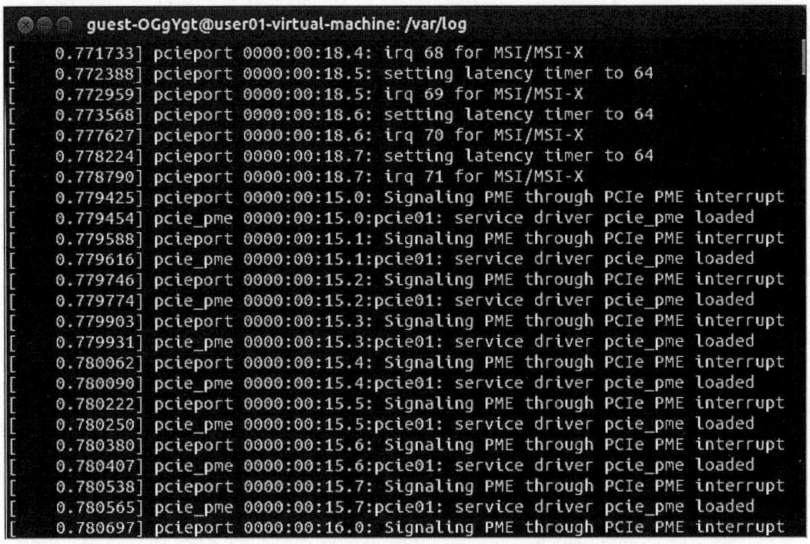

图 6-14　/var/log/dmesg 文件内容

2) /var/log/wtmp 文件

/var/log/wtmp 是一个二进制文件,记录每个用户的登录次数和持续时间等信息。

这个文件记录了每个用户登录、注销及系统的启动、停机的事件。因此,随着系统正常运行时间的推移,该文件的大小也会越来越大,该日志文件增大的速度取决于系统用户登录的次数。该日志文件可以用来查看用户的登录记录。

/var/log/wtmp 文件实际上是一个数据库文件,因此不能使用文本编辑器打开,但可以通过执行命令打开并查看其内容。在终端输入 last 命令可以访问这个文件,并以反序从后向前显示用户的登录记录,last 命令也能根据用户、终端或时间显示相应的记录。

【功能】 last 命令可列出目前与过去登录系统的用户的相关信息。

【格式】 last [-adRx][-f][-n][用户名…][终端号…]

【说明】 选项和参数的 last 命令会读取/var/log/wtmp 文件,并把该文件的内容,即登录系统的用户名全部显示出来。

各选项的含义如表 6-9 所示。

表 6-9　last 命令的选项及作用

选项	作　用
-a	把登录系统时的主机名或 IP 地址显示在最后一行
-d	将 IP 地址转换成主机名
-f	指定记录文件
-n	设置用户名的显示列数
-R	不显示登录系统的主机名或 IP 地址
-x	显示系统关机、重新开机以及执行等级的改变等信息

执行 last 命令,显示 wtmp 文件内容,如图 6-15 所示。

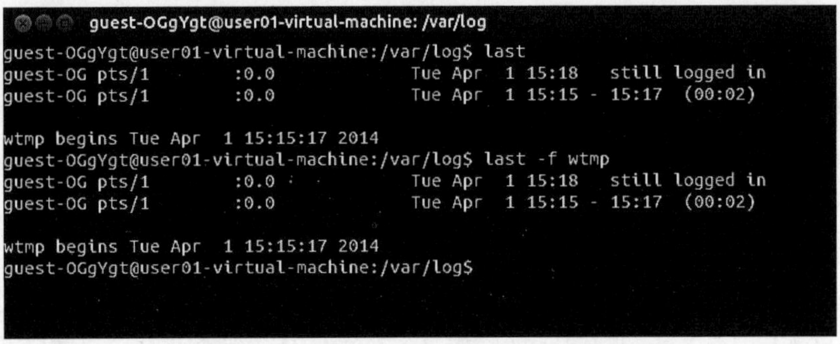

图 6-15　利用 last 命令显示 wtmp 文件内容

6.3　系统监视器

Linux 操作系统是一个典型的多用户系统,系统可能同时拥有多个用户,每个用户都有可能同时执行多个程序,而每个程序又可能启动多个进程。因此,从宏观和系统整体的角度出发,Linux 系统资源将会分配给许许多多的进程使用。如果某些进程占用了大量的系统资源,就会造成系统负载过重、系统资源供不应求的局面。因此,系统管理员应该时时关注监控系统状态,了解系统资源的消耗情况,锁定消耗 CPU 资源最多的进程,以确保系统时刻处于较好的运行状态,保持较好的整体性能。Ubuntu 系统包含了图形化的系统监视器,使用该工具可以方便、直观地监视整个系统的性能,便于用户使用和操作。

在 Ubuntu 18.04 LTS 系统中,有两种方法可以启动系统监视器。

方法 1:单击桌面左下角的 ![图标] 图标,显示应用程序,找到系统监视器图标 ![图标],或在搜索框中输入 system-monitor,找到系统监视器图标,单击该图标,即可启动图形化的"系统监视器",如图 6-16 所示。

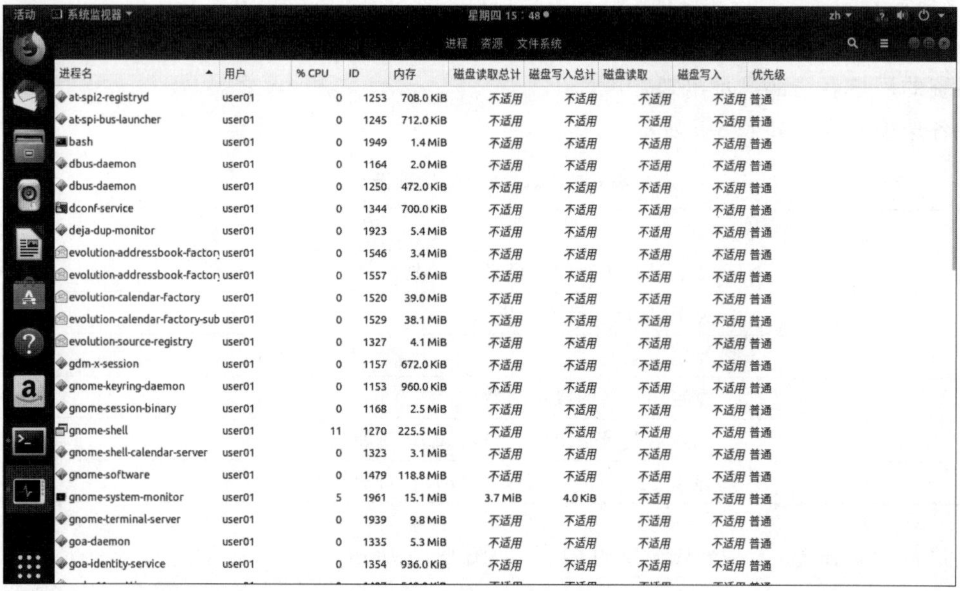

图 6-16　系统监视器界面

方法 2:启动终端后,在 Shell 提示符下输入命令,也可以启动系统监视器。要启动系统监视器,需输入命令

```
gnome-system-monitor
```

当终端窗口被关闭时,在终端通过命令启动的系统监视器也将退出运行状态。

系统监视器窗口包含"进程""资源""文件系统"等标签页。在"进程"标签页中显示进程的名称、用户、CPU 占用率、进程 ID、所占内存大小等信息。要查看某个进程的详细信息或对某个进程进行操作,可以先单击右上角的按钮 ![图标],将出现下拉菜单。然后选择下拉菜单中的"活动进程""全部进程""我的进程""显示依赖关系"选项,以设置将要显示的进程的条件范围。图 6-17 是选择了"全部进程"和"显示依赖关系"两个选项所展示的进程内容。

对系统监视器显示的进程可以进行相应的命令操作。可以在打开的进程列表中选中某个进程,在右键快捷菜单中,可以选择对该进程进行以下操作:停止进程、继续进程、结束进程、杀死进程、改变进程优先级等,如图 6-18 所示。如果希望在进程列表中显示更多的信息,可以在图 6-17 中右上角的下拉菜单中选择"首选项"命令,打开"系统监视器首选项"对话框,如图 6-19 所示。可以根据需要在该对话框的"进程"选项卡"信息域"列表中选择相应的复选框,以显示更多的进程信息。

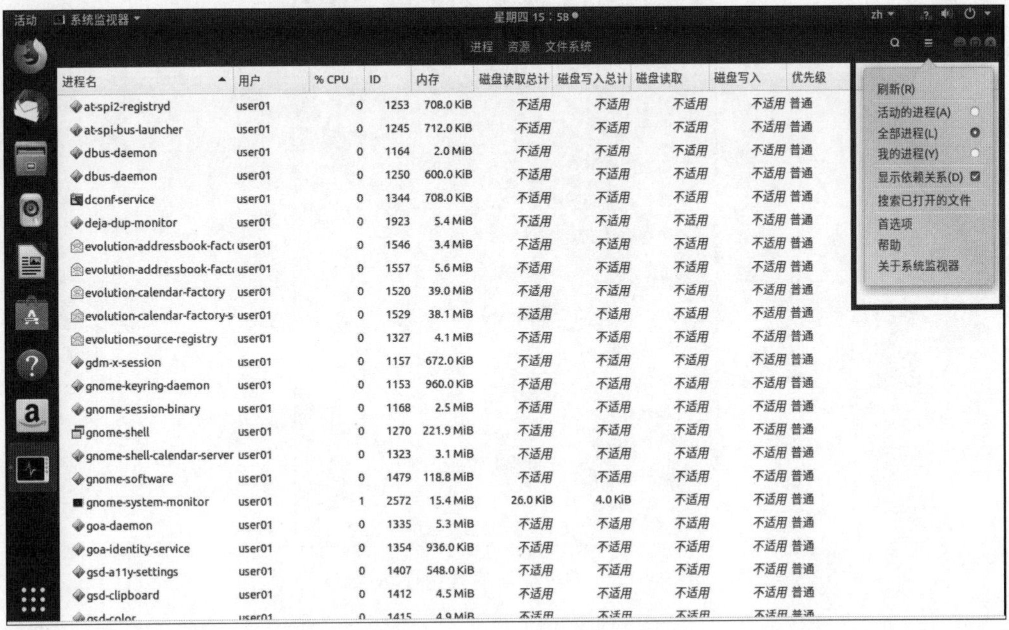

图 6-17　选择"全部进程"和"显示依赖关系"选项所展示的进程内容

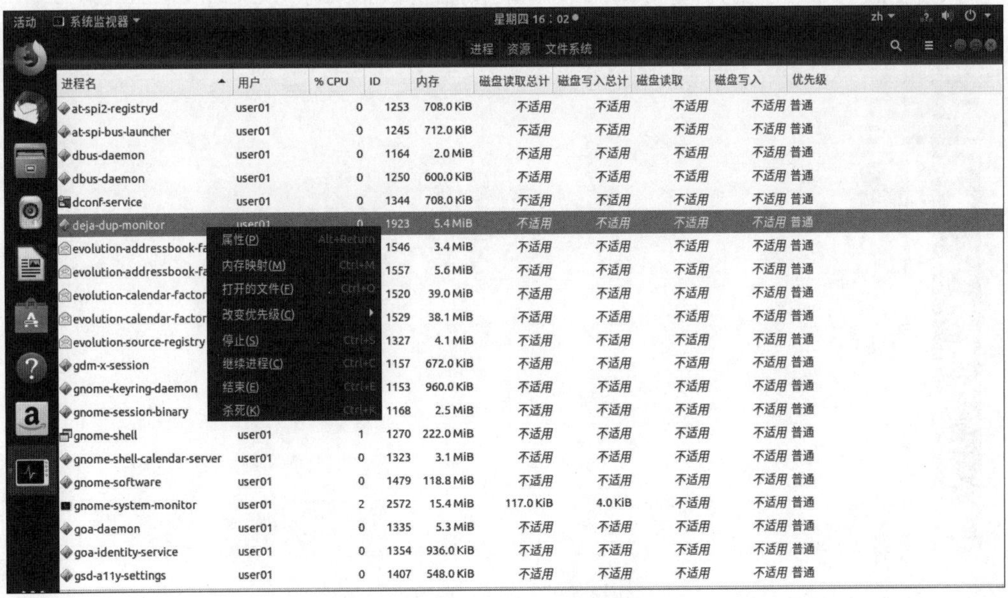

图 6-18　进程的右键快捷菜单

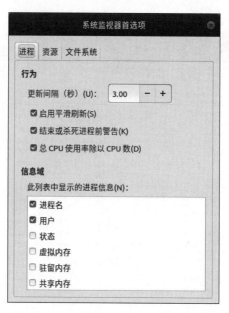

图 6-19　"系统监视器首选项"对话框

在系统监视器的"资源"选项卡中,可以查看"CPU 历史""内存和交换历史"和"网络历史"等情况,如图 6-20 所示。

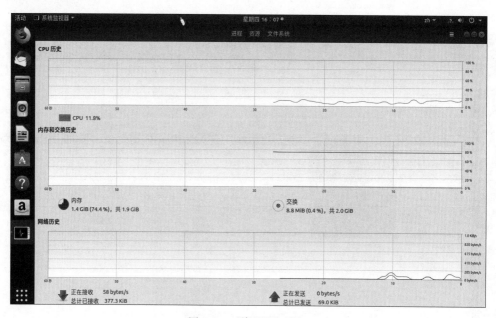

图 6-20　"资源"选项卡

在"文件系统"选项卡中,可以查看设备及其对应的目录、相应文件系统的类型、磁盘空间总计、可用磁盘空间的大小、已用磁盘空间的大小和空闲磁盘空间的大小等信息,如图 6-21 所示。

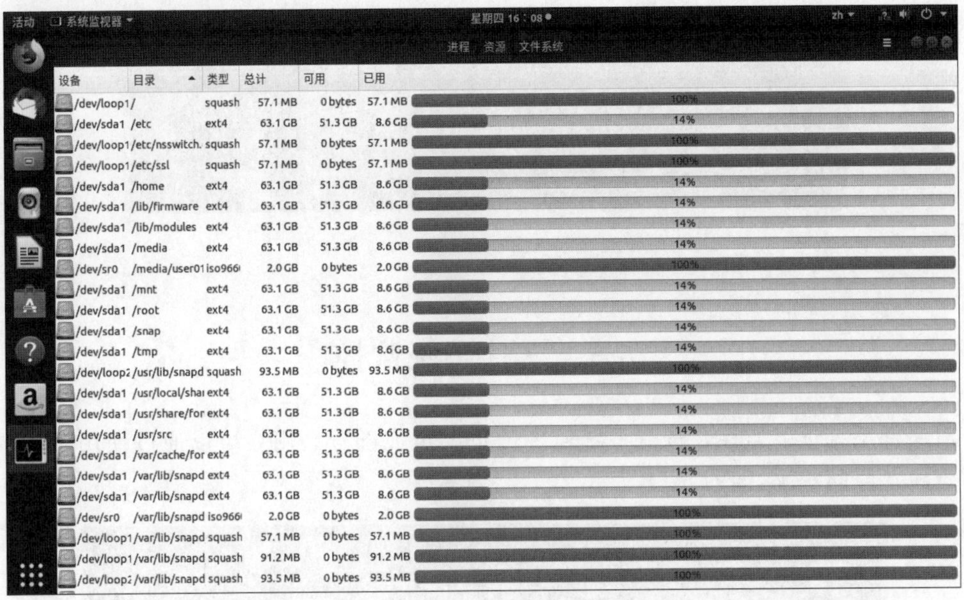

图 6-21 "文件系统"选项卡

6.4 查看内存状况

定期查看内存的使用状况可以较好地掌握系统的运行情况。用户可以通过使用 free 命令查看系统物理内存和交换分区的大小,以及已使用的、空闲的、共享的内存大小和缓存、高速缓存的大小等信息,如图 6-22 所示。

图 6-22 查看系统内存状况

在图 6-22 中,total 表示内存总量,used 表示已使用的内存,free 表示空闲的内存,shared 表示共享内存,buffers 表示缓存,cached 表示高速缓存。不同计算机的内存使用状况一般情况下是不同的,因此,不同用户使用 free 命令得到的结果也不会相同。另外,在图 6-22 中显示的容量是以字节(B)为单位的。如果用户希望以 MB 为单位显示内存状况,可以使用 free -m 命令,如图 6-23 所示。

图 6-23　以 MB 为单位显示内存状况

6.5　文件系统监控

对文件系统进行监控是进行系统监控的重要组成部分。用户可以通过使用 df 命令查看系统磁盘空间状况，如图 6-24 所示。

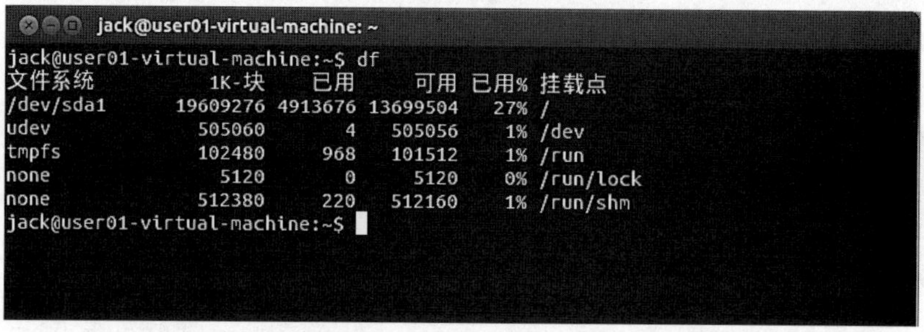

图 6-24　使用 df 命令查看系统磁盘空间状况

默认情况下，该工具以 KB 为单位显示分区的大小。如果要使系统以 MB 或 GB 为单位显示信息，可使用命令 df -h，如图 6-25 所示。

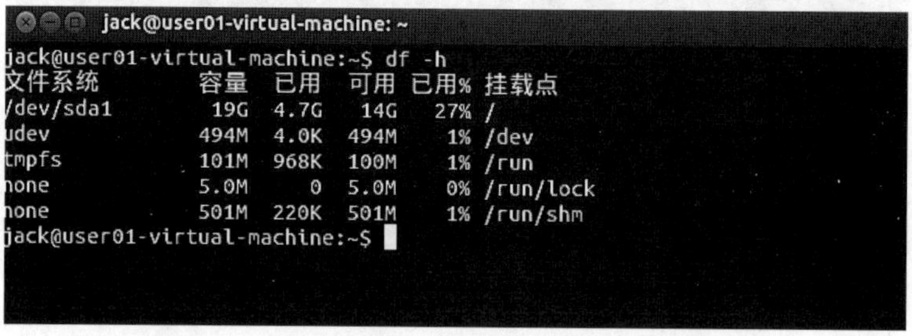

图 6-25　使用 df -h 命令查看系统磁盘空间状况

本 章 小 结

本章介绍了监控系统状况的方法和手段，并介绍了如何进行进程监控、查看系统日志文件、使用系统监视器监控系统运行状况、查看内存状况以及进行文件系统监控等内容。掌握这些内容可以为用户了解系统运行状况提供可靠的信息。用户及时地进行系统的进程管理和系统监控工作是保证系统稳健的必要手段。

实 验 6

题目1：进程管理。

要求：

在系统中创建文件 a1.txt，在终端上执行 find /-name a1.txt 命令，以前台方式启动进程，在进程尚未执行结束时，按 Ctrl＋Z 组合键将进程挂起，使用 ps 命令查看该进程的有关信息。

题目2：监控系统性能。

要求：

（1）在系统中启动图形化的系统监视器，查看"进程""资源"和"文件系统"3 个选项卡的内容。

（2）使用 free 命令查看系统物理内存和交换分区的大小，以及已使用的、空闲的、共享的内存大小和缓存、高速缓存的大小。

（3）使用 df 命令查看系统的磁盘空间使用情况。

（4）查看日志文件/var/log/wtmp 的内容，了解相关信息的含义。

习 题 6

1. 日志文件的作用有哪些？

2. 系统监视器有何用处？

3. 在 Linux 系统中调度进程的方法有哪些？

4. 如何查看当前的内存状况和磁盘使用情况？

第7章　系统管理和维护

Linux 系统管理的任务是对系统中的所有资源进行有效保护。因此,对每个文件和程序设置访问权限,用于限制不同用户的访问行为,就成为 Linux 系统管理的一项重要内容。在 Linux 下通过设置用户权限和组权限完成此项任务,可以有效解决资源安全性问题。Linux 系统维护的主要内容包括通过命令方式以及图形化的管理器完成日常软件的安装、更新和系统的升级。

7.1　用　户　管　理

用户与用户组是 Linux 系统管理的一个重要部分,也是系统安全的基础。在 Linux 系统中,所有的文件、程序或正在运行的进程都从属于一个特定的用户。每个文件和程序都具有一定的访问权限,用于限制不同用户的访问行为。作为系统管理员,对用户和用户组进行日常管理是一项重要的任务,有助于防止用户越权访问与其身份不相符的文件,避免对系统造成破坏。总之,如果没有有效的用户管理,就无法保证系统的安全。

7.1.1　用户与组简介

Linux 系统是一个多用户、多任务的分时操作系统,任何一个要使用系统资源的用户,都必须首先向系统管理员申请一个账号,然后以这个账号的身份进入系统。用户的账号一方面可以帮助系统管理员对使用系统的用户进行跟踪,并控制他们对系统资源的访问;另一方面也可以帮助用户组织文件,并为用户提供安全性保护。每个用户账号都拥有一个唯一的用户名和相应的密码。用户在登录时输入正确的用户名和密码后,就能够进入系统和自己的主目录。

在 Linux 系统中,每个用户都具有一个唯一的身份标识,以区别于其他用户,这个身份标识称作用户 ID(简称 UID)。Linux 系统按一定的原则把用户划分为用户组,以便同组用户之间能够共享文件。除了系统用户之外,在使用 Linux 系统之前,每个人都应拥有一个用户名。在利用用户名和密码注册成功之后,才能访问 Linux 系统,执行系统命令,开发和运行应用程序,访问数据库,提交自动运行的后台任务。

7.1.2　用户种类

一般来说,Linux 系统中的用户可以分为 3 类:超级用户(默认用户名 root)、管理用户和普通用户。有时,也可以把超级用户和管理用户统称为系统用户。

(1) 超级用户(root 用户)是一个特殊的用户(其 UID 为 0),它拥有最高的访问权限,可以访问任何程序和文件。任何系统都会自动提供一个超级用户账号。在 Ubuntu 系统中,为了确保系统的安全,超级用户账号通常是被锁住的。Ubuntu 系统强烈建议:尽量避免使用超级用户注册到系统中;如果确实需要执行系统管理与维护任务,可以在具体的命令前冠以 sudo 命令。

（2）管理用户用于运行一定的系统服务程序，支持和维护相应的系统功能。这些用户的 UID 是 1～999。例如，FTP 就是一个管理用户，作为 FTP 匿名用户，负责维护匿名用户的文件传输，同时提供匿名用户的默认主目录。

（3）除了超级用户与管理用户之外，其他均为普通用户。访问 Linux 系统的每个用户都需要有一个用户账号。只有利用用户名和密码注册到系统之后，才能够访问系统提供的资源和服务。因此，在使用系统之前，必须由系统管理员为用户分配一个注册账号，把用户名及其他有关信息加到系统中。

对于自己创建的文件，创建者均拥有绝对的权利，可以赋予自己、同组用户或其他用户访问该文件的权限。例如，允许同组用户共享自己的文件，其他用户只能阅读或执行，但不能写文件等。

7.1.3　用户的添加与删除

1. 系统文件 /etc/passwd 和 /etc/shadow

在了解 Ubuntu 系统用户的添加与删除前，首先了解两个重要的系统文件，它们分别是 /etc/passwd 和 /etc/shadow，系统通过这两个文件来共同维护用户的账户信息。在安装完 Linux 系统之后，系统已经事先创建了若干个系统用户的账号，其中包括超级用户 root 和管理用户 daemon、bin、sys 等，用于执行不同类型的系统管理和常规维护任务。对于 Ubuntu 系统而言，默认情况下超级用户 root 和管理用户 daemon、bin、sys 等是不启用的。

每个用户都有一个对应的记录保存在 /etc/passwd 和 /etc/shadow 文件中。当登录 Ubuntu 系统时，在按照系统的提示输入用户名和密码之后，系统会根据用户提供的用户名检查 /etc/passwd 文件是否存在，然后根据用户输入的密码，利用加密算法加密后再与 /etc/shadow 文件中的密码字段进行比较，同时检查密码有效期等字段。如果通过了验证，按照 passwd 文件指定的主目录和命令解释程序，用户即可进入自己的主目录，通过命令解释程序访问 Linux 系统。

除了用户名和密码外，每个用户还具有用户标识号、用户组标识号、主目录和命令解释程序等其他相关信息，这些信息也分别存放在 /etc/passwd 和 /etc/shadow 文件中。在 /etc/passwd 文件中，每个用户的信息占据一行，每一行都包括 7 个字段，中间以冒号分隔。其格式如下：

LOGNAME: PASSWORD: UID: GID: USERINFO: HOMEDIR: SHELL

各个字段的含义如表 7-1 所示。

表 7-1　/etc/passwd 文件中各个字段的含义

字　段	含　　义
LOGNAME	用户名。长度不超过 8 个字符，可以为字母（a～z，A～Z）和数字（0～9）。在 Linux 系统中，用户名的第一个字符必须是字母。用户名必须唯一，而且是严格区分大小写的
PASSWORD	加密后的密码（口令字）。虽然这个字段存放的只是用户密码的加密串，而不是明文，但是由于 /etc/passwd 文件对所有的用户都可读，所以这仍是一个安全隐患。因此，现在许多 Linux 系统都使用了 shadow 技术，把加密后的用户密码存放到 /etc/shadow 文件中，而在 /etc/passwd 文件的本字段中只存放一个特殊的字符，例如 x 或者 *

字　段	含　义
UID	用户标识号,是一个整数,系统内部用它来标识用户。一般情况下,它与用户名是一一对应的。如果几个用户名对应的用户标识号是一样的,系统内部将把它们视为同一个用户,但是不同的用户名可以有不同的密码、不同的主目录以及不同的登录 Shell 等。通常用户标识号的取值范围是 0～65 535。0 是超级用户 root 的标识号;1～999 由系统保留,作为管理账号;普通用户的标识号从 1000 开始
GID	用户组标识号,记录的是用户所属的用户组。它对应/etc/group 文件中的一条记录
USERINFO	记录用户的一些个人情况,例如用户的真实姓名、电话、地址等,这个字段并没有什么实际的用途,主要用作 finger 命令的输出
HOMEDIR	用户的主目录,它是用户在登录到系统之后所处的目录
SHELL	用户登录后,要启动一个进程,负责将用户的操作传给内核,这个进程是用户登录到系统后运行的命令解释器或某个特定的程序,即 Shell。 系统中有一类用户,称为伪用户(psuedo user),每个这样的用户在/etc/passwd 文件中也占有一条记录,但是不能登录,因为它们的登录 Shell 为空。它们的存在主要是为了方便系统管理,满足相应的系统进程对文件属主的要求。常见的伪用户包括 bin、sys、adm、uucp、lp、nobody 等

在终端下,可以通过在提示符后输入下面的 cat 命令查看/etc/passwd 文件的内容:

```
cat /etc/passwd
```

/etc/shadow 中的记录行与/etc/passwd 中的一一对应,它是由 pwconv 命令根据/etc/passwd 中的数据自动产生的。它的文件格式与/etc/passwd 类似,由若干个字段组成,字段之间用冒号隔开。其格式如下:

```
username: passwd: lastchg: min: max: warn: inactive: expire
```

/etc/shadow 文件各个字段的含义如表 7-2 所示。

表 7-2　/etc/shadow 文件各个字段的含义

字　段	含　义
username	与/etc/passwd 文件中的 LOGNAME 一致的用户账号
passwd	加密后的用户密码,长度为 13～15 个字符。如果为空,则对应用户没有密码,登录时不需要密码;如果含有不属于集合 {./0-9A-Za-z}的字符,则对应的用户不能登录;如果字段以 $ 为起始符号,则加密的密码是非 DES 算法生成的
lastchg	从某个时刻起,到用户最后一次修改口令时的天数
min	两次修改密码之间所需的最小天数
max	密码保持有效的最大天数
warn	从系统开始警告用户到用户密码正式失效之间的天数
inactive	用户没有登录活动,但账号仍能保持有效的最大天数
expire	该字段给出的是一个绝对的天数,如果使用了该字段,那么就给出相应账号的生存期。期满后,该账号就不再是一个合法的账号,也就不能再用来登录了

在终端下，可以通过在提示符后输入下面的 cat 命令查看/etc/shadow 文件的内容：

```
sudo cat /etc/shadow
```

2. 以命令行方式增加用户

在 Ubuntu 中，可以通过命令行和图形界面两种方式来增加和删除用户信息。首先来看命令行方式的操作过程。增加用户的命令是 useradd，其格式如下：

```
useradd [-u UID] [-g group] [-d home_dir] [-s Shell] [-c comment] [-m [-k skel_
dir]] [-N] [-f inactive] [-e expire] login
```

其中，login 表示新建用户的登录名。该命令主要选项的含义如下：

- -c comment：指定一段注释性描述。
- -d home_dir：指定用户主目录，如果此目录不存在，则同时使用-m 选项创建用户主目录。
- -g group：指定用户所属的用户组。
- -s Shell：指定用户的登录 Shell。
- -u UID：指定用户的 UID，如果同时有-o 选项，则可以重复使用其他用户的 UID。
- -m：自动建立用户的主目录。

也可以在系统终端直接输入 useradd 命令，系统将给出 useradd 命令的选项说明，示例如下：

```
user01@user01-virtual-machine:~$useradd
Usage: useradd [options] LOGIN
Options:
  -b, --base-dir BASE_DIR      base directory for the home directory of the new account
  -c, --comment COMMENT        GECOS field of the new account
  -d, --home-dir HOME_DIR      home directory of the new account
  -D, --defaults               print or change default useradd configuration
  -e, --expiredate EXPIRE_DATE   expiration date of the new account
  -f, --inactive INACTIVE      password inactivity period of the new account
  -g, --gid GROUP              name or ID of the primary group of the new account
  -G, --groups GROUPS          list of supplementary groups of the new account
  -h, --help                   display this help message and exit
  -k, --skel SKEL_DIR          use this alternative skeleton directory
  -K, --key KEY=VALUE          override /etc/login.defs defaults
  -l, --no-log-init            do not add the user to the lastlog and faillog databases
  -m, --create-home            create the user's home directory
  -M, --no-create-home         do not create the user's home directory
  -N, --no-user-group          do not create a group with the same name as the user
  -o, --non-unique             allow to create users with duplicate (non-unique) UID
  -p, --password PASSWORD      encrypted password of the new account
  -r, --system                 create a system account
  -s, --shell SHELL            login shell of the new account
  -u, --uid UID                user ID of the new account
  -U, --user-group             create a group with the same name as the user
```

```
-Z, --selinux-user SEUSER    use a specific SEUSER for the SELinux user mapping
```

现举例说明增加用户的方法。例如，要增加用户 jack，并为其指定 UID 为 1005，且新建一个用户组，指定该用户的主目录为/home/jack，指定其 Shell 为 bash，命令如下：

```
sudo  useradd  -u  1005  -d  /home/jack  -m  -s  /bin/bash  jack
```

以上命令的执行情况如图 7-1 所示。

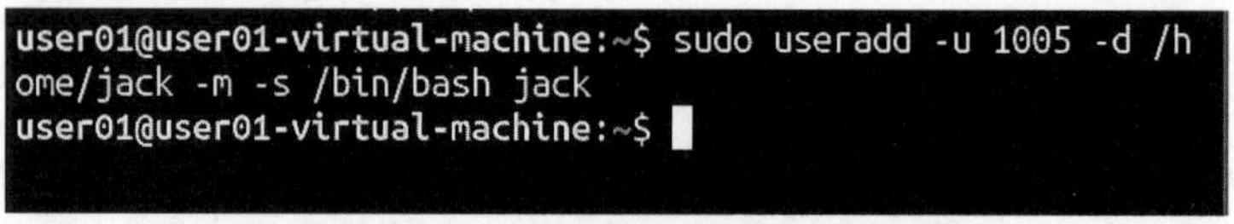

图 7-1   useradd 命令的执行情况

执行完毕后，查看/etc/passwd 文件，会发现已经增加了 jack 用户。命令如下：

```
user01@user01-virtual-machine:～$ sudo  cat  /etc/passwd
```

命令执行结果如图 7-2 所示。

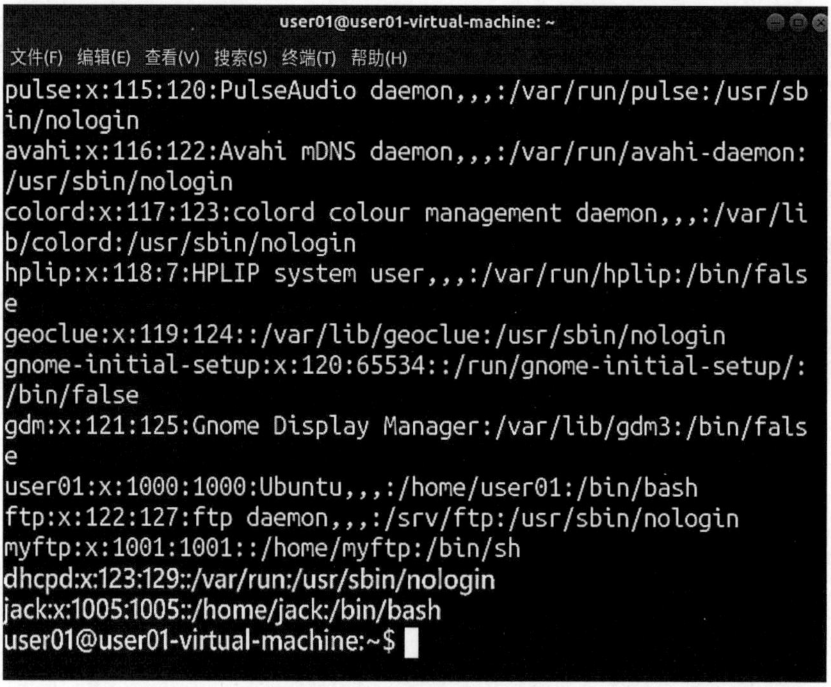

图 7-2   查看新增的 jack 用户

此时虽然成功增加了用户 jack，但是 jack 用户却仍然不能登录系统，因为 jack 用户没有密码，还需要给 jack 用户指定密码，以便其登录。指定或修改密码的命令是 passwd。下面给 jack 用户指定密码，命令如下：

```
user01@user01-virtual-machine:~$sudo  passwd  jack
```

passwd 命令执行过程如图 7-3 所示。

图 7-3　修改 jack 用户的密码

系统提示更新密码成功后,重新启动 Ubuntu 系统,就会看到登录时除了系统中原有的用户外,还增加了 jack 用户,如图 7-4 所示。

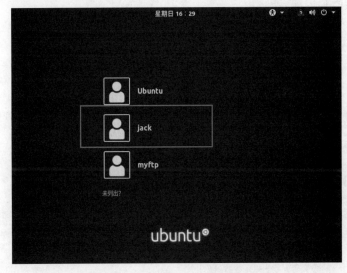

图 7-4　登录时的用户选择界面

以 jack 用户身份登录后,打开终端,输入 who 命令,可以查看当前用户的登录信息。可以看到登录用户为 jack,说明新增用户成功。输入 pwd 命令,可以看到 jack 用户的主目录为/home/jack。jack 用户的信息如图 7-5 所示。

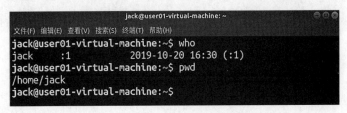

图 7-5　jack 用户的信息

3. 以命令行方式删除用户

在命令行方式下,还可以删除用户。如果用户不再需要访问 Ubuntu 系统,那么就应该及时将其删除。删除用户的命令是 userdel。它的作用是从/etc/passwd、/etc/shadow、/etc/group 这 3 个文件中删除用户的相关信息。同时,可以通过参数-r 删除用户的主目录及其文件。

userdel 命令的格式如下:

```
userdel [-r] login
```

其中,login 表示的是用户名。在终端上,可以通过在提示符后输入下面的命令删除 jack 用户,并删除其主目录/home/jack。

```
sudo userdel -r jack
```

执行该命令后,再次登录时,将不再显示 jack 用户;查看/etc/passwd 文件,jack 用户的信息已经不存在;查看/home 目录,jack 用户的子目录/home/jack 也已经不存在。这说明删除 jack 用户操作成功。

4. 在图形界面中增加、删除用户

除了采用命令行方式增加和删除用户外,还可以通过图形界面进行用户管理,实现增加和删除用户的操作。有两种方法可以找到系统的用户设置界面。

方法 1:单击桌面左下角的 ▦ 图标,在搜索框中输入"用户",可以看到"设置"→"用户"选项,如图 7-6 所示。

图 7-6　搜索"用户"

单击"设置"中的"用户"图标,出现如图 7-7 所示的用户设置界面。

在该界面中展示的是系统中已经存在的用户信息。在这里可以通过图形化的方式进行创建新用户以及删除用户的操作。

方法 2:通过单击桌面右上角的下箭头 ▾,找到系统设置图标 ✱,如图 7-8 所示。单击该图标。依次选中"系统设置"→"详细信息"→"用户"选项,也将出现图 7-7 所示的用户设

· 200 ·

图 7-7　用户设置界面

置界面。

图 7-8　系统设置图标

【示例】　在图形界面下创建和删除普通用户。

在图 7-7 所示的用户设置界面下,单击右上角的"解锁"图标 ![解锁]。由于以 Ubuntu 用户登录,并不直接具备超级管理员权限,需要输入管理员密码进行授权认证,以获得创建新用户的系统权限。认证对话框如图 7-9 所示。

输入密码后,单击系统用户界面右上角的"添加用户"按钮,出现"添加用户"对话框,如图 7-10 所示。在此对话框中,首先进行账号类型的选择,确定要新建的用户是普通用户还是管理员用户,这里选择"标准",即普通用户;其次,输入要新建的用户名(例如 jack);最后,进行密码的设置,密码的设置规则是:可以采用大写字母、小写字母、数字以及"."".""-""－"等特殊字符,并采用其中的 3 种或 3 种以上的字符组合方式进行设置,以增强密码的安全性。

图 7-9　认证对话框

为安全起见,输入时设置的密码并不以明文的形式显示。设置完成后单击右上角的"添加"按钮,完成新用户 jack 的添加。

图 7-10　添加用户

　　至此,新用户 jack 的添加过程就完成了。在系统用户界面可以看到新创建的 jack 用户,如图 7-11 所示。

　　打开终端,利用 cat 命令查看/etc/passwd 文件,可以看到在该文件中 jack 用户已存在,如图 7-12 所示。

　　删除用户的操作同样可以在图形界面下操作。先打开如图 7-11 所示的系统用户界面,找到想要删除的用户的选项卡,在本例中,选择 jack 用户。单击解锁图标并输入管理员密

详细信息
用户
添加用户(A)...
About
日期和时间
用户
默认应用程序
Ubuntu
您的帐户
jack
myftp
jack
帐号类型(T)
标准
管理员
语言(L)
汉语
密码(P)
自动登录(U)
关闭
最近登录
昨天, 16:30

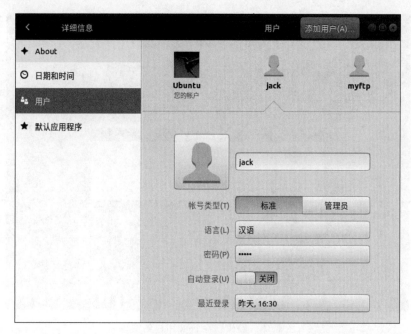

图 7-11　新创建的 jack 用户

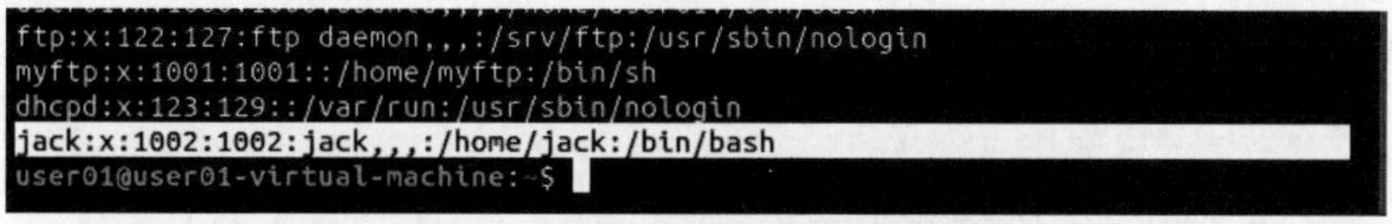

ftp:x:122:127:ftp daemon,,,:/srv/ftp:/usr/sbin/nologin
myftp:x:1001:1001::/home/myftp:/bin/sh
dhcpd:x:123:129::/var/run:/usr/sbin/nologin
jack:x:1002:1002:jack,,,:/home/jack:/bin/bash
user01@user01-virtual-machine:~$

图 7-12　/etc/passwd 文件中的 jack 用户信息

码后，单击右下角的“删除用户”按钮，打开确认删除用户文件的对话框，如图 7-13 所示。单击“删除文件”按钮，则可以在删除 jack 用户的同时彻底删除和 jack 用户相关的所有文件；单击“保留文件”按钮，则可以保留 jack 用户的主目录、电子邮件目录和临时文件。在这里，选择彻底删除，即单击“删除文件”按钮，将会发现 jack 用户不存在了。

再次通过 cat 命令查看/etc/passwd 文件，将会发现该文件里已经没有 jack 用户的信息了。

7.1.4　组的添加与删除

1. 系统文件/etc/group

在 Ubuntu 中任何文件或目录都属于特定的用户，每个用户都可以属于一个或者多个组，可以通过将用户加入不同的组来确定此用户对文件或者目录拥有的权限。将用户分组是 Linux 系统中对用户进行管理及控制访问权限的一种手段。每个用户都属于某个组，一个组中可以有多个用户，一个用户也可以属于多个组。当一个用户同时是多个组中的成员时，在/etc/passwd 文件中记录的是用户所属的主组，也就是登录时所属的默认组；而其他组称为附加组。

用户要访问属于附加组的文件时，必须首先使用 newgrp 命令使自己成为所要访问的

图 7-13 确认删除 jack 用户的文件

组中的成员。用户组的所有信息都存放在/etc/group 文件中。此文件的格式也类似于/etc/passwd 文件,由冒号(:)隔开若干个字段,格式如下:

```
groupname: passwd: GID: userlist
```

/etc/group 文件中各字段的含义如表 7-3 所示。

表 7-3 /etc/group 文件中各字段的含义

字 段	含 义
groupname	组名,由字母或数字构成。与/etc/passwd 中的登录名一样,组名不应重复
passwd	组加密后的密码。一般 Linux 系统的用户组都没有密码,即这个字段一般为空,或者是 *
GID	组标识号,与用户标识号类似,也是一个整数,被系统内部用来标识组
userlist	组内用户列表,是属于这个组的所有用户的列表,不同用户之间用逗号(,)分隔。这个组可能是用户的主组,也可能是附加组

在终端上,可以通过在命令提示符后面输入 cat 命令查看/etc/group 文件的内容,执行结果如图 7-14 所示。

2. 以命令行方式添加组

以命令行方式添加用户组的命令是 groupadd,其格式如下:

```
groupadd [-g GID [-o]] [-r] [-f] group
```

【说明】 主要选项和参数说明如下。

-g GID:除非使用-o 参数,否则该值必须是唯一的,不可与其他 GID 相同。该值不可为负。系统预设为不得小于 500 且依次增加。0~499 传统上是保留给系统账号使用的。

图 7-14 /etc/group 文件的内容

　　-r：用来建立系统账号。它会自动选定一个小于 499 的 GID，除非命令中有-g 选项。

　　-f：这是 force 标志。在新增一个已经存在的组账号时，系统会给出错误信息，然后结束 groupadd 命令。如果是这样的情况，不会改变这个组，也可同时加上-g 选项。当加上一个 GID 时，GID 就不需要是唯一值，可不加-o 参数。

　　group：代表要添加的组名。

　　如果在系统终端直接输入 groupadd 命令，系统将给出 groupadd 命令的选项说明。

```
user01@user01-virtual-machine:~$ groupadd
Usage: groupadd [options] GROUP
Options:
  -f, --force               exit successfully if the group already exists,
                            and cancel -g if the GID is already used
  -g, --gid GID             use GID for the new group
  -h, --help                display this help message and exit
  -K, --key KEY=VALUE       override /etc/login.defs defaults
  -o, --non-unique          allow to create groups with duplicate (non-unique) GID
  -p, --password PASSWORD   use this encrypted password for the new group
  -r, --system              create a system account
```

3. 以命令行方式删除组

以命令行方式删除用户组的命令是 groupdel，其格式如下：

```
groupdel  group
```

【说明】 参数 group 代表要删除的组名。

　　如果在系统终端直接输入 groupdel 命令，系统将给出 groupdel 命令的选项说明，如图 7-15 所示。

图 7-15　groupdel 命令的选项说明

7.2　用户身份转换命令

7.2.1　激活与锁定 root 用户

1. 激活 root 用户

在 Ubuntu 中,具有最高权限的用户是 root 用户,即超级管理员。该用户的地位与 Windows 中的 Administrator 用户类似,具有使用该系统的所有权限。但是,与 Windows 系统不同的是,在 Ubuntu 中,系统启动时并不是以超级管理员(root 用户)身份登录的,而是以普通用户身份登录的。该用户就是在安装 Ubuntu 系统时创建的用户。例如,进入系统是以普通用户身份登录的(假设用户名为 ubuntu)。另外,需要注意的是,虽然用户每次在登录时都是以普通用户身份登录的,但是 root 用户并非不存在。实际上是系统把 root 用户锁定了,或者说 root 用户休眠了。这种做法可以更好地保护系统的安全,防止用户利用 root 用户权限对系统进行操作或误操作,导致系统的破坏。

另外,在系统使用的过程中,有很多操作是超级管理员才能执行的,此时需要从普通用户账号切换到超级管理员账号。首先要执行激活 root 用户的操作。激活 root 用户的方法如下:

以普通用户身份登录后,打开终端,会看到命令提示符为 $,表明目前是普通用户。执行命令

```
sudo passwd root
```

按 Enter 键,系统提示为普通用户输入密码。在输入密码的过程中屏幕上无任何显示,但这是正常的,系统按顺序记忆密码并进行匹配。密码正确后,会显示输入新的 UNIX 密码,这是为 root 用户设定密码。输入密码后,按 Enter 键,系统会进一步提示重新输入密码。若两遍输入的密码相同,就成功地为 root 用户设定了密码,也就激活了 root 用户。

然后就可以执行转换到 root 用户的操作。执行命令

```
su root
```

系统提示输入 root 用户的密码,正确输入密码后按 Enter 键,就可以看到命令提示符变成了 #,表明已成功地切换到 root 用户下。

root 用户的激活过程如图 7-16 所示。

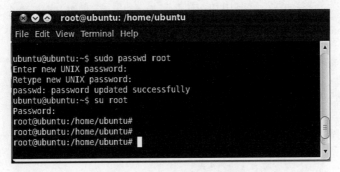

图 7-16   root 用户的激活过程

2. 重新锁定 root 用户

当需要以 root 用户身份执行的操作结束后,最好把 root 用户及时锁定,即让 root 用户重新休眠,这样可以防止用户的不当操作破坏系统。重新锁定 root 用户时,需要先利用 su 命令转换到普通用户账号,然后执行命令

```
sudo passwd -l root
```

即可。注意,命令中的选项为字母 l,而非数字 1。重新锁定 root 用户的过程如图 7-17 所示。

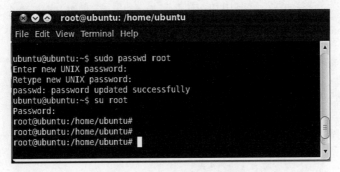

图 7-17   重新锁定 root 用户的过程

在图 7-17 中:

(1) 第 1 行是利用 su 命令进行用户身份的转换,即从 root 用户转换到系统中已经存在的普通用户 user。

(2) 第 2 行是锁定 root 用户,使 root 用户休眠。

(3) 第 4 行是检验 root 用户的锁定状况。再次利用 su 命令转换到 root 用户,会发现在输入密码后仍然无法唤醒 root 用户,说明第二行的锁定命令是有效的。

(4) 在当前的状况下,如果需要激活 root 用户,应再次按照图 7-16 所示的方法进行操作。

7.2.2   sudo 命令

【功能】   sudo 命令的含义就是 super do,指以超级管理员的身份执行某种操作。

【格式】   sudo   命令

如图 7-16 的第 1 行所示，普通用户（用户名为 ubuntu）通过 sudo 命令执行超级管理员的操作，要使用 passwd root 命令 root 设置用户的密码。

7.2.3　passwd 命令

　　【功能】　修改用户密码。
　　【格式】　`passwd　用户名`
　　【说明】　该操作只允许 root 用户执行。

7.2.4　su 命令

　　【功能】　转换用户。
　　【格式】　`su　用户名`
　　如图 7-16 的第 5 行所示，当 root 用户被激活后，可以通过执行 su root 命令并输入 root 用户密码转换为 root 用户。

7.2.5　useradd 命令

　　【功能】　创建一个新用户。
　　【格式】　`useradd 新用户名`
　　【说明】　该操作只允许 root 用户执行。
　　【举例】　综合运用 sudo 命令、passwd 命令、useradd 命令、su 命令进行创建用户并转换用户身份的操作。具体过程如图 7-18 所示。

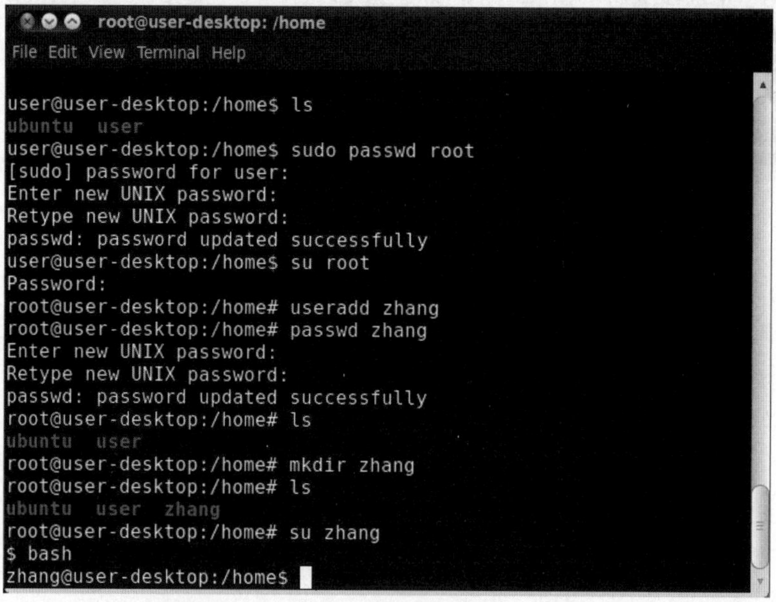

图 7-18　创建用户并转换用户身份的过程

　　图 7-18 显示了创建新的普通用户 zhang 的过程。
　　第 1 条命令 ls 显示了 home 目录下的情况，目前只有 ubuntu 和 user 两个普通用户。

下面要创建一个新的普通用户——zhang，他的宿主目录也在 home 下。

第 2 条命令 sudo passwd root 的作用是使用超级管理员身份更新 root 用户密码并激活 root 用户。

第 3 条命令 su root 的作用是转换为 root 用户。

第 4 条命令 useradd zhang 的作用是创建普通用户 zhang。

第 5 条命令 passwd zhang 的作用是为用户 zhang 设置密码。

至此用户 zhang 已经创建好了。但是通过第 6 条 ls 命令却发现，在 home 目录下并没有 zhang，仍然只有 ubuntu 和 user。如何让 zhang 也出现在 home 目录下呢？

第 7 条命令 mkdir zhang 的作用就是为 zhang 创建一个自有目录。

再次使用 ls 命令，可以发现，zhang 已经出现。

第 9 条命令 su zhang 转换为 zhang。该命令执行结束后，屏幕上出现了 $ 提示符，和前面的提示符形式不同。要想获得和上面相同的提示符，可以输入 bash 命令并按 Enter 键，随后就可以看到熟悉的提示符了。

7.3 软件包管理

7.3.1 软件包简介

软件包是 Ubuntu 系统中软件及其文档的提供形式。一般而言，软件包中包括源程序软件包和二进制软件包。源程序软件包主要提供源代码以及二进制软件包的制作方法；二进制软件包是经过封装的可执行程序及其相关文档和配置文件等，它通常是压缩文档，其中包含软件信息、程序文件、配置文件、帮助文档、启动脚本和控制信息等内容。用户可以方便地通过二进制软件包安装、升级和删除软件。

Ubuntu 软件包的格式不同于其他 Linux 系统，其主要的格式是 DEB 格式。这种格式最早是 Debian Linux 使用的，Ubuntu 从本质上讲是从 Debian 发展而来的，因此也沿用了 DEB 格式。Linux 操作系统中的 DEB 包类似于 Windows 中的软件包，不需要复杂的编译即可通过鼠标单击安装使用。Ubuntu 软件仓库中提供的软件包均采用了这种封装，apt-get、aptitude、synaptic 等软件管理工具均支持 DEB 包。DEB 包存在依赖关系，常见的依赖关系有 Depends、Recommends 和 Conflicts 等。假设有两个 DEB 包——A 和 B，若软件包 A 和 B 之间存在 Depends 关系，即 A 依赖 B，则意味着安装软件包 A 时系统必须已经安装了软件包 B；Recommends 关系意味着开发者推荐用户在安装软件包 A 的同时也安装软件包 B；Conflicts 则意味着软件包 A 和 B 不能同时存在，即相互冲突，在软件包 A 安装前必须卸载软件包 B。

Ubuntu 系统还支持 Redhat 格式的软件包，即 RPM 格式，Redhat 的派生系统（如 Fedora 等）也支持此格式的软件包。此外，Ubuntu 系统还支持 Tarball 格式的软件包，这是一种将大量文件（包括其目录结构）组合成单个文件的大型文件集合。Tarball 使用 tar 命令组合多个文件，生成一个文件，以便于分发；gzip 命令用于压缩文件的容量，以便节省存储空间。Tarball 格式类似于 Windows 系统中常用的 ZIP 或 RAR 压缩文件。Tarball 文件的扩展名一般为 tar.gz 或者 tar.bz2 等，可用于装配源代码或二进制代码文件。Tarball 常常用于开源社区分发源代码，对于 tar.gz 文件，在终端中执行 tar xvf filename 命令将想要的文件解压，再执行其中包含软件的安装命令即可。

7.3.2　高级软件包管理工具 APT

1. APT 简介

APT(Advanced Packaging Tool，高级打包工具)是 Ubuntu 软件包管理系统的高级界面。Ubuntu 基于 Debian，APT 由几个名字以"apt-"打头的程序组成，包括 apt-get、apt-cache 和 apt-cdrom 等，这些是处理软件包的命令行工具。

APT 是一个客户/服务器系统。在服务器上先复制所有 DEB 包，然后用 APT 的分析工具(genbasedir)根据每个 DEB 包的包头(header)信息对所有的 DEB 包进行分析，并将该分析结果记录在一个文件中，这个文件称为 DEB 索引清单，APT 服务器的 DEB 索引清单置于 base 文件夹内。一旦 APT 服务器内的 DEB 包有所变动，就必须使用 genbasedir 分析工具产生新的 DEB 索引清单。客户端在进行安装或升级时先要查询 DEB 索引清单，从而可以获知所有具有依赖关系的软件包，并一同下载到客户端，以便安装。

当客户端需要安装、升级或删除某个软件包时，客户端计算机取得 DEB 索引清单压缩文件后，会将其解压并放于/var/state/apt/lists/目录下，而客户端执行 apt-get install 或 apt-get upgrade 命令的时候，就会将这个目录下的数据和客户端计算机内的 DEB 数据库比对，从而知道哪些 DEB 已安装、未安装或可以升级。

2. apt-get 命令的用法

用户可以在终端中输入

```
apt-get
```

查看其使用方法。执行结果如图 7-19 所示。

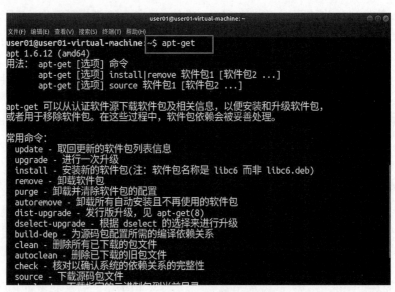

图 7-19　apt-get 命令的执行结果

apt-get 提供了一个用于下载和安装软件包的简易命令行界面,在其中可以执行很多命令,最常用命令是 update 和 install。命令解释如下:

update:取回更新的软件包列表信息。

upgrade:进行一次升级。

install:安装新的软件包(注意,包名是 libc6 而非 libc6.deb)。

remove:卸载软件包。

autoremove:卸载所有自动安装且不再使用的软件包。

purge:卸载并清除软件包的配置。

source:下载源码包文件。

build-dep:为源码包配置编译依赖关系。

dist-upgrade:发布版升级。

dselect-upgrade:根据 dselect 的选择进行升级。

clean:删除所有已下载的包文件。

autoclean:删除老版本的已下载的包文件。

check:核对以确认系统的依赖关系的完整性。

changelog:下载和显示包文件的修改日志。

download:下载二进制包文件到当前目录。

命令选项如下:

-h:本帮助文档。

-q:让输出可作为日志,不显示进度。

-qq:除了错误以外,不输出其他信息。

-d:仅下载,不安装或解开包文件。

-s:不进行实际操作,只依次模拟执行命令。

-y:对所有询问都回答是(Yes,Y),同时不作任何提示。

-f:当出现破损的依赖关系时,程序将尝试修正系统。

-m:当有包文件无法找到时,程序仍尝试继续执行。

-u:显示已升级的软件包列表。

-b:在下载完源码包后,编译生成相应的软件包。

-V:显示详尽的版本号。

-c file:读取指定配置文件 file。

-o option:设置任意配置选项,例如-o dir::cache=/tmp。

请查阅 apt-get、sources.list 和 apt.conf 的相关参考手册以获取更多信息和选项。

3. apt-get 命令的使用举例

下面以安装 openssh-server 为例演示 apt-get 中的 install 和 remove 命令的用法。SSH 为 Secure Shell 的缩写,是一种建立在应用层基础上的安全协议,常常用于远程控制。SSH 是一种比较可靠的、专为远程登录会话和其他网络服务提供的安全协议。利用 SSH 协议可以有效防止远程管理过程中的信息泄露问题。SSH 最初是 UNIX 系统上的一个程序,后来又迅速扩展到其他操作平台。SSH 在正确使用时可弥补网络中的漏洞。SSH 客户端适用于多种平台。几乎所有 UNIX 平台,包括 HP-UX、Linux、AIX、Solaris、Digital UNIX、Irix

等,都可运行 SSH。

SSH 的默认端口号是 22,可以把 Linux 的服务器配置成 SSH 服务器,然后在客户端通过 SSH 工具远程登录 Linux 的服务器,进行远程管理和操作。

(1) 把 Ubuntu 18.04 LTS 配置成一台 SSH 服务器。打开终端,以超级管理员权限运行 apt-get 命令,安装 openssh-server。具体过程如下:

```
user@user-desktop:~$sudo apt-get install openssh-server
[sudo] password for user:
正在读取软件包列表... 完成
正在分析软件包的依赖关系树
正在读取状态信息... 完成
将会安装下列额外的软件包:
openssh-client
建议安装的软件包:
libpam-ssh keychain openssh-blacklist openssh-blacklist-extra rssh
molly-guard
下列【新】软件包将被安装:
openssh-server
下列软件包将被升级:
openssh-client
升级了 1 个软件包,新安装了 1 个软件包,要卸载 0 个软件包,有 485 个软件包未被升级。
需要下载 1,047KB 的软件包。
解压缩后会消耗掉 782KB 的额外空间。
您希望继续执行吗?[y/n]y
获取: 1 http://mirrors.sohu.com/ubuntu/ lucid-updates/main openssh-client 1:5.
3p1-3ubuntu7 [762KB]
获取: 2 http://mirrors.sohu.com/ubuntu/ lucid-updates/main openssh-server 1:5.
3p1-3ubuntu7 [285KB]
下载 1,047KB,耗时 2.59 秒 (404KBps)
正在预设定软件包 ...
(正在读取数据库 ... 系统当前总共安装有 123930 个文件和目录。)
正预备替换 openssh-client 1:5.3p1-3ubuntu3 (使用 .../openssh-client_1%3a5.3p1-
3ubuntu7_i386.deb) ...
正在解压缩将用于更替的包文件 openssh-client ...
选中了曾被取消选择的软件包 openssh-server。
正在解压缩 openssh-server (从 .../openssh-server_1%3a5.3p1-3ubuntu7_i386.
deb) ...
正在处理用于 man-db 的触发器...
正在处理用于 ureadahead 的触发器...
ureadahead will be reprofiled on next reboot
正在处理用于 ufw 的触发器...
正在设置 openssh-client (1:5.3p1-3ubuntu7) ...
正在设置 openssh-server (1:5.3p1-3ubuntu7) ...
正在安装新版本的配置文件 /etc/init/ssh.conf ...
正在安装新版本的配置文件 /etc/init.d/ssh ...
```

```
ssh start/running, process 1830
user@user-desktop:~$
```

（2）完成后，通过 ps -e 命令查看 ssh 进程，确认 SSH 是否安装并启用。具体过程如图 7-20 所示。安装成功后，会出现 sshd 服务。

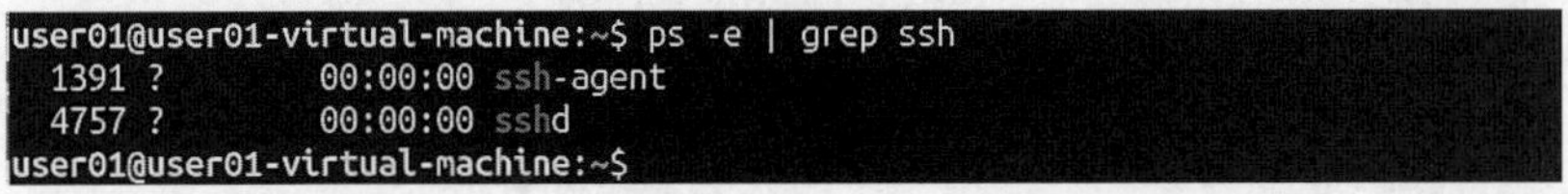

```
user01@user01-virtual-machine:~$ ps -e | grep ssh
 1391 ?        00:00:00 ssh-agent
 4757 ?        00:00:00 sshd
user01@user01-virtual-machine:~$
```

图 7-20　查看 ssh 进程

（3）在 Ubuntu 系统中，利用 ifconfig 命令，查看 SSH 服务器的 IP 地址，如图 7-21 所示。

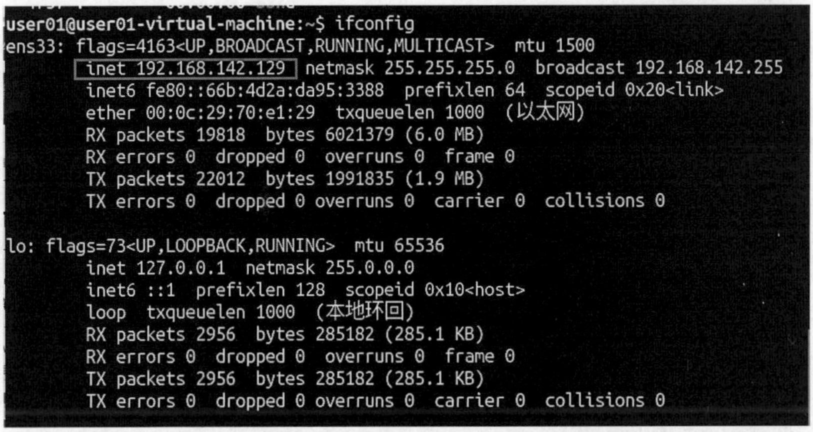

```
user01@user01-virtual-machine:~$ ifconfig
ens33: flags=4163<UP,BROADCAST,RUNNING,MULTICAST>  mtu 1500
        inet 192.168.142.129  netmask 255.255.255.0  broadcast 192.168.142.255
        inet6 fe80::66b:4d2a:da95:3388  prefixlen 64  scopeid 0x20<link>
        ether 00:0c:29:70:e1:29  txqueuelen 1000  (以太网)
        RX packets 19818  bytes 6021379 (6.0 MB)
        RX errors 0  dropped 0  overruns 0  frame 0
        TX packets 22012  bytes 1991835 (1.9 MB)
        TX errors 0  dropped 0 overruns 0  carrier 0  collisions 0

lo: flags=73<UP,LOOPBACK,RUNNING>  mtu 65536
        inet 127.0.0.1  netmask 255.0.0.0
        inet6 ::1  prefixlen 128  scopeid 0x10<host>
        loop  txqueuelen 1000  (本地环回)
        RX packets 2956  bytes 285182 (285.1 KB)
        RX errors 0  dropped 0  overruns 0  frame 0
        TX packets 2956  bytes 285182 (285.1 KB)
        TX errors 0  dropped 0 overruns 0  carrier 0  collisions 0
```

图 7-21　输入 ifconfig 命令查看服务器的 IP 地址

（4）利用 Windows 系统作为客户端，访问 SSH 服务器。在 Windows 系统中，常用的 SSH 客户端工具有 PuTTY、SecureCRT、Xshell 等，其中 PuTTY 的使用最为广泛。这里以 PuTTY 为例进行说明。

PuTTY 是 Windows 平台下非常出色的远程维护软件，它不但支持 SSH 连接，还支持 Telnet、rlogin 等协议。另一方面，PuTTY 还是一款免费软件，可以从其官方网站 http://www.putty.com 下载该软件，也可以从其他正规软件下载网站进行下载。下载后的文件是 Windows 系统的可执行文件，如同其他 Windows 系统的软件安装一样，双击下载的文件图标，即可启动 PuTTY 的安装，其初始安装界面如图 7-22 所示。

按照安装程序提示内容，可以轻松完成 PuTTY 的安装过程。安装完成后，会出现如图 7-23 所示的结束安装界面。

安装完成后，启动 PuTTY 软件，可看到如图 7-24 所示的软件界面。PuTTY 界面很简单，左侧是类别选择设置区域，右侧是连接操作区域。这里采用默认设置，在 Host Name（or IP address）文本框中输入在图 7-20 中查询到的 Ubuntu 主机地址，默认的端口号（Port）为 22，如果主机没有改变默认设置，则这个端口号不用修改。默认的连接类型（Connection type）是 SSH，可见 PuTTY 应用最多的场景就是 SSH 连接。单击 Open 按钮即可启动与主机 192.168.142.129 的 SSH 连接。

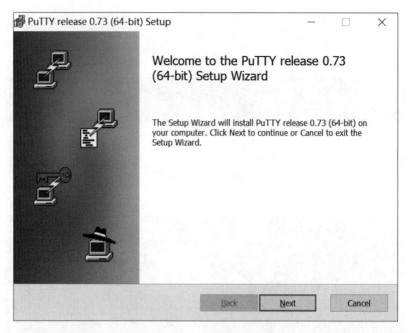

图 7-22　PuTTY 初始安装界面

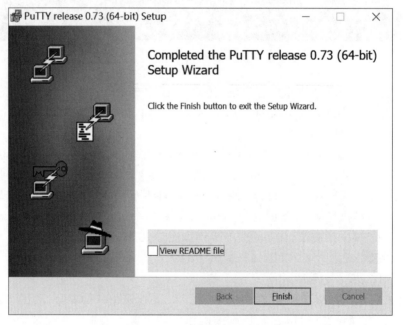

图 7-23　PuTTY 结束安装界面

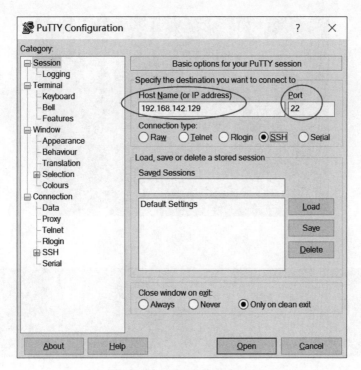

图 7-24　PuTTY 启动界面

正常连接 Ubuntu 服务器后,PuTTY 会弹出如图 7-25 所示的界面。看到这个界面,就说明 PuTTY 已经成功地连接到指定的 Ubuntu 主机,但需要输入信息才能完成登录。

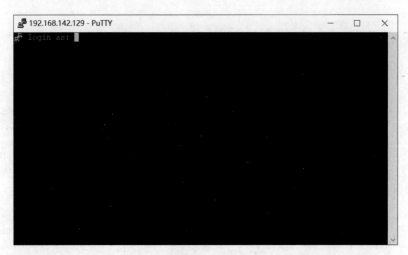

图 7-25　PuTTY 成功连接主机后的界面

此时,输入在 Ubuntu 系统中的登录用户名和密码,即可连接到 Ubuntu 主机。

注意:这里的登录用户名不是如图 7-26 所示的出现在登录界面上的用户名 Ubuntu,而是如图 7-27 所示的终端用户名 user01。输入正确的密码后,即可登录系统。在实际的操作中,可以事先查看终端上的用户名信息,然后再进行 PuTTY 的连接操作。

成功登录 Ubuntu 主机的 PuTTY 界面如图 7-28 所示,可以看到系统的欢迎信息和提

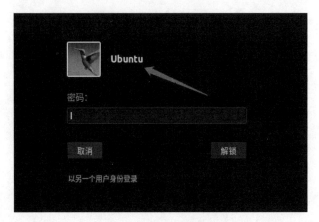

图 7-26 Ubuntu 登录界面

图 7-27 Ubuntu 主机的终端用户名

示信息,整个界面完全和 Ubuntu 主机上的终端操作界面相同,这是因为此时已经是在 Ubuntu 主机上进行操作了。这里所做的一切操作命令都会对主机产生实在的影响。

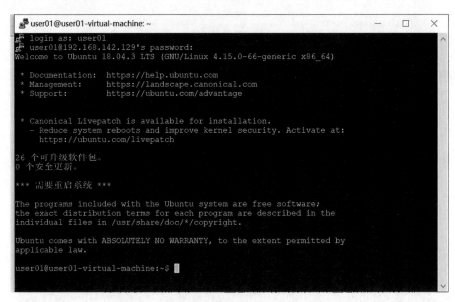

图 7-28 PuTTY 成功登录 Ubuntu 主机后的界面

这里,输入了 pwd、ls 等几条命令,可以清晰地看到,PuTTY 界面中的内容完全是 Ubuntu 主机上的内容,如图 7-29 所示。也就是说,通过 PuTTY 软件,可以远程登录到

Ubuntu 主机，完成日常维护管理工作，而无须在 Ubuntu 主机本地进行操作，从而大大提高了操作的便捷性。

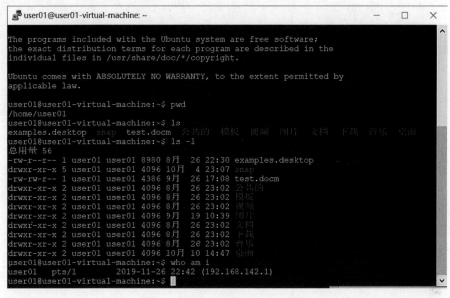

图 7-29　PuTTY 操作 Ubuntu 主机的界面

（5）在 Ubuntu 18.04 LTS 中，利用 apt-get remove 命令，可以卸载 SSH。具体过程如下：

```
user@user-desktop:~$ sudo apt-get remove openssh-server
[sudo] password for user:
正在读取软件包列表... 完成
正在分析软件包的依赖关系树
正在读取状态信息... 完成
下列软件包将被“卸载”:
openssh-server
升级了 0 个软件包，新安装了 0 个软件包，要卸载 1 个软件包，有 486 个软件包未被升级。
解压缩后将会空出 778KB 的空间。
您希望继续执行吗?[y/n]y
(正在读取数据库 ... 系统当前共安装有 123941 个文件和目录。)
正在删除 openssh-server ...
ssh stop/waiting
正在处理用于 man-db 的触发器...
正在处理用于 ufw 的触发器...
正在处理用于 ureadahead 的触发器...
ureadahead will be reprofiled on next reboot
user@user-desktop:~$
```

至此，SSH 服务器程序卸载成功。

7.3.3　字符界面软件包管理工具

aptitude 是 Debian GNU/Linux 系统中的软件包管理器，它基于 APT 机制，整合了

apt-get 的所有功能,在依赖关系处理上更为方便。aptitude 与 apt-get 一样,是 Debian 及其衍生系统中功能极其强大的包管理工具。与 apt-get 不同的是,aptitude 在处理依赖问题时功能更强。举例来说,aptitude 在删除一个包时,会同时删除这个包所依赖的包。这样,系统中不会残留无用的包,整个系统非常干净。

在 Ubuntu 18.04 LTS 中,aptitude 并不包含在默认安装的软件列表中,需要以 root 用户身份手动进行安装,使用 atp-get 命令安装 aptitude 的过程如下:

```
root@user01-virtual-machine:~#apt-get install aptitude
正在读取软件包列表... 完成
正在分析软件包的依赖关系树
正在读取状态信息... 完成
将会安装下列额外的软件包:
libclass-accessor-perl libcwidget3 libio-string-perl
libparse-debianchangelog-perl libsub-name-perl libtimedate-perl
建议安装的软件包:
aptitude-doc-en aptitude-doc tasksel debtags libcwidget-dev
libhtml-parser-perl libhtml-template-perl libxml-simple-perl
下列"新"软件包将被安装:
aptitude libclass-accessor-perl libcwidget3 libio-string-perl
libparse-debianchangelog-perl libsub-name-perl libtimedate-perl
升级了 0 个软件包,新安装了 7 个软件包,要卸载 0 个软件包,有 87 个软件包未被升级。
需要下载 2,890 KB 的软件包。
解压缩后会消耗掉 8,965 KB 的额外空间。
您希望继续执行吗?[y/n]y
获取: 1 http://cn.archive.ubuntu.com/ubuntu/ precise/main libcwidget3 i386 0.5.16
-3.1ubuntu1 [392 KB]
获取: 2 http://cn.archive.ubuntu.com/ubuntu/ precise-updates/main aptitude i386
0.6.6-1ubuntu1.2 [2,355 KB]
获取: 3 http://cn.archive.ubuntu.com/ubuntu/ precise/main libsub-name-perl i386
0.05-1build2 [9,536 B]
获取: 4 http://cn.archive.ubuntu.com/ubuntu/ precise/main libclass-accessor-
perl all 0.34-1 [26.0 KB]
获取: 5 http://cn.archive.ubuntu.com/ubuntu/ precise/main libio-string-perl all
1.08-2 [12.0 KB]
获取: 6 http://cn.archive.ubuntu.com/ubuntu/ precise/main libtimedate-perl all
1.2000-1 [41.6 KB]
获取: 7 http://cn.archive.ubuntu.com/ubuntu/ precise/main libparse-debianchangelog
-perl all 1.2.0-1ubuntu1 [54.0 KB]
下载 2,890 KB,耗时 41 秒 (70.2 KBps)
Selecting previously unselected package libcwidget3.
(正在读取数据库 ... 系统当前共安装有 224102 个文件和目录。)
正在解压缩 libcwidget3 (从 .../libcwidget3_0.5.16-3.1ubuntu1_i386.deb) ...
Selecting previously unselected package aptitude.
正在解压缩 aptitude (从 .../aptitude_0.6.6-1ubuntu1.2_i386.deb) ...
Selecting previously unselected package libsub-name-perl.
正在解压缩 libsub-name-perl (从 .../libsub-name-perl_0.05-1build2_i386.deb) ...
Selecting previously unselected package libclass-accessor-perl.
```

正在解压缩 libclass-accessor-perl (从 .../libclass-accessor-perl_0.34-1_all.
deb) ...
Selecting previously unselected package libio-string-perl.
正在解压缩 libio-string-perl (从 .../libio-string-perl_1.08-2_all.deb) ...
Selecting previously unselected package libtimedate-perl.
正在解压缩 libtimedate-perl (从 .../libtimedate-perl_1.2000-1_all.deb) ...
Selecting previously unselected package libparse-debianchangelog-perl.
正在解压缩 libparse-debianchangelog-perl (从 .../libparse-debianchangelog-perl_
1.2.0-1ubuntu1_all.deb) ...
正在处理用于 menu 的触发器...
正在处理用于 man-db 的触发器...
正在设置 libcwidget3 (0.5.16-3.1ubuntu1) ...
正在设置 aptitude (0.6.6-1ubuntu1.2) ...
update-alternatives: 使用 /usr/bin/aptitude-curses 来提供 /usr/bin/aptitude
(aptitude),于自动模式中。
正在设置 libsub-name-perl (0.05-1build2) ...
正在设置 libclass-accessor-perl (0.34-1) ...
正在设置 libio-string-perl (1.08-2) ...
正在设置 libtimedate-perl (1.2000-1) ...
正在设置 libparse-debianchangelog-perl (1.2.0-1ubuntu1) ...
正在处理用于 libc-bin 的触发器...
ldconfig deferred processing now taking place
正在处理用于 menu 的触发器...
root@user01-virtual-machine:~#aptitude
root@user01-virtual-machine:~#

　　在终端直接输入 aptitude 命令,即可启动 aptitude 主界面,如图 7-30 所示。顶部是标题栏和菜单栏,其下是树状结构,用于显示和选择软件包。用户可以通过箭头键或 J、K 键移动光标,被选中的软件包或操作项高亮显示。在移动光标的同时,下半部分的窗口则显示对应软件包或操作项的描述。当光标位于树结构的上层节点时,可以按 Enter 键来折叠或展开当前分枝。

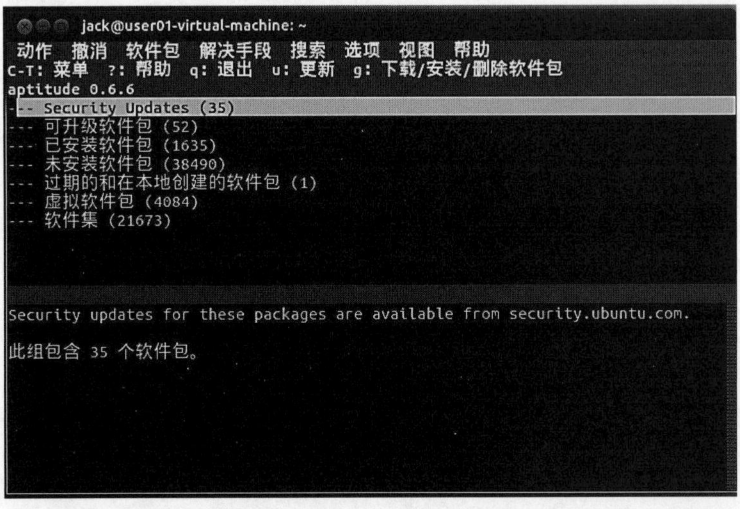

图 7-30　aptitude 主界面

aptitude 操作可以通过快捷键进行,常用快捷键如表 7-4 所示。

表 7-4 aptitude 常用快捷键

快捷键	说　　明
+	安装或升级软件包,或者解除保持(hold)状态
−	卸载软件包
_	卸载软件包并删除其配置文件
L	重新安装软件包
U	更新软件列表
G	执行所有等待执行的任务
Q	退出 aptitude 程序

随着 Ubuntu 系统集成了图形界面的软件包管理器,aptitude 程序的使用大为减少。

7.3.4　Ubuntu 软件中心

在 Ubuntu 18.04 LTS 的界面中集成了 Ubuntu 软件中心这个管理工具,通过它可以安装和卸载许多流行软件包,进行软件管理。在 Ubuntu 软件中心中,可以用 email 这样的关键字来搜索想安装的软件包,或浏览给出的分类,选择应用程序,单击“安装”按钮即可进行软件的安装。Ubuntu 软件中心主界面如图 7-31 所示。

图 7-31　Ubuntu 软件中心主界面

在 Ubuntu 软件中心主界面中有 3 个选项卡:“全部”“已安装”和“更新”。在“全部”选项卡中,将软件分成 9 个大类,分别是“影音”“通信与新闻”“生产力”“游戏”“图像与摄影”

"附加组件""开发工具""教育与科学""实用工具"。单击各个分类名称,可以打开对应的软件列表,可以从中选择软件进行安装。例如,单击"开发工具"分类,则显示如图 7-32 所示的界面,列出了分类为"开发工具"的所有软件,每个软件均给出了图标、星级评价等内容。单击软件图标,会出现软件的详细信息和"安装"按钮。

图 7-32 "全部"选项卡中"开发工具"类

Ubuntu 软件中心主界面的"已安装"选项卡中显示系统已经安装的软件图标、名称、软件说明以及"移除"按钮,如图 7-33 所示。选择想要删除的软件,并单击"移除"按钮,可以移

图 7-33 "已安装"选项卡

除相应的软件。如果想要一次移除多个软件,可以单击界面右上角的复选按钮■,通过复选框选择多个软件,然后进行一次性移除操作。

Ubuntu 软件中心主界面中还有"更新"选项卡。如果系统有可以更新的软件,将会在"更新"选项卡中显示。

Ubuntu 软件中心支持众多的软件。如果从列表中选择软件进行安装,用户可能需要多次滚屏操作才能找到想要安装的软件。一个更为简便的方法是:单击 Ubuntu 软件中心主界面中的"全部"选项卡后,可以选择右上方的搜索工具,在搜索框中直接输入软件名称,查找需要的软件。例如,输入 office 关键词,可以搜索出名称和描述中包含 office 的软件,如图 7-34 所示。

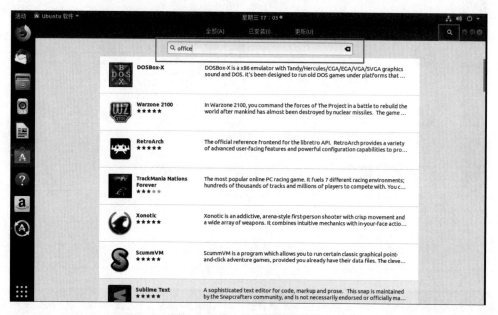

图 7-34　输入关键词搜索软件

总之,Ubuntu 软件中心是一种方便的图形化软件管理工具,可以为 Ubuntu 用户提供方便、快捷的软件管理功能。

下面以安装 Ubuntu 软件中心提供的小游戏"华容道"为例,演示软件的安装与卸载过程。安装时,首先在 Ubuntu 软件中心主界面中选择"游戏"分类,找到"华容道"程序,如图 7-35 所示。

单击"华容道"程序图标,显示该游戏的介绍,如图 7-36 所示。

单击图 7-36 中的"安装"按钮,进入程序的安装界面。输入管理员密码后,进入安装过程,如图 7-37 所示。

安装结束后,单击"启动"按钮,可以启动该程序。如果要删除该程序,则单击"移除"按钮。"华容道"游戏安装结束界面如图 7-38 所示。

单击"启动"按钮,启动"华容道"游戏,如图 7-39 所示。

在图 7-38 所示的"华容道"游戏安装结束界面中,单击"移除"按钮,可以启动游戏删除过程,如图 7-40 所示。

图 7-35　搜索"华容道"游戏

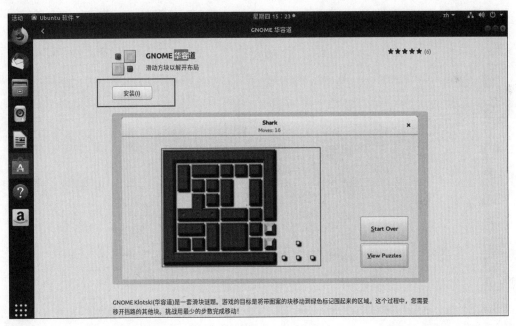

图 7-36　"华容道"游戏介绍

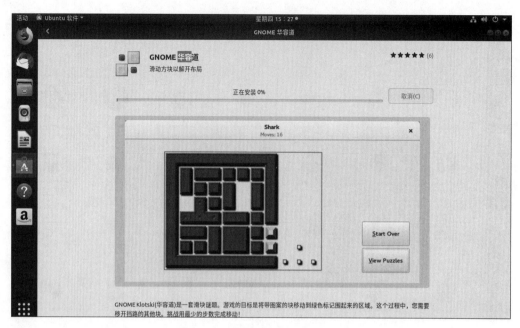

图 7-37 "华容道"游戏安装界面

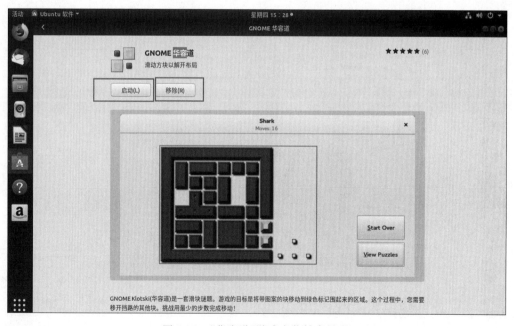

图 7-38 "华容道"游戏安装结束界面

图 7-39 "华容道"游戏启动界面

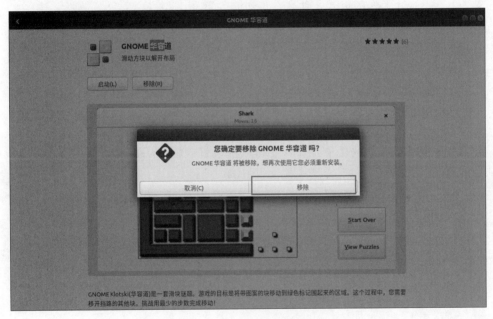

图 7-40 "华容道"游戏删除界面

本 章 小 结

本章介绍了 Ubuntu 系统的管理和软件维护方法。Ubuntu 系统通过用户和组进行系统管理。不同的组用户拥有不同的管理权限,每个用户也必须拥有用户名和密码才能登录系统。在系统中可以通过命令行或者图形界面的方式增加和删除用户及组。

在系统维护方面,利用软件包管理工具 APT 可以进行软件的管理,包括安装、删除等功能。另外,更加方便、直观的方法是使用系统的 Ubuntu 软件中心,以图形界面的方式进行软件的管理。

实　验　7

题目：用户和组的创建。

要求：

（1）在 Ubuntu 中分别以命令行和图形界面的方式添加一个新用户，用户名为 zhang，并以 zhang 的账号登录系统。

（2）激活 root 用户，并从普通用户转换为 root 用户。

（3）在 Ubuntu 中分别以命令行和图形界面的方式添加和删除一个组，组名为 abc。

习　题　7

1. 如何在 Ubuntu 中添加和删除一个用户？

2. /etc/passwd 文件的格式是什么？每列的含义是什么？

3. /etc/passwd 文件和/etc/shadow 文件的权限有什么不同？

4. 如何添加和删除一个组？

5. UID 和 GID 各自代表什么含义？

6. 如何将一个普通用户的权限变成 root 用户的权限？

7. DEB 包中常见的依赖关系有哪几种？分别是什么含义？

8. 如何利用 APT 工具进行软件的安装和删除？

9. 如何利用 Ubuntu 软件中心和新立得软件包管理器（Synaptic Package Manager）进行软件的安装和删除？

第 8 章　网络基本配置与应用

Linux 操作系统是随着计算机网络技术的发展而产生并发展的,因此其网络功能也十分强大。Ubuntu 系统作为 Linux 的一种具体实现,同样集成了 Linux 强大的网络功能,并且也只有在网络环境下才能充分发挥 Ubuntu 系统的全部功能。

8.1　网络基本配置

8.1.1　网络基础知识

计算机网络是指将地理位置不同的具有独立功能的多台计算机及其外部设备通过通信线路连接起来,在网络操作系统、网络管理软件及网络通信协议的管理和协调下,实现资源共享和信息传递的计算机系统。计算机网络的兴起和发展离不开 Internet。Internet 的中文译名为因特网,又称为国际互联网。它是由那些使用公用语言互相通信的计算机连接而成的全球网络。一旦连接到它的任何一个节点上,就意味着计算机已经接入 Internet 了。Internet 的用户目前已经遍及全球,有超过几十亿人在使用 Internet,并且它的用户数还在以几何级数上升。

Internet 最基本的网络协议是 TCP/IP,它是 Transmission Control Protocol/Internet Protocol 的简写,中文译名为传输控制协议/因特网协议,又名网络通信协议,是 Internet 最基本的协议。TCP/IP 是 Internet 的基础,由传输层的 TCP 协议和网络层的 IP 协议组成。TCP/IP 定义了电子设备如何连入因特网,以及数据如何在它们之间传输的标准。该协议采用了 4 层结构,每一层都呼叫它的下一层所提供的网络服务来完成自己的需求。通俗地说,TCP 负责发现传输的问题,如果遇到问题就发出信号,要求重新传输,直到所有数据安全、正确地传输到目的地;而 IP 是给因特网的每一台计算机规定一个地址。

从协议分层模型方面来讲,TCP/IP 的 4 层分别为网络接口层、网络层、传输层、应用层。

TCP/IP 并不完全符合 OSI/RM 的 7 层结构。OSI/RM(Open System Interconnect/Reference Model)是传统的开放式系统互联参考模型,是一种通信协议的 7 层抽象的参考模型,其中每一层执行某一特定任务。该模型的目的是使各种硬件在相同的层次上相互通信。这 7 层分别是物理层、数据链路层、网络层、传输层、会话层、表示层和应用层。而 TCP/IP 通信协议采用了 4 层的结构。TCP/IP 通信协议源自 ARPANET,由于 ARPANET 的设计者注重的是网络互联,允许通信子网(网络接口层)采用已有的或将来会有的各种协议,所以在该层中没有提供专门的协议。实际上,TCP/IP 可以通过网络接口层连接到任何网络,例如 X.25 交换网或 IEEE 802 局域网。TCP/IP 结构与 OSI/RM 结构的各层对应关系如表 8-1 所示。

表 8-1 **TCP/IP 结构与 OSI/RM 结构的各层对应关系**

TCP/IP	OSI/Rm
应用层	应用层 表示层 会话层
传输层	传输层
网络层	网络层
网络接口层	数据链路层 物理层

关于计算机网络和 TCP/IP 的知识,请参考有关图书。

8.1.2 IP 地址配置

1. IP 地址的基本知识

所谓 IP 地址就是给每个接入 Internet 的主机分配的一个 32 位地址,即 IPv4,因此地址空间中有 4 294 967 296 个地址。按照 TCP/IP 的规定,IP 地址用二进制来表示,每个 IP 地址长 32 位(32b),换算成字节就是 4B。例如,一个采用二进制形式的 IP 地址是 00001010000000000000000000000001,这么长的地址,人们处理起来很费劲。为了方便人们的使用,IP 地址经常被写成十进制的形式,用符号"."分开各字节。于是,上面的 IP 地址可以表示为 10.0.0.1。IP 地址的这种表示法称为点分十进制表示法,这显然比 1 和 0 容易记忆得多。

Internet 上的每台主机(host)都有一个唯一的 IP 地址。IP 就是使用这个地址在主机之间传递信息的协议,这是 Internet 能够运行的基础。IP 地址的长度为 32 位,分为 4 段,每段 8 位,用十进制数字表示,每段的数字范围为 0~255,段与段之间用"."隔开,例如 159.226.1.1。IP 地址由两部分组成,一部分为网络地址,另一部分为主机地址。最初,一个 IP 地址被分成两部分:网络识别码在地址的高位字节中,主机识别码在剩下的部分中,这使得创建最多 256 个网络成为可能,但很快人们发现这样是不够的。为了突破这个限制,在随后出现的分类网络中,地址的高位字节被重定义为网络的类。这个系统定义了 5 个类别,分别是 A、B、C、D 和 E。A、B 和 C 类有不同的网络类别长度,剩余的部分被用来识别网络内的主机,这就意味着这 3 个网络类别有不同的给主机编址的能力;D 类被用于多播地址;E 类被留作将来使用。

在 IPv4 地址中,有一些地址属于特殊地址,这些有特殊用途的 IP 地址及其说明如表 8-2 所示。

表 8-2 **有特殊用途的 IP 地址及其说明**

地 址 块	描　　述	参考资料
0.0.0.0/8	本网络(仅作为源地址时合法)	RFC 1700
10.0.0.0/8	专用网络	RFC 1918

地 址 块	描 述	参考资料
127.0.0.0/8	环回	RFC 5735
169.254.0.0/16	链路本地	RFC 3927
172.16.0.0/12	专用网络	RFC 1918
192.0.0.0/24	保留(IANA)	RFC 5735
192.0.2.0/24	TEST-NET-1,文档和示例	RFC 5735
192.88.99.0/24	6to4 中继	RFC 3068
192.168.0.0/16	专用网络	RFC 1918
198.18.0.0/15	网络基准测试	RFC 2544
198.51.100.0/24	TEST-NET-2,文档和示例	RFC 5737
203.0.113.0/24	TEST-NET-3,文档和示例	RFC 5737
224.0.0.0/4	多播(D 类网络)	RFC 3171
240.0.0.0/4	保留(E 类网络)	RFC 1700
255.255.255.255	广播	RFC 919

在 IPv4 所允许的大约 40 亿个地址中,3 个地址块被保留为专用网络,如表 8-3 所示。这些地址块在专用网络之外不可路由,专用网络之内的主机也不能直接与公共网络通信。但通过网络地址转换,这些地址可以与公共网络通信。

表 8-3 专用网络的地址块

名字	地 址 范 围	地址数量	有类别的描述	最大的 CIDR* 地址块
24 位块	10.0.0.0～10.255.255.255	16 777 216	一个 A 类网络	10.0.0.0/8
20 位块	172.16.0.0～172.31.255.255	1 048 576	连续的 16 个 B 类网络	172.16.0.0/12
16 位块	192.168.0.0～192.168.255.255	65 536	连续的 256 个 C 类网络	192.168.0.0/16

* CIDR 是 Classless InterDomain Routing 的缩略语,意为无类别域间路由。

IPv4 从出现到如今几乎没有改变。1983 年,TCP/IP 被 ARPANET 采用,直至发展到后来的 Internet。那时只有几百台计算机互相联网。1989 年,联网计算机数量突破 10 万台,并且同年出现了 1.5Mb/s 的骨干网。因为 IANA(Internet Assigned Numbers Authority,互联网数字分配机构)把大片的地址空间分配给一些公司和研究机构,20 世纪 90 年代初就有人担心 10 年内 IP 地址空间将会不够用,并由此推动了 IPv6 的开发。而随着 IANA 把最后 5 个 IPv4 地址块分配给全球的 5 个 RIR(Regional Internet Register,地区性 Internet 注册机构),其主地址池在 2011 年 2 月 3 日耗尽。RIR 是负责将 IP 地址块分配给 ISP(Internet Service Provider,Internet 服务提供商)的国际机构之一。目前,全球有五大 RIR 机构:

(1) RIPE(Reseaux IP Europeans),欧洲 IP 地址注册中心,服务于欧洲、中东地区和中亚地区。

（2）LACNIC（Latin American and Caribbean Internet Address Registry），拉丁美洲和加勒比海 Internet 地址注册中心，服务于中美洲、南美洲以及加勒比海地区。

（3）ARIN（American Registry for Internet Numbers），美国 Internet 编号注册中心，服务于北美地区和部分加勒比海地区。

（4）AFRINIC（Africa Network Information Centre），非洲网络信息中心，服务于非洲地区。

（5）APNIC（Asia Pacific Network Information Centre），亚太地址网络信息中心，服务于亚洲和太平洋地区。

IPv6 目前尚未得到大规模应用，因此这里主要介绍 IPv4 地址配置。关于 IPv6 网络的知识请参考其他资料。

2. Ubuntu 中网络的基本配置

在 Ubuntu 中，要修改 IP 地址，可以采用图形界面或者在终端下以输入 ifconfig 命令的方式进行操作。在图形界面中，单击桌面右上角的箭头图标▼，选择"有线设置"，如图 8-1 所示。

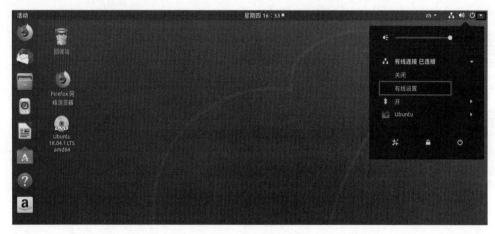

图 8-1　选择"有线设置"

【说明】　在系统主界面的右上角，有网络连接状态图标。在网络已经正常连接的状态下，网络连接状态图标将变成█；而在网络断开的状态下，将显示█，说明此时的网络是不通的。

单击图 8-1 中的"有线设置"，出现网络设置管理界面，如图 8-2 所示。

也可以在 Ubuntu 系统中单击桌面左下角的显示应用程序图标，再单击"设置"图标，也可以打开网络设置管理界面，如图 8-3 所示。

单击图 8-2 中的设置图标❀，出现有线设置管理界面，如图 8-4 所示。

在有线设置管理界面中，有 5 个选项卡，分别是"详细信息"、"身份"、IPv4、IPv6 和"安全"。打开有线设置管理界面时显示的是"详细信息"选项卡的内容。

（1）"详细信息"选项卡显示网络的基本参数，如 IP 地址、硬件地址、默认路由、DNS 等。

图 8-2　网络设置管理界面

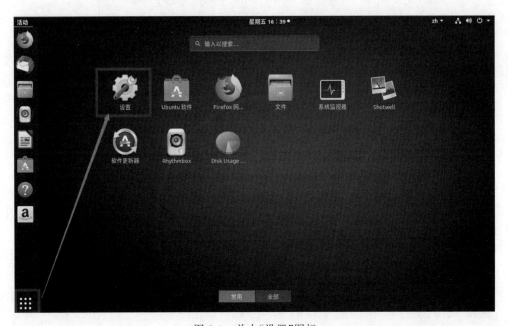

图 8-3　单击"设置"图标

图 8-4　有线设置管理界面

（2）"身份"选项卡显示有线连接的名称、MAC 地址、MTU 参数设置等信息，可以对其进行设置，如图 8-5 所示。

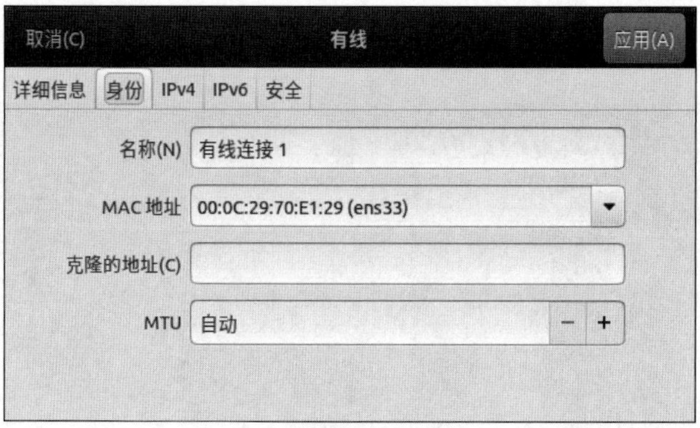

图 8-5　选择"身份"选项卡

MAC(Media Access Control，媒体访问控制)地址也称为 MAC 位址、硬件位址，用来定义网络设备的位置。在 OSI/RM 中，第三层(网络层)负责 IP 地址，第二层(数据链路层)则负责 MAC 地址。因此，一个主机会有一个 IP 地址，而每个网络位置会有一个专属于它的 MAC 地址。每个网卡在出厂时都有一个预设的 MAC 地址，且全球唯一。虽然可以手工修改网卡的 MAC 地址，但是在具体使用时并不建议这样做，因为这样可能会造成 MAC 地址冲突。

MTU(Maximum Transmission Unit，最大传输单元)是指一种通信协议的某一层所能通过的最大数据包大小，通常以字节为单位。MTU 参数通常与通信接口有关(网络接口卡、串口等)，Ubuntu 默认的 MTU 为 1500B。

（3）IPv4 选项卡可以对网卡的 IPv4 地址、子网掩码、网关等进行设置，可以设置为自动（DHCP）模式，也可以设置为手动模式。动态主机设置协议（Dynamic Host Configuration Protocol，DHCP）是一个局域网的网络协议。使用 UDP 协议工作，主要有两个用途：一是供内部网络或网络服务供应商自动分配 IP 地址，二是供用户或者内部网络管理员作为对所有计算机进行集中管理的手段。如果采用 DHCP 方法，则不需要输入 IP 地址、子网掩码、网关等信息，这些信息都可以自动从 DHCP 服务器获得。在手动模式下需要用户手工输入 IP 地址、子网掩码、网关等信息，如果输入错误则无法正常访问网络。IPv4 选项卡如图 8-6 所示。

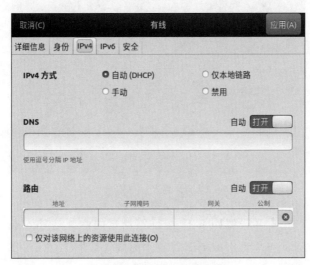

图 8-6　选择 IPv4 选项卡

（4）IPv6 选项卡用于设置 IPv6 协议的地址等信息，与 IPv4 选项卡的设置类似。IPv6 选项卡如图 8-7 所示。

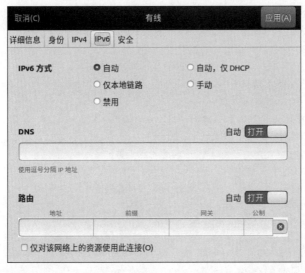

图 8-7　选择 IPv6 选项卡

（5）"安全"选项卡，该选项卡对应网卡的 IEEE 802.1x 协议设置。IEEE 802.1x 协议是基于客户/服务器的访问控制和认证协议，它可以限制未经授权的用户或设备通过接入端口（access port）访问 LAN/WLAN。在用户或设备访问交换机或 LAN 提供的各种业务之前，IEEE 802.1x 对连接到交换机端口上的用户或设备进行认证。在认证通过之前，IEEE 802.1x 只允许 EAPoL（Extensible Authentication Protocol over LAN，基于局域网的扩展认证协议）数据通过设备连接的交换机端口；认证通过以后，正常的数据可以顺利地通过以太网端口。用户可以根据需要对安全选项进行设置。"安全"选项卡如图 8-8 所示。

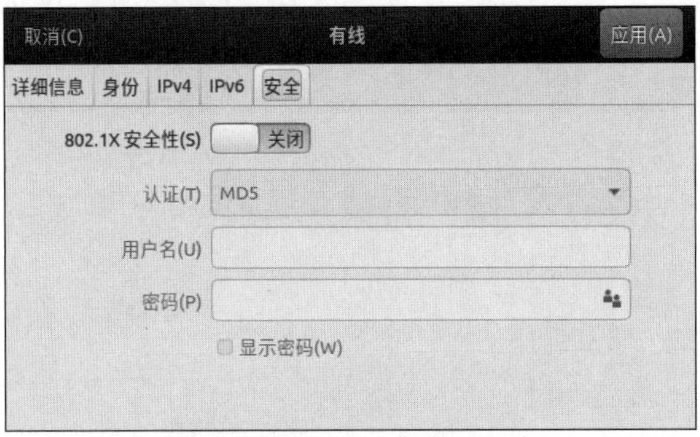

图 8-8　选择"安全"选项卡

对于 Linux 而言，查看和设置网卡 IP 地址等信息的命令是 ifconfig。在终端输入不带参数的 ifconfig 命令将显示当前网卡信息。命令执行过程如下：

```
user@user-desktop:~$ifconfig
eth12    Link encap: 以太网 硬件地址 00:0c:29:d0:97:f7
         inet 地址: 192.168.157.140 广播: 192.168.157.255 掩码: 255.255.255.0
         inet6 地址: fe80::20c:29ff:fed0:97f7/64 Scope:Link
         UP BROADCAST RUNNING MULTICAST MTU:1500 跃点数: 1
         接收数据包: 25 错误: 0 丢弃: 0 过载: 0 帧数: 0
         发送数据包: 40 错误: 0 丢弃: 0 过载: 0 载波: 0
         碰撞: 0 发送队列长度: 1000
         接收字节: 3054 (3.0 KB) 发送字节: 5672 (5.6 KB)
         中断: 18 基本地址: 0x2000
lo       Link encap: 本地环回
         inet 地址: 127.0.0.1 掩码: 255.0.0.0
         inet6 地址: ::1/128 Scope:Host
         UP LOOPBACK RUNNING MTU: 16436 跃点数:1
         接收数据包: 8 错误: 0 丢弃: 0 过载: 0 帧数: 0
         发送数据包: 8 错误: 0 丢弃: 0 过载: 0 载波: 0
         碰撞: 0 发送队列长度: 0
         接收字节: 480 (480.0 B) 发送字节: 480 (480.0 B)
```

上面的信息分为两部分：eth12 和 lo。eth12 是物理网卡的名称，因为当前用户使用的是虚拟机环境，因此网卡的名称显示为 eth12，正常情况下，Ubuntu 系统识别的物理网卡是以 eth0，eth1，eth2…来命名的。lo 是虚拟的 loopback 接口设备。系统管理员完成网络规划之后,为了方便管理,会为每一台路由器创建一个 loopback 接口,并在该接口上单独指定一个 IP 地址作为管理地址,系统管理员会使用该地址对路由器进行远程登录(telnet),该地址实际上起到了类似于设备名称的功能。

ifconfig 返回信息的含义见表 8-4。

表 8-4 ifconfig 返回信息的含义

信息项目	含义
Link encap	表示信息的分组方法,如以太网等
硬件地址	网卡出厂时设定的 MAC 地址
inet 地址	IPv4 地址,当前为 192.168.157.140
广播	广播地址
掩码	子网掩码
inet6 地址	IPv6 地址
UP BROADCAST RUNNING MULTICAST MTU	最大传输单元
跃点数	表示经过了多少个跃点的累加器值
接收数据包	接收到的数据包的统计信息,其中包括错误的包、丢弃的包、过载的包和帧数等信息
发送数据包	已发送的数据包的统计信息,其中包括错误的包、丢弃的包、过载的包和帧数等信息
接收字节	接收的数据字节数
发送字节	发送的数据字节数
中断	网卡的中断号
基本地址	网卡的中断向量地址

lo 是虚拟设备,并非真实的物理网卡,因此其地址为 127.0.0.1,它是回环地址或回送地址,代表本地机,一般用于测试。127.×.×.× 是本机回送地址(loopback address),即主机 IP 堆栈内部的 IP 地址,主要用于网络软件测试以及本地机进程间通信。无论什么程序,一旦使用回送地址发送数据,协议软件立即将其返回,不进行任何网络传输,因此其地址等参数信息也不能修改。

要修改网卡的 IP 地址,可以采用 ifconfig 命令。其格式如下:

ifconfig 设备名称 IP 地址 netmask 子网掩码

下面将 eth12 的网卡 IP 地址修改为 192.168.157.141:

user@user-desktop:~$ sudo ifconfig eth12 192.168.157.141 netmask 255.255.255.0
[sudo] password for user:

修改完毕后,输入不带参数的 ifconfig 命令查看结果,可以看到,etch12 的 IP 地址已经修改为 192.168.157.141,效果如下:

user@user-desktop: ~$ ifconfig

```
eth12      Link encap: 以太网 硬件地址 00: 0c: 29: d0: 97: f7
           inet 地址: 192.168.157.141 广播: 192.168.157.255 掩码: 255.255.255.0
           inet6 地址: fe80:: 20c: 29ff: fed0: 97f7/64 Scope: Link
           UP BROADCAST RUNNING MULTICAST MTU: 1500 跃点数: 1
           接收数据包: 25 错误: 0 丢弃: 0 过载: 0 帧数: 0
           发送数据包: 46 错误: 0 丢弃: 0 过载: 0 载波: 0
           碰撞: 0 发送队列长度: 1000
           接收字节: 3054 (3.0 KB) 发送字节: 7401 (7.4 KB)
           中断: 18 基本地址: 0x2000
lo         Link encap: 本地环回
           inet 地址: 127.0.0.1 掩码: 255.0.0.0
           inet6 地址:::1/128 Scope: Host
           UP LOOPBACK RUNNING MTU: 16436 跃点数: 1
           接收数据包: 8 错误: 0 丢弃: 0 过载: 0 帧数: 0
           发送数据包: 8 错误: 0 丢弃: 0 过载: 0 载波: 0
           碰撞: 0 发送队列长度: 0
           接收字节: 480 (480.0 B) 发送字节: 480 (480.0 B)
```

8.1.3 DNS 配置

1. DNS 的基础知识

DNS 是 Domain Name System(计算机域名系统)或 Domain Name Server(计算机域名服务器)的缩写,它是由解析器和域名服务器组成的。域名服务器是保存该网络中所有主机的域名和对应 IP 地址,并将域名转换为 IP 地址的服务器。其中,域名必须对应一个 IP 地址,而 IP 地址不一定只对应一个域名。域名系统采用类似目录树的等级结构。域名服务器为客户/服务器模式中的服务器,它主要有两种形式:主服务器和转发服务器。在 Internet中,域名与 IP 地址是一对一(或者多对一)的。域名虽然便于人们记忆,但计算机只能识别IP 地址,域名和 IP 地址之间的转换工作称为域名解析,需要由专门的域名解析服务器来完成,DNS 就是进行域名解析的服务器。DNS 域名用于 Internet 的 TCP/IP 网络中,通过用户友好的名称查找计算机和服务。当用户在应用程序中输入域名时,DNS 可以将域名解析为与之相关的其他信息,如 IP 地址。

域名是由一串用句点分隔的名字组成的 Internet 中的一台计算机或计算机组的名称,用于在数据传输时标识计算机的电子方位。通俗地说,域名就相当于门牌号码,人们通过这个号码很容易找到对应的位置。DNS 规定,域名中的标号都由英文字母和数字组成,每一个标号不超过 63 个字符,也不区分大小写字母。标号中除了连字符外不能使用其他的符号。级别最低的域名写在最左边,而级别最高的域名写在最右边。由多个标号组成的完整域名总共不超过 255 个字符。

域名有两个基本类型。一是国际域名(international Top-level Domain-names,iTDs),也叫国际顶级域名。这也是使用最早也最广泛的域名,例如表示工商企业的.com、表示网络提供商的.net、表示非营利组织的.org 等。

二是国内域名,又称为国内顶级域名(national Top-level Domain-names,nTDs),即按照国家的不同分配不同后缀,这些域名即为国家和地区的顶级域名。目前有超过 200 个国家和地区按照 ISO 3166 国家代码分配了顶级域名,例如,中国是 cn,美国是 us,日本是 jp,等等。

关于域名及 DNS 的更多内容,请参考相关资料。

2. Ubuntu 中的 DNS 基础配置

在 Ubuntu 系统中,DNS 配置信息保存在/etc/resolv.conf 文件中,其主要用途是确定由哪一个域名解析服务器来进行域名的解析。在/etc/resolv.conf 文件中,可以有多条记录,每条记录通常包含两个字段:第一个字段是关键字;第二个字段是关键字的具体值,多个值之间以逗号分隔。/etc/resolv.conf 文件的关键字如表 8-5 所示。

表 8-5　/etc/resolv.conf 文件的关键字

关 键 字	说　　　明
nameserver	用于指定 DNS 服务器的 IP 地址。每个 nameserver 对应一个 DNS 服务器。可以有多个 nameserver,每个单独占据一行,但一般不超过 3 个(依据 MAXNS 变量)
domain	用于指定默认情况下使用的本地域名
search	用于指定执行地址查询时使用的域名检索表,默认情况下为本地域名

用户可以通过 cat 命令查看/etc/resolv.conf 文件的内容:

```
user@user-desktop: ~$cat /etc/resolv.conf
#Generated by NetworkManager
domain localdomain
search localdomain
nameserver 192.168.157.2
```

上例中,只指定了一个 DNS 服务器地址,即 192.168.157.2。domain 和 search 都指向本地域名。要修改和变更 DNS 服务器地址,只需要编辑/etc/resolv.conf 文件的内容即可。

也可以通过图形界面来设置 DNS 服务器地址,在如图 8-6 所示的界面中即可设置 DNS 服务器的 IP 地址。

8.1.4　hosts 文件

为了便于记忆,在 TCP/IP 网络体系中,通常采用容易记忆的名字表示网络中的每一台主机。这就需要一种实现名字与地址进行转换的机制。在 Ubuntu 系统中,利用/etc/hosts 文件实现从名字到地址的转换是一种常见的方法。/etc/hosts 文件记录了主机名与 IP 地址之间的关系。一般情况下,hosts 文件的每行为一个主机,每行由 3 部分组成,各部分间由空格隔开。其中,♯号开头的行为说明,不被系统解释。

第一部分:网络 IP 地址。

第二部分:主机名或域名。

第三部分:主机名别名。

可以用 cat 命令查看/etc/hosts 文件,示例如下:

```
user@user-desktop: ~$cat /etc/hosts
127.0.0.1localhost
```

```
127.0.1.1user-desktop
```

可以用 hostname 命令修改或显示主机名,这只是临时的办法,下次重启系统时,此主机名将不存在。不带参数的 hostname 命令用于查询当前主机名称,-i 参数用于显示主机的 IP 地址。示例如下:

```
houser@user-desktop: ～$hostname
user-desktop
user@user-desktop: ～$hostname -i
127.0.1.1
```

8.2　Linux 常用网络命令

因为 Linux 系统是在 Internet 上产生和发展的,所以它与生俱来拥有强大的网络功能和丰富的网络应用软件,其 TCP/IP 网络的实现尤为成熟。Linux 的网络命令比较多,其中一些命令(如 ping、ftp、telnet、route、netstat 等)在其他操作系统上也能看到,但也有一些UNIX/Linux 系统独有的命令,如 ifconfig、finger、mail 等。Linux 网络操作命令的一个特点是命令参数、选项和功能很多,一个命令往往还可以实现其他命令的功能。下面介绍Linux 常用的网络命令。

8.2.1　ifconfig 命令

【功能】 ifconfig 命令用于查看和更改网络接口的地址和参数,包括 IP 地址、网络掩码、广播地址,仅超级用户拥有使用权限。在日常使用中,通常利用该命令查看 IP 地址。

【格式】 ifconfig -interface [options] address

【说明】 主要参数如下:

- -interface:指定的网络接口名,如 eth0、eth1。
- up:激活指定的网络接口。
- down:关闭指定的网络接口。
- broadcast address:设置接口的广播地址。
- pointtopoint:启用点对点方式。
- address:设置指定接口设备的 IP 地址。
- netmask address:设置接口的子网掩码。

【示例】

(1) ifconfig 命令可以不带任何选项单独使用。该命令将显示计算机所有激活接口的信息。带-a 选项时,则显示所有接口的信息,包括未激活的接口。

通过 ifconfig 命令查看当前设备的 IP 地址,执行结果如图 8-9 所示。

(2) ifconfig 命令还可以用于设置网络设备的 IP 地址,可以作为设置和配置网卡的命令行工具。使用该命令可以高效地手工配置网络,而且无须重新启动计算机。

将网络设备 eth0 的 IP 地址设置为 192.168.0.1,并且马上激活它。命令如下:

```
ifconfig eth0  192.168.0.1  netmask  255.255.255.0
```

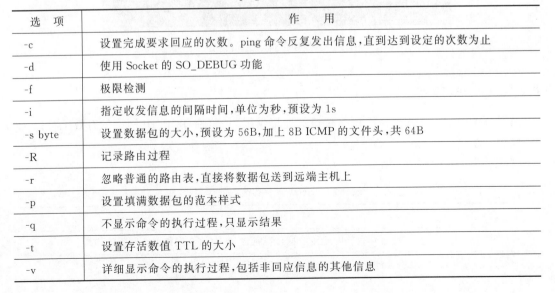

图 8-9　查看当前设备的 IP 地址

该命令的作用是设置网卡 eth0 的 IP 地址和子网掩码。需要注意的是，这种 IP 地址的设置是临时性的，系统重启后无法保留该设置。

（3）如果要暂停某个网络接口的工作，可以使用 down 选项。命令如下：

```
ifconfig eth0 down
```

8.2.2　ping 命令

【功能】ping 命令测试主机网络是否畅通，所有用户都拥有使用权限。

【格式】ping ［选项］ 主机名或 IP 地址

【说明】各选项的作用如表 8-6 所示。

表 8-6　ping 命令各选项的作用

选　　项	作　　用
-c	设置完成要求回应的次数。ping 命令反复发出信息，直到达到设定的次数为止
-d	使用 Socket 的 SO_DEBUG 功能
-f	极限检测
-i	指定收发信息的间隔时间，单位为秒，预设为 1s
-s byte	设置数据包的大小，预设为 56B，加上 8B ICMP 的文件头，共 64B
-R	记录路由过程
-r	忽略普通的路由表，直接将数据包送到远端主机上
-p	设置填满数据包的范本样式
-q	不显示命令的执行过程，只显示结果
-t	设置存活数值 TTL 的大小
-v	详细显示命令的执行过程，包括非回应信息的其他信息

ping 命令是使用最频繁的网络命令之一,通常用它来检测网络是否连通。它可以单独使用,也可以带选项和参数使用。常用的选项是-c,它用来控制执行的次数。ping 命令单独使用时,使用 Ctrl＋C 组合键结束该命令的执行。

【示例】

（1）ping 命令单独使用,以查看本机的网络状况。执行结果如图 8-10 所示。

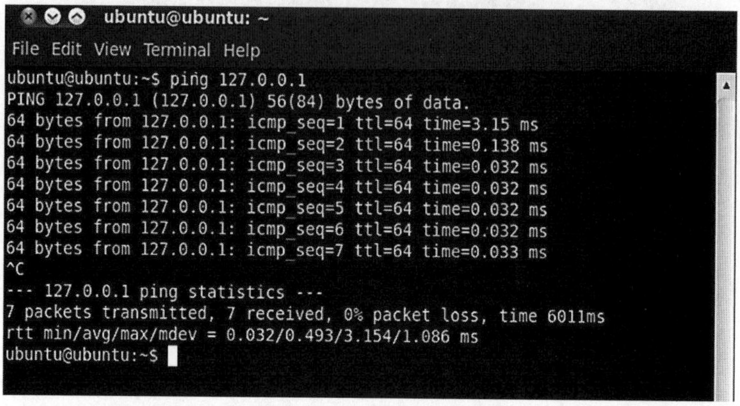

图 8-10　ping 命令单独使用

（2）使用 ping 命令查看本机的网络状况,5 次后自动停止。执行结果如图 8-11 所示。

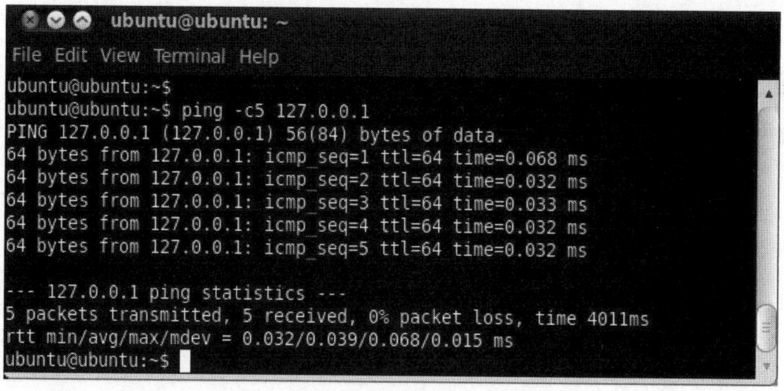

图 8-11　使用带选项的 ping 命令

8.2.3　netstat 命令

【功能】　netstat 命令检测网络端口的连接情况,是监控 TCP/IP 网络的有效工具。

【格式】　netstat ［选项］

【说明】　各选项的作用如表 8-7 所示。

表 8-7　netstat 命令各选项的作用

选　项	作　　用
-a	显示所有有效的连接信息,包括已经建立的连接和正在监听的连接
-r	显示路由的信息

选　项	作　用
-i	显示网络接口信息的内容
-n	使用网络 IP 地址代替名称,显示网络的连接情况
-o	显示计时器
-h	在线帮助
-c	持续列出网络状态
-t	显示 TCP 的连接情况
-u	显示 UDP 的连接情况
-v	显示指令执行过程
-w	显示 RAW 传输协议的连接情况

【示例】

（1）单独使用 netstat 命令检查网络端口连接情况。输入命令

```
netstat
```

（2）带选项使用 netstat 命令。例如,输入命令

```
netstat  -a
```

显示如下结果：

```
Active Internet connections (only servers)
Proto Recv-Q Send-Q Local Address Foreign Address State
tcp 0 0 * : 32768 * : * LISTEN
tcp 0 0 * : 3276Array * : * LISTEN
tcp 0 0 * : nfs * : * LISTEN
tcp 0 0 * : 32770 * : * LISTEN
tcp 0 0 * : 868 * : * LISTEN
tcp 0 0 * : 617 * : * LISTEN
tcp 0 0 * : mysql * : * LISTEN
tcp 0 0 * : netbios-ssn * : * LISTEN
tcp 0 0 * : sunrpc * : * LISTEN
tcp 0 0 * : 10000 * : * LISTEN
tcp 0 0 * : http * : * LISTEN
...
```

上面的结果显示,这台主机同时提供了 HTTP、FTP、NFS、MySQL 等服务。

8.2.4　ftp 和 bye 命令

【功能】　ftp 命令用于登录 FTP 服务器。该命令允许用户使用 FTP 进行文件传输,实现文件的上传和下载。bye 命令用于从 FTP 服务器退出。

【格式】 ftp 主机名/IP 地址

【说明】 "主机名/IP 地址"是要连接的 FTP 服务器的主机名或 IP 地址。建立 FTP 连接后,会提示输入用户名和密码。只有正确输入用户名和密码,才能真正登录 FTP 服务器,并实现文件的上传和下载操作。这一命令执行成功后,将从 FTP 服务器上得到 FTP>提示符。

另外,如果以匿名方式登录 FTP 服务器,则输入的用户名为 anonymous,输入的密码可以为一个邮箱地址格式的任意字符串。退出 FTP 服务器时,可以输入 bye 命令或者"!"命令,都可以终止主机 FTP 进程,退出 FTP 管理方式,退回 Shell。

【示例】 假设 FTP 服务器的 IP 地址为 192.168.0.1,使用 ftp 命令和 bye 命令分别登录 FTP 服务器以及退出。

```
ftp  192.168.0.1
bye
```

ftp 命令除了可以用来建立 FTP 连接之外,也是标准的文件传输协议的用户接口,是在 TCP/IP 网络中的计算机之间传输文件简单有效的方法。它允许用户传输 ASCII 码文件和二进制文件。用户可以通过 FTP 客户端程序登录到 FTP 服务器,并在权限范围内对远程服务器进行一系列操作,例如,在目录中上下移动,列出目录内容,把文件从远程计算机复制到本地机上,还可以把文件从本地主机传输到远程系统中。用户对远程计算机的这一系列操作都可以利用 ftp 内部命令实现。ftp 内部命令有 72 个,常用内部命令如表 8-8 所示。

表 8-8　常用的 ftp 内部命令及作用

命　令	作　用
ls	列出远程主机的当前目录
cd	在远程主机上改变工作目录
lcd	在本地主机上改变工作目录
close	终止当前的 FTP 会话
hash	每次传输完数据缓冲区中的数据后就显示一个♯
get	从远程主机传送指定文件到本地主机
put	从本地主机传送指定文件到远程主机
quit	断开与远程主机的连接,并退出 FTP。效果如同 bye 命令

8.2.5　telnet 和 logout 命令

1. telnet 命令

【功能】 telnet 命令允许用户使用 Telnet 协议在远程计算机之间进行通信,用户可以通过网络在远程计算机上登录,就像登录到本地主机上执行命令一样。telnet 是一个 Linux 命令,同时也是一个远程登录协议。

【格式】 telnet［选项］主机名/IP 地址

【说明】 "主机名/IP 地址"是要连接的远程主机的主机名或 IP 地址。telnet 命令各选项的作用如表 8-9 所示。

表 8-9　telnet 命令各选项的作用

选　项	作　用
-a	尝试自动登录远程系统
-8	允许使用 8 位字符数据,包括输入与输出
-b	使用别名指定远程主机名称
-c	不读取用户专属目录里的.telnetrc 文件
-l	指定要登录远程主机的用户名
-n	指定文件记录相关信息

　　用户使用 telnet 命令可以进行远程登录,并在远程计算机之间进行通信。用户通过网络在远程计算机上登录,就像登录到本地主机上执行命令一样。为了通过 telnet 登录到远程计算机上,必须知道远程计算机上的合法用户名和口令。如果用户名和口令输入正确,就能成功登录并在远程系统上工作。telnet 命令执行成功后,将从远程机上得到"login:"提示符。虽然有些系统确实为远程用户提供了登录功能,但出于对安全的考虑,又会限制来访者的操作权限,因此,这种情况下能使用的功能往往是很少的。

　　telnet 只为普通终端提供终端仿真,而不支持 X Window 等图形环境。当允许远程用户登录时,系统通常把这些用户放在一个受限制的 Shell 中,以防系统被怀有恶意的或粗心的远程用户破坏。用户还可以使用 telnet 命令从远程主机登录到自己的计算机上,执行检查电子邮件、编辑文件和运行程序等操作,就像在本地登录一样。

　　【示例】　假设远程计算机的 IP 地址为 192.168.0.1,使用 telnet 命令登录该计算机:

```
telnet  192.168.0.1
```

2. logout 命令

　　当用户不再需要远程会话时,要使用 logout 命令退出远程系统,并返回本地主机的 Shell 提示符下。

　　【格式】　logout

　　【示例】　假设远程计算机的 IP 地址为 192.168.0.1,并且用户已经登录,退出时输入以下命令:

```
logout
```

8.2.6　rlogin 命令

　　【功能】　rlogin 命令用于远程登录。能够实现远程登录的命令不只是 telnet,也可以用 rlogin 命令实现远程登录。rlogin 是 remote login 的缩写。该命令与 telnet 命令很相似,允许用户启动远程系统上的交互命令会话。

　　【格式】　rlogin　主机名/IP 地址

　　【说明】　"主机名/IP 地址"是要连接的远程主机的主机名或 IP 地址。

8.2.7　route 命令

【功能】　route 命令用于手工产生、修改和查看路由表。

【格式】　route［add|del］［-net|-host］目的主机［netmask 子网掩码］［gw 网关］［［dev］接口］

【选项】　route 命令各选项的作用如表 8-10 所示。

表 8-10　route 命令各选项的作用

选　项	作　　用	选　项	作　　用
add	增加一条路由	目的主机	目的网络或主机
del	删除一条路由	netmask 子网掩码	指定路由的子网掩码
-net	路由到达的是一个网络	gw 网关	指定路由的网关
-host	路由到达的是一台主机	［dev］接口	为路由指定的网络接口

【说明】　route 命令用来查看和设置 Linux 系统的路由信息，以实现与其他网络的通信。要实现两个网络之间的通信，需要一台连接两个网络的路由器或者同时位于两个网络中的网关来实现。

【示例】　在 Linux 系统中，设置路由通常是为了解决以下问题：该 Linux 系统在一个局域网中，该局域网中有一个网关，能够让计算机访问 Internet，那么就需要将这个网关的 IP 地址设置为 Linux 计算机的默认路由。使用下面的命令可以增加一个默认路由（假设默认路由的 IP 地址为 192.168.116.1）：

```
route add default gw 192.168.116.1
```

然后，可以通过单独使用 route 命令或 route －n 命令查看 Linux 系统的路由信息。

8.2.8　finger 命令

【作用】　finger 命令用来查询一台主机上的登录账号的信息，通常会显示用户名、主目录、停滞时间、登录时间、登录 Shell 等信息。所有用户均拥有使用权限。

【格式】　finger ［选项］［使用者］［用户名@ 主机名］

【说明】　finger 命令各选项的作用如表 8-11 所示。

表 8-11　finger 命令各选项的作用

选项	作　　用
-s	显示用户注册名、实际姓名、终端名称、写状态、停滞时间、登录时间等信息
-l	除了-s 选项显示的信息外，还显示用户主目录、登录 Shell、邮件状态等信息，以及用户主目录下的.plan、.project 和.forward 文件的内容
-p	除了不显示.plan 和.project 文件的内容以外，与-l 选项相同

如果要查询远程机上的用户信息，需要在用户名后面接"@主机名"，采用"用户名@主机名"的格式，不过要查询的网络主机需要运行 finger 守护进程。

【示例】 利用 finger 命令查询本地主机上的登录账号信息。命令执行情况如图 8-12 所示。

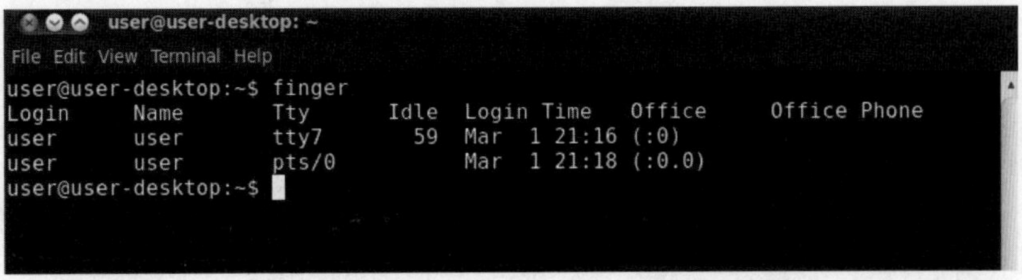

图 8-12 利用 finger 命令查询本地主机上的登录账号信息

8.2.9 mail 命令

【作用】 mail 命令的作用是发送电子邮件,所有用户均拥有使用权限。此外,mail 还是一个电子邮件程序。

【格式】 mail[-s 主题][-c 地址][-b 地址]mail -f[邮箱]mail[-u 用户]

【说明】 mail 命令各选项的作用如表 8-12 所示。

表 8-12 mail 命令各选项的作用

选 项	作 用
-s 主题	指定输出信息的主题
-c 地址	表示输出信息的抄送收信人地址清单
-b 地址	表示输出信息的匿名收信人地址清单
-f[邮箱]	从收件箱者指定邮箱读取邮件
[-u 用户]	端口指定优化的收件箱读取邮件

8.3 Firefox 浏览器

8.3.1 Firefox 简介

Mozilla Firefox 浏览器的中文名称为火狐浏览器,是由 Mozilla 公司开发的开源网页浏览器,支持多种操作系统。它采用 Gecko 网页排版引擎,由 Mozilla 基金会与数百个志愿者所开发。它原名 Phoenix(凤凰),之后改名为 Mozilla Firebird(火鸟),再改为现在的名字。Firefox 浏览器是开放源代码的,是多许可方式授权的,包括 Mozilla 公共许可证(MPL)、GNU 通用公共授权条款(GPL)以及 GNU 较宽松公共许可证(LGPL),目标是创造一个开放、创新与充满机遇的网络环境。

Firefox 浏览器的前身是网景(Netscape)公司开发的 Netscape 浏览器。后来,随着微软公司推出了完全免费的 IE 浏览器,导致 Netscape 浏览器的销售额急剧下滑,并最终导致网景公司被美国在线(AOL)公司收购。Firefox 浏览器是 Netscape 浏览器开源后不断演进的结果,因此,Firefox 浏览器与 Netscape 浏览器一脉相承;而 IE 浏览器又在很大程度上借鉴了 Netscape 浏览器的设计,所有具有 IE 浏览器使用经验的用户可以很快地熟悉 Firefox 浏览器。

8.3.2　Firefox 的使用

与其他 Ubuntu 应用软件类似,Firefox 浏览器的最上面是标题栏,其下是快捷按钮和地址栏。例如,在地址栏中输入 http://www.baidu.com 的网页地址即可看到如图 8-13 所示的窗口。地址栏的左侧依次是后退、前进、重新加载和主页按钮,地址栏的右侧依次是浏览历史、显示侧栏、账户和打开菜单按钮。地址栏下方是 Firefox 浏览器的浏览页面,用于显示打开的网页内容。

图 8-13　Firefox 浏览器主界面

从 Firefox 的主界面可以看出,它和用户熟悉的 IE 浏览器类似,具备标准的导航工具栏、按钮和菜单项。另外,Firefox 还支持地址栏的关键词搜索,在地址栏中输入某个关键词,单击表示开始搜索的右向箭头(→),搜索结果就会在浏览页面中显示出来,如图 8-14 所示。

8.3.3　Firefox 的配置

在 Firefox 的浏览页面中,单击右上角的首选项设置图标✿,打开首选项设置页面。在此可以分别针对"常规""主页""搜索""隐私与安全""同步"等首选项进行设置,用户可以根据自己的需要设置浏览器的首选项。

1. "常规"选项卡

首选项设置中的第一个选项卡即为"常规"选项卡,如图 8-15 所示。在这里可以设置启动的方式、标签页、语言和外观等内容。

2. "主页"选项卡

在这里可以设置主页和新窗口,以及新标签页的默认显示内容。设置之后,每次打开浏

图 8-14　Firefox 的搜索功能

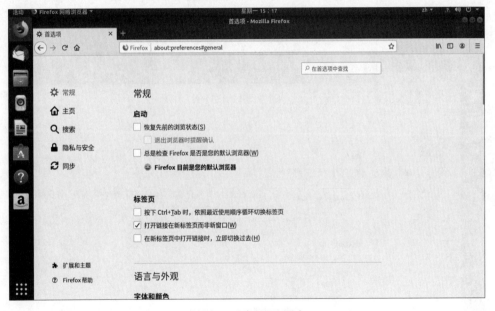

图 8-15　"常规"选项卡

览器、新窗口和新标签页时都会自动连接到相应的页面。另外,用户可以选择要在 Firefox
主页上显示的版块,包括网络搜索、常用网站、网站精选等内容。"主页"选项卡如图 8-16
所示。

3."搜索"选项卡

在"搜索"选项卡中,用户可以选择搜索栏的使用方式,包括"使用地址栏完成搜索和访
问"和"添加搜索栏到工具栏"。另外,用户可以进行默认搜索引擎的选择,系统默认使用百
度搜索引擎。在"快捷搜索引擎列表"里,用户可以指定可用的其他搜索引擎。"搜索"选项
卡如图 8-17 所示。

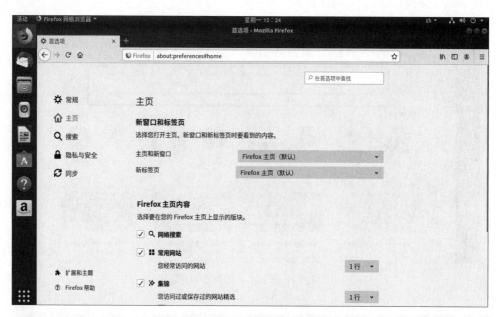

图 8-16 "主页"选项卡

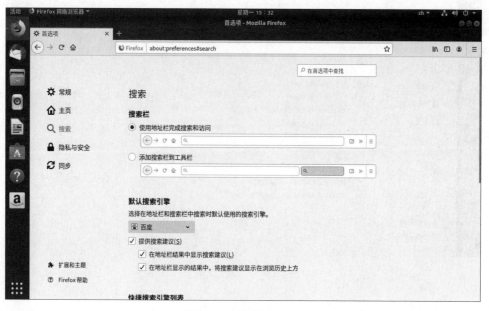

图 8-17 "搜索"选项卡

4. "隐私与安全"选项卡

在"隐私与安全"选项卡中可以设置浏览器是否记忆用户的访问历史信息和浏览过的网页信息。用户也可以设置浏览器的网络、更新、安全限制等内容,用户还可以对常规安全信息、密码信息、警告信息等内容进行设置。"隐私与安全"选项卡如图 8-18 所示。

5. "同步"选项卡

在"同步"选项卡中,用户可以设置在自己的各种设备间同步书签、历史记录、标签页、密

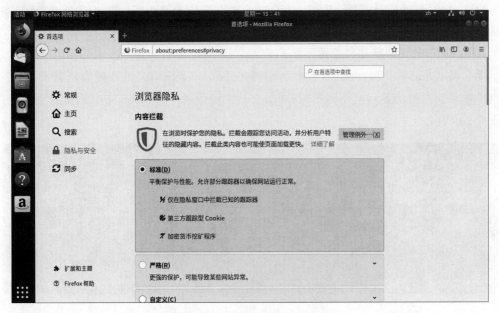

图 8-18 "隐私与安全"选项卡

码、附加组件与首选项。"同步"选项卡如图 8-19 所示。

图 8-19 "同步"选项卡

8.4 电子邮件客户端软件 Thunderbird

Thunderbird 是 Ubuntu 18.04 LTS 系统自带的默认电子邮件客户端软件,可以用来在本地收发电子邮件。Thunderbird 不仅是一个电子邮件程序,还提供了所有标准的电子邮件客户端功能,包括邮箱管理、用户定义的过滤器以及快速搜索等。除此之外,它还具备灵活的日历(调度器)功能,该功能允许用户在线创建、确认组群会议和特别事件。

1. Thunderbird 的启动和设置

要启动 Thunderbird,可以单击桌面左侧的 Thunderbird 邮件/新闻管理器图标 ;也可以单击桌面左侧的显示应用程序图标 ,在搜索框中输入 thunderbird,即可找到该程序,如图 8-20 所示。

图 8-20 查找 Thunderbird 程序

Thunderbird 程序首次启动的界面如图 8-21 所示。需要在此界面中设置用户现有的电子邮件账户信息。

图 8-21 Thunderbird 首次启动的界面

由于 Thunderbird 可以管理用户的所有电子邮件账户,所以,首先要输入用户现有的电子邮件账户信息,例如用户名、电子邮件地址和密码,如图 8-22 所示。在此界面显示发送邮件和接收邮件的服务器类型和支持协议。其中,接收电子邮件的支持协议是 IMAP 和 POP,而发送电子邮件的支持协议是 SMTP。

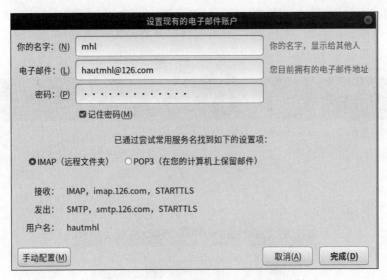

图 8-22　设置用户现有的电子邮件账户

设置完成后,在主界面上将看到用户设置好的电子邮件账户的情况。可以选择"账户"→"账户设置"→"电子邮件"继续添加新的电子邮件账户,以便用户的所有电子邮件账户都能利用 Thunderbird 软件统一管理。设置了两个电子邮件账户后的主界面如图 8-23 所示。

图 8-23　设置了两个电子邮件账户后的主界面

2. 通过 Thunderbird 发送电子邮件

利用其中一个电子邮件账户 hautbiyesheng@126.com 给 hautmhl@126.com 发邮件,邮件主题为"测试",过程如下。

在如图 8-23 所示的界面左侧的树状目录中,选择 hautbiyesheng@126.com 账户,右侧将显示"Thunderbird 邮件-hautbiyesheng@126.com"页面。单击"电子邮件"下的"编写"按钮,打开电子邮件编写界面,填好邮件主题、内容和要发至的邮箱后,单击"发送"按钮,完成邮件的发送,如图 8-24 所示。

图 8-24　电子邮件的编写和发送

电子邮件发送成功后,会在该电子邮件账户的"已发送消息"中看到已经发送的邮件,如图 8-25 所示。

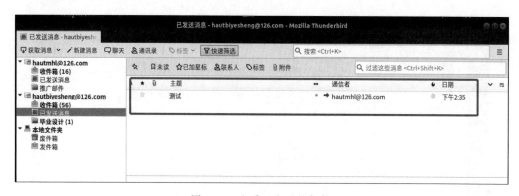

图 8-25　查看已发送的邮件

3. 在 Thunderbird 中查看电子邮件内容

选中 hautmhl@126.com 账户,单击"收件箱"按钮,将看到收件箱内的所有邮件。单击某个邮件,将看到邮件的内容。例如,单击邮件"测试",查看其内容,并可以对其进行回复、转发、归档等操作,如图 8-26 所示。

Thunderbird 的 使 用 与 Windows 下 的 常 用 电 子 邮 件 程 序（如 Outlook）类 似, 有 Outlook 使用经验的用户可以很快熟悉 Thunderbird 的操作方法。

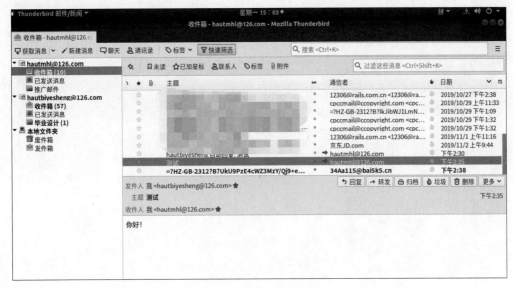

图 8-26　查看电子邮件内容

本 章 小 结

Linux 的网络功能非常强大。要充分发挥其网络功能，需要熟悉网络基础知识。本章介绍了网络的基本配置、常用的网络命令、TCP/IP、IP 地址的配置、DNS 配置以及 hosts 文件，并介绍了 Firefox、Thunderbird 等网络应用软件。

实　验　8

题目 1：常用网络命令。

要求：

（1）使用 ping 命令完成以下任务：检测本机网络功能是否正常，完成 5 次回应即可，两次的间隔为 10s。

（2）使用 ifconfig 命令查看当前网卡信息。

（3）使用 ftp 命令登录 FTP 服务器，然后退出。

题目 2：Thunderbird 邮件客户端软件的设置和使用。

要求：

（1）启动 Thunderbird 邮件客户端软件。

（2）设置用户已有的电子邮件账户信息。

（3）利用 Thunderbird 实现电子邮件的发送和接收。

（4）分析利用浏览器收发邮件和利用邮件客户端软件收发邮件的区别。

习 题 8

1. 常见的 IP 地址有哪几类？
2. 如何在 Ubuntu 中设置 IP 地址？
3. 如何在 Ubuntu 中设置 DNS？
4. 如何通过网络工具进行网络信息管理？

第 9 章 常用服务器的搭建

9.1 配置 FTP 服务器

9.1.1 FTP 简介

FTP(File Transfer Protocol,文件传送协议)是 TCP/IP 网络上两台计算机间传送文件的协议,FTP 是在 TCP/IP 网络和 Internet 上最早使用的协议之一,它属于网络协议组的应用层。FTP 客户机可以给服务器发出命令来下载文件、上传文件、创建或改变服务器上的目录。FTP 服务一般运行在 20 和 21 两个端口。端口 20 用于在 FTP 客户端和服务器之间传输数据流,而端口 21 用于传输控制流,并且是命令通向 FTP 服务器的入口。当数据通过数据流传输时,控制流处于空闲状态。

FTP 的优点如下:

(1) 促进文件(计算机程序或数据)的共享。

(2) 鼓励间接或者隐式使用远程计算机。

(3) 向用户屏蔽不同主机中各种文件存储系统的细节。

(4) 能够可靠和高效地传输数据。

FTP 的缺点如下:

(1) 密码和文件内容都使用明文传输,可能遭受窃听。

(2) 因为必须开放一个随机的端口以建立连接,当防火墙存在时,客户端很难过滤处于主动模式下的 FTP 流量。这个问题通过使用被动模式的 FTP 基本上得到了解决。

(3) 服务器可能会被告知连接一个第三方计算机的保留端口。

FTP 虽然可以被终端用户直接使用,但是它是设计成被 FTP 客户端程序所控制的。FTP 服务可以开放匿名服务,在这种设置下,用户不需要账号就可以登录服务器,默认情况下,匿名用户的用户名是 anonymous。这个账号不需要密码,但是通常会要求输入用户的邮件地址作为认证密码。

FTP 服务器是在互联网上提供存储空间的计算机,它们依照 FTP 提供服务。在 FTP 的使用中,用户经常遇到两个概念:下载(download)和上传(upload)。下载文件就是从远程主机复制文件至自己的计算机;上传文件就是将文件从自己的计算机复制至远程主机。用网络语言来说,用户可通过客户端程序向远程主机上传本地主机的文件,或者从远程主机下载文件至本地主机。

9.1.2 安装 FTP 服务器

在 Windows 系统下常用的 FTP 服务器软件有 Serv-U 等,在 Ubuntu 下常用的 FTP 服务器软件是 vsftpd。它代表 very secure FTP daemon,从名字即不难看出,安全是它的开发者 Chris Evans 考虑的首要问题之一。在这个 FTP 服务器软件设计之初,高安全性就是一个目标。vsftpd 不需要以特殊身份启动服务，所以对于 Linux 系统的使用权限较低，对于 Linux 系统的危害就相对减低了。任何需要具有较高执行权限的 vsftpd 指令均由一个特殊的上层程序所控制，该上层程序享有的较高执行权限已经被限制得相当低，以不影响 Linux 系统本身为准。

1. 安装 FTP 服务器软件

Ubuntu 系统并未预装 vsftpd 程序，用户可以通过 Shell 终端下的 vsftpd 命令查看 vsftpd 的安装状态，如图 9-1 所示。由命令执行结果可以看出，vsftpd 需要先安装才能使用。

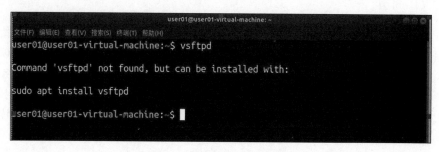

图 9-1　查看 vsftpd 的安装状态

要安装 vsftpd 软件包，如前所述，可以采用命令行方式（即 apt-get 命令）或者图形界面的软件包管理器。使用 apt-get 命令安装 vsftpd，输入以下命令：

```
sudo apt-get install vsftpd
```

执行过程如图 9-2 所示。

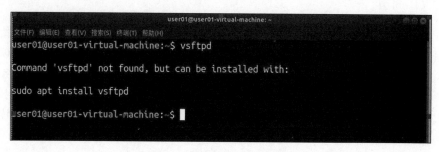

图 9-2　vsftpd 安装命令执行过程

安装完成后，系统会在/etc/init.d 目录下创建一个 vsftpd 的文件脚本，并会在系统的启动过程中自动运行 vsftpd 守护进程。在终端下，使用下面的命令显示/etc/init.d/vsftpd 文件内容：

```
user@user-desktop: ~$cat /etc/init.d/vsftpd
```

可以通过 pidof 命令查看 vsftpd 守护进程的当前运行状态，获得指定进程的 PID，如图 9-3 所示。当前 vsftpd 守护进程的 PID 为 4195。

2. vsftpd 程序的启动、停止和重新启动

要启动 vsftpd 程序，可以使用命令

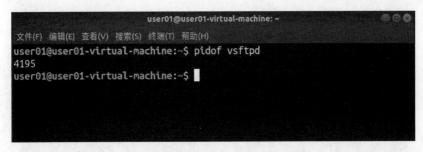

图 9-3　获得 vsftpd 守护进程的 PID

```
service vsftpd start
```

要停止 vsftpd 程序的执行，可以使用命令

```
service vsftpd stop
```

要重新启动 vsftpd 程序，可以使用命令

```
service vsftpd restart
```

vsftpd 程序的启动、停止和重启的效果如图 9-4 所示。同样，通过两次 pidof 命令的执行结果可以看出，重启后，vsftpd 守护进程的 PID 将发生改变。

```
user01@user01-virtual-machine:~$ pidof vsftpd
4195
user01@user01-virtual-machine:~$ sudo service vsftpd start
[sudo] user01 的密码:
user01@user01-virtual-machine:~$ sudo service vsftpd stop
[sudo] user01 的密码:
user01@user01-virtual-machine:~$ sudo service vsftpd restart
user01@user01-virtual-machine:~$ pidof vsftpd
4840
user01@user01-virtual-machine:~$
```

图 9-4　启动、停止和重启 vsftpd 程序所使用的命令

9.1.3　配置 FTP 服务器

1. vsftpd 的配置文件

vsftpd 的配置文件是/etc/vsftpd.conf。在 Shell 终端下，可以通过 cat 命令查看 vsftpd.conf 文件的内容，如图 9-5 所示。

vsftpd.conf 文件中的语法格式很简单，每一行表示一个参数设置。以 ♯ 为起始字符的行是注释行，将被忽略。在 vsftpd.conf 文件中，常用的参数如下：

- anonymous_enable：是否允许匿名用户登录。
- local_enable：是否允许系统用户登录。
- write_enable：是否允许使用任何可以修改文件系统的 FTP 指令。
- anon_upload_enable：是否允许匿名用户上传文件。

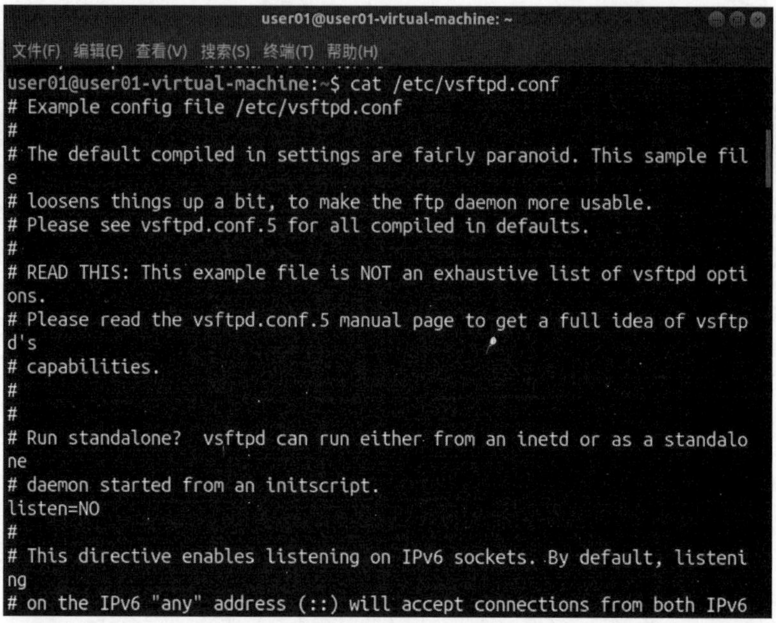

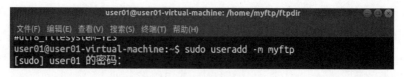

图 9-5　查看 vsftpd.conf 文件内容

- anon_mkdir_write_enable：是否允许匿名用户创建新目录。
- idle_session_timeout：空闲连接超时时间。
- data_connection_timeout：数据传输超时时间。

在 vsftpd.conf 文件中，每个参数都有一个默认的设置。用户可以根据需要修改 vsftpd.conf 文件的各个参数。

vsftpd.conf 文件参数设置的语法格式如下：

```
parameter=value
```

在设置参数时，等号（＝）前后不要加任何空白符（如空格、制表符）。

2. 设置并访问 FTP 服务器

使用 apt-get 命令安装 vsftpd 后，需要进行一些设置，才能利用 FTP 客户端正常使用 FTP 服务器。

（1）为 FTP 服务器添加用户。使用 sudo useradd -m myftp 命令添加一个名为 myftp 的用户，如图 9-6 所示。

图 9-6　添加 FTP 用户

（2）为 myftp 用户设置密码。使用 sudo passwd myftp 设置密码，如图 9-7 所示。

（3）在/home/myftp/目录中创建 ftpdir 目录，作为 FTP 的根目录，如图 9-8 所示。

注意：myftp 用户创建成功后，就会在/home 目录下出现 myftp 目录。因此，要先利用

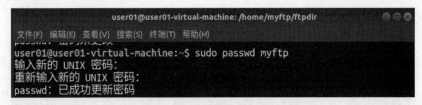

图 9-7　设置密码

图 9-8　创建 ftpdir 目录

cd 命令转到/home/myftp 目录,再利用 sudo mkdir ftpdir 命令创建/home/myftp 目录下的 ftpdir 目录。

（4）修改 vsftpd.conf 文件,配置目录信息,并添加下列内容:

```
local_root=/home/sunftp/ftpdir
allow_writeable_chroot=YES
```

可以利用 vi 编辑器或者 Gedit 图形化文本编辑器修改 vsftpd.conf 文件。

方法 1：利用 vi 编辑器修改 vsftpd.conf 文件。

在 Shell 命令提示符后输入 sudo vi /etc/vsftpd.conf 命令,启动 vi 编辑器,打开 vsftpd. conf 文件,如图 9-9 所示。

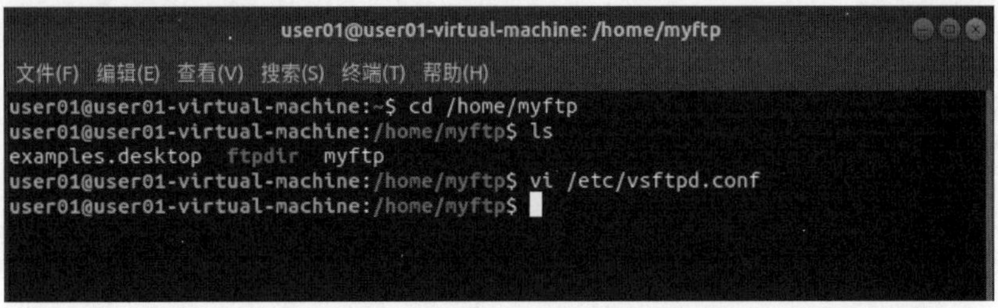

图 9-9　利用 vi 命令打开 vsftpd.conf 文件

对 vsftpd.conf 文件的修改操作如图 9-10 和图 9-11 所示。在图 9-10 中,添加了两行信息;在图 9-11 中,删除了 chroot_local_user＝YES 行首的♯符号。

然后,将♯chroot_local_user＝YES 前的注释符号"♯"去掉,如图 9-11 所示。

vsftpd.conf 文件里的其他选择保持默认设置,保存并关闭 vsftpd.conf 文件。然后使用 sudo service vsftpd start 命令启动 FTP 服务,如图 9-12 所示。

方法 2：利用 Gedit 图形化文本编辑器修改 vsftpd.conf 文件。

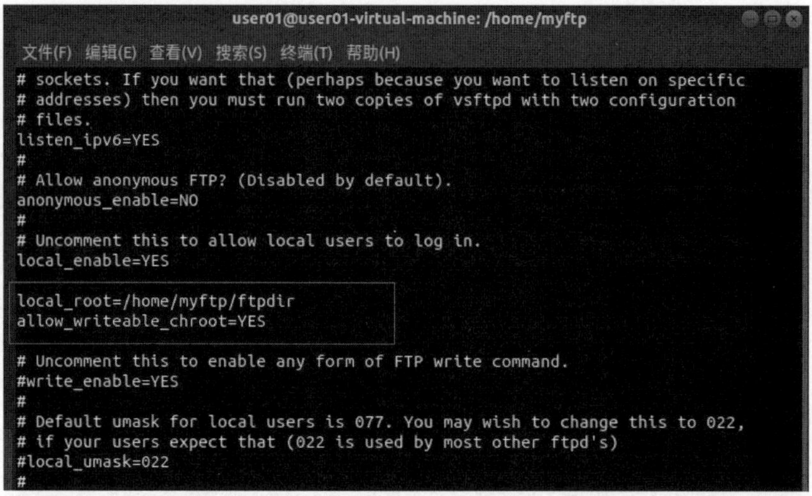

图 9-10　添加两行信息

图 9-11　删除行首的 #

图 9-12　启动 FTP 服务

　　如果用户对 vi 编辑器的使用不熟练,也可以使用图形化的文本编辑器 Gedit 进行 vsftpd.conf 文件的修改。选择"文件"→"其他位置"→"计算机",然后选择 etc 目录,就可以找到该目录下面的 vsftpd.conf 文件了,如图 9-13 所示。

　　右击 vsftpd.conf 文件,在快捷菜单中选择"属性"→"权限"命令,就可以看到该文件对于不同用户的权限,例如,只有 root 用户有修改(读写)的权限。vsftpd.conf 文件的属性如图 9-14 所示。

图 9-13　查找 vsftpd.conf 文件

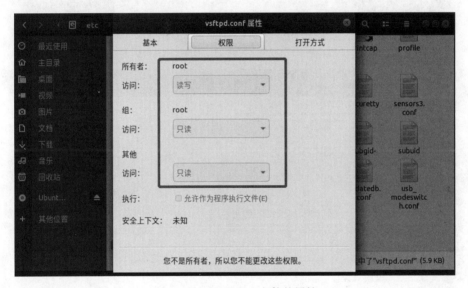

图 9-14　vsftpd.conf 文件的属性

由于 Ubuntu 系统的默认登录用户是普通用户，所以在修改 vsftpd.conf 文件前，要利用 root 用户的权限修改该文件的属性，使普通用户获得该文件的写权限，如图 9-15 所示，随后才可以利用普通用户的身份修改 vsftpd.conf 文件。

然后，双击 vsftpd.conf 文件，即可启动图形化的 Gedit 文件编辑器。对 vsftpd.conf 文件的修改同上面一样，这里不再赘述。启动 Gedit 文件编辑器打开的 vsftpd.conf 文件如图 9-16 所示。修改完成后，保存该文件即可。

（5）在/home/myftp/ftpdir 目录中新建一个文件，或者复制一个文件，作为 FTP 服务器的共享文件。

例如，这里利用 touch 命令在该目录下创建了一个新文档，名为 ftpfile.txt，作为 FTP 服务器的共享文件，如图 9-17 所示。

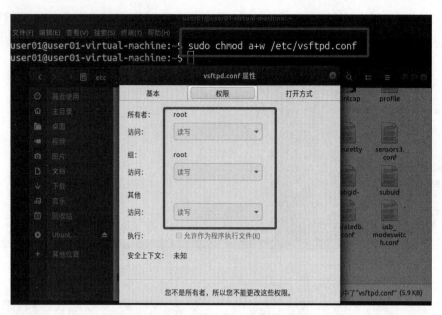

图 9-15　修改 vsftpd 文件权限

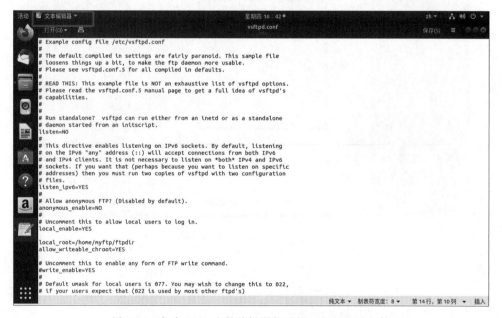

图 9-16　启动 Gedit 文件编辑器打开的 vsftpd.conf 文件

```
user01@user01-virtual-machine:/home/myftp/ftpdir$ sudo touch ftpfile.tx
t
user01@user01-virtual-machine:/home/myftp/ftpdir$ ls
ftpfile.txt
```

图 9-17　创建新文档

（6）打开客户端浏览器，在地址栏输入 FTP 服务器的 IP 地址，访问该 FTP 服务器。

这里,需要先获得 FTP 服务器的 IP 地址。例如,在连接配置界面中可以看到服务器的 IP 地址为 192.168.142.129,如图 9-18 所示。

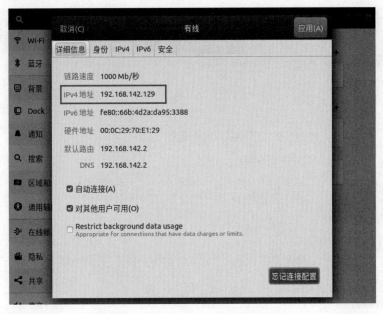

图 9-18　查看 FTP 服务器的 IP 地址

在客户端浏览器的地址栏输入 ftp://192.168.142.129(FTP 服务器的 IP 地址),按 Enter 键后,会弹出"需要授权"对话框,让用户输入登录 FTP 服务器的用户名和密码,如图 9-19 所示。

图 9-19　利用浏览器登录 FTP 服务器时的验证对话框

正确输入用户名和密码后，就可以登录 FTP 服务器，并看到服务器上的共享文件 ftpfile.txt 了，如图 9-20 所示。

图 9-20　成功登录 FTP 服务器

9.2　配置 Samba 服务器

9.2.1　SMB 协议和 Samba 服务器简介

1. SMB 协议概述

SMB(Server Message Block，服务器信息块)通信协议是微软公司和英特尔公司在 1987 年制定的，主要是作为微软网络的通信协议。SMB 是会话层(session layer)和表示层(presentation layer)以及小部分应用层(application layer)的协议。SMB 使用了 NetBIOS 的应用程序接口(Application Program Interface，API)。SMB 协议的增强版本是 CIFS(Common Internet File System，普通 Internet 文件系统)。

与其他标准的 TCP/IP 不同，SMB 是一种复杂的协议，这是因为，随着 Windows 计算机的开发，越来越多的功能被加入该协议中，很难区分哪些概念和功能应该属于 Windows 操作系统本身，哪些概念和功能应该属于 SMB 协议。其他网络协议由于是先有协议，再实现相关的软件，因此结构比较清晰、简洁；而 SMB 协议一直是与微软公司的操作系统混在一起进行开发的，因此协议中包含了大量的 Windows 系统中的概念。

在 Linux 环境下，安装 SMB 协议的主要目的是为了和 Windows 系统进行文件和打印共享，它可以使 Linux 计算机出现在 Windows 计算机的网上邻居中，对于 Windows 用户而言，可以像使用 Windows 计算机一样使用 Linux 计算机进行文件和打印共享。

2. Samba 服务器简介

Samba 是 SMB 协议的一种实现，早期的 Samba 源自 UNIX 系统。1992 年，澳大利亚国立大学的 Andrew Tridgell 开发了第一版的 Samba UNIX 软件。在 Linux 系统中，Samba 服务器通常扮演 Windows 域控制器或普通服务器的角色，提供文件和打印共享服务。Samba 服务器与 Linux 系统共享相同的用户名和密码，因此 Windows 用户可以使用 Linux 系统的用户名和密码在 Samba 服务器上注册，访问 Linux 系统用户目录的文件。当然，也可以为 Samba 和 Linux 系统配置不同的用户名和密码，以保证安全。

Samba 套件包括客户端、服务器等多个软件包。客户端软件包使得 Linux 系统中的用户也能与 Windows 服务器联网通信；服务器软件包使得 Linux 系统成为一个 SMB/CIFS 服务器，提供 SMB 服务和接口，实现 Windows 环境中的网络文件和打印共享。

在 Ubuntu 系统中，需要单独安装 Samba 套件。Samba 套件包括以下软件包：

- Samba：服务器。
- samba-common：通用实用程序。
- samba-client：客户端。
- samba-doc：非 PDF 格式文档。
- samba-doc-pdf：PDF 格式文档。
- system-config-samba：GNOME 管理工具。
- swat：基于浏览器的管理工具。
- smbfs：SMB 文件安装与卸载工具。

9.2.2 安装 Samba 服务器

在局域网中使用 Samba 服务器在 Linux 系统与 Windows 系统之间共享文件是一项很方便的操作。安装和配置 Samba 服务器的过程如下。

1. 更新当前软件

更新软件的操作只有超级管理员才可以执行，因此用户打开终端 Shell 后，或者转换为 root 用户，或者在执行的命令前加 sudo，以便获得超级管理员的执行权限。按 Ctrl＋Alt＋T 组合键打开终端，依次执行下列命令：

```
sudo apt-get update
sudo apt-get upgrade
sudo apt-get dist-upgrade
```

这 3 个命令需要按照上面的顺序依次执行。这 3 个命令的作用如下。update 是同步/etc/apt/sources.list 和/etc/apt/sources.list.d 中列出的源的索引，以便获取最新的软件包。upgrade 是升级已安装的所有软件包，升级之后的版本就是本地索引里的版本。因此，应先执行 update 命令，后执行 upgrade 命令，以保证用最新的版本更新软件包。另外，由于包之间存在各种依赖关系，而 upgrade 只是简单地更新包，不负责处理包之间的依赖关系，所以，需要执行 dist-upgrade 命令，根据依赖关系的变化添加包或删除包。一般在运行 upgrade 命令和 dist-upgrade 命令之间，也要运行 update 命令。

2. 安装 samba 服务器

执行下列命令：

```
sudo apt-get install samba samba-common
```

在终端安装 Samba 服务器的过程如图 9-21 所示。

图 9-21　执行安装 Samba 服务器的命令

9.2.3　配置和访问 Samba 服务器

配置和访问 Samba 服务器的步骤如下。

（1）在/home 目录下创建一个用于共享的目录，命名为 sharedir，并为这个目录设置权限，依次执行下列命令：

sudo mkdir /home/ sharedir
sudo chmod 777 /home/sharedir

命令执行过程如图 9-22 所示。

图 9-22　创建共享目录 sharedir 并为其设置权限

（2）创建 Samba 服务器共享文件。在/home/sharedir 下创建一个名为 sharefile 的文件，命令如下：

sudo touch /home/sharedir/sharefile

命令执行过程如图 9-23 所示。

图 9-23　创建 Samba 服务器共享文件

（3）添加用户。创建一个名为 smbuser 的 Samba 账号，命令如下：

sudo smbpasswd – a smbuser

命令执行后，输入两次密码，Samba 账号创建完成。命令执行过程如图 9-24 所示。

（4）修改 Samba 服务器的配置文件 smb.conf。同样，可以利用 vi 编辑器或者 Gedit 图形化编辑器来完成配置文件的修改。这里只介绍利用 vi 编辑器对 smb.conf 配置文件的修改过程。

在 Shell 终端的命令行提示符后输入以下命令：

```
user01@user01-virtual-machine:~$ sudo smbpasswd -a smbuser
New SMB password:
Retype new SMB password:
Failed to add entry for user smbuser.
user01@user01-virtual-machine:~$
```

图 9-24　创建 Samba 账号

```
sudo vi /etc/samba/smb.conf
```

在配置文件 smb.conf 的最后添加内容,如图 9-25 所示。最后保存并关闭配置文件。

```
user01@user01-virtual-machine: ~
文件(F) 编辑(E) 查看(V) 搜索(S) 终端(T) 帮助(H)
    create mask = 0700

# Windows clients look for this share name as a source of downloadable
# printer drivers
[print$]
    comment = Printer Drivers
    path = /var/lib/samba/printers
    browseable = yes
    read only = yes
    guest ok = no
# Uncomment to allow remote administration of Windows print drivers.
# You may need to replace 'lpadmin' with the name of the group your
# admin users are members of.
# Please note that you also need to set appropriate Unix permissions
# to the drivers directory for these users to have write rights in it
;   write list = root, @lpadmin
[share]
path = /home/sharedir
availbale = yes
browseable = yes
public = yes
writable = yes

:wq!
```

图 9-25　修改配置文件

(5) 重新启动 Samba 服务器。对配置文件进行了更改后,需要重启 Samba 服务器,更改的配置才会生效。在 Shell 终端的命令行提示符后输入以下重启命令:

```
sudo  service  smbd  restart
```

(6) 在 Windows 系统中输入访问地址,即可实现对 Ubuntu 系统的访问。在 Ubuntu 系统中,利用 ifconfig 命令查看 IP 地址,或者利用图形界面找到本机的 IP 地址。然后在 Windows 系统中,按 Windows+R 组合键,在弹出的"运行"对话框中输入"\\IP 地址"即可访问 Ubuntu 系统,如图 9-26 所示。例如,当前 Ubuntu 系统的 IP 地址为 192.168.142.129,则在 Windows 系统的"运行"对话框中输入"\\192.168.142.129"并按 Enter 键,即可看到共享文件夹 share,如图 9-27 所示。双击 share 文件夹,可以看到共享文件 sharefile,如图 9-28 所示。然后就可以在 Ubuntu 系统与 Windows 系统之间进行文件共享了。

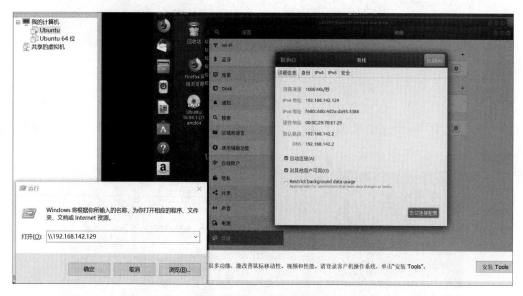

图 9-26　在"运行"对话框中输入 IP 地址

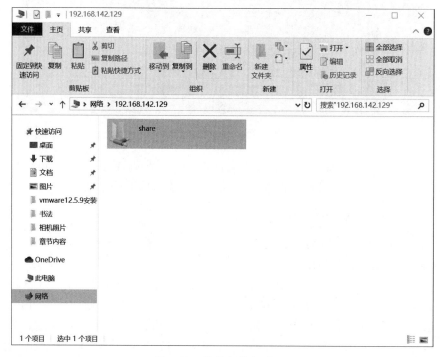

图 9-27　共享文件夹 share

图 9-28 共享文件 sharefile

9.3 配置 DHCP 服务器

9.3.1 DHCP 基础知识

1. DHCP 简介

DHCP(Dynamic Host Configuration Protocol,动态主机配置协议)是一个局域网的网络协议,基于 UDP 协议工作。DHCP 主要有两个用途:为内部网络或网络服务提供商自动分配 IP 地址,供用户或者内部网络管理员作为对所有计算机进行集中管理的手段。

DHCP 的前身是 BOOTP(Bootstrap Protocol,引导程序协议)。BOOTP 原本是用于无磁盘主机连接的网络中的协议。网络主机使用 BOOT ROM 而不是磁盘启动并接入网络,BOOTP 则可以自动地为那些主机设定 TCP/IP 环境。但 BOOTP 有一个缺点:用户在设定前须事先获得客户端的硬件地址,而且它与 IP 地址的对应是静态的。换言之,BOOTP 非常缺乏动态性,在有限的 IP 资源环境中,BOOTP 会造成非常严重的资源浪费。DHCP 是 BOOTP 的增强版本,它分为两个部分:一个是服务器端,另一个是客户端。所有的 IP 网络设定数据都由 DHCP 服务器集中管理,并负责处理客户端的 DHCP 要求;而客户端则会使用由 DHCP 服务器分配的 IP 环境数据。与 BOOTP 相比,DHCP 透过租约的概念,有效且动态地分配客户端的 TCP/IP 设定。而且出于兼容考虑,DHCP 也完全能满足 BOOTP 客户端的需求。DHCP 的分配要求必须至少有一台 DHCP 服务器工作在网络中,它会监听网络的 DHCP 请求,并与客户端协商 TCP/IP 的设定环境。

2. DHCP 的工作流程

DHCP 的工作流程包含以下 6 个阶段。

（1）发现阶段，即 DHCP 客户端寻找 DHCP 服务器的阶段。由于 DHCP 服务器的 IP 地址对于客户端来说是未知的，所以 DHCP 客户端以广播方式发送 DHCP discover（发现）信息来寻找 DHCP 服务器，即向地址 255.255.255.255 发送特定的广播信息。网络中每一台安装了 TCP/IP 的主机都会接收到这种广播信息，但只有 DHCP 服务器才会做出响应。

（2）提供阶段，即 DHCP 服务器提供 IP 地址的阶段。在网络中接收到 DHCP discover 信息的 DHCP 服务器都会做出响应，它从尚未出租的 IP 地址中挑选一个分配给 DHCP 客户端，向 DHCP 客户端发送一个包含出租的 IP 地址和其他设置的 DHCP offer（提供）信息。

（3）选择阶段，即 DHCP 客户端选择某台 DHCP 服务器提供的 IP 地址的阶段。如果有多台 DHCP 服务器向 DHCP 客户端发来 DHCP offer 信息，则 DHCP 客户端只接收第一个收到的 DHCP offer 信息，然后它就以广播方式回答一个 DHCP request（请求）信息，该信息中包含向它所选定的 DHCP 服务器请求 IP 地址的内容。之所以要以广播方式回答，是为了通知所有的 DHCP 服务器，它将选择某台 DHCP 服务器所提供的 IP 地址。

（4）确认阶段，即 DHCP 服务器确认所提供的 IP 地址的阶段。当 DHCP 服务器收到 DHCP 客户端回答的 DHCP request 信息之后，它便向 DHCP 客户端发送一个包含它所提供的 IP 地址和其他设置的 DHCP ack（确认）信息，告诉 DHCP 客户端可以使用它所提供的 IP 地址。然后 DHCP 客户端便将其 TCP/IP 与网卡绑定，另外，除 DHCP 客户端选中的服务器外，其他 DHCP 服务器都将收回准备提供的 IP 地址。

（5）重新登录。以后 DHCP 客户端每次重新登录网络时，就不需要再发送 DHCP discover 信息了，而是直接发送包含前一次所分配的 IP 地址的 DHCP request 信息。当 DHCP 服务器收到这一信息后，它会尝试让 DHCP 客户端继续使用原来的 IP 地址，并回答一个 DHCP ack 信息。如果此 IP 地址已无法再分配给原来的 DHCP 客户端使用，例如此 IP 地址已分配给其他 DHCP 客户端使用了，则 DHCP 服务向 DHCP 客户端回答一个 DHCP nack（否认）信息。当原来的 DHCP 客户端收到此 DHCP nack 信息后，它就必须重新发送 DHCP discover 信息来请求新的 IP 地址。

（6）更新租约，DHCP 服务器向 DHCP 客户端出租的 IP 地址一般都有一个租期，期满后 DHCP 服务器便会收回出租的 IP 地址。如果 DHCP 客户端要延长其 IP 租期，则必须更新其 IP 租约。DHCP 客户端启动时以及 IP 租期过半时，DHCP 客户端都会自动向 DHCP 服务器发送更新其 IP 租约的信息。

DHCP 报文格式如图 9-29 所示。

报文各个字段的含义如下：

• OP：若是客户端发送给服务器的报文，设为 1；反之则设为 2。

• Htype：硬件类别，以太网为 1。

• Hlen：硬件长度，以太网为 6。

• Hops：若数据包需经过路由器传送，每跳加 1；若在同一网内，为 0。

• Transaction ID：事务 ID，是一个随机数，用于客户端和服务器之间匹配请求和响应消息。

• Seconds：由用户指定的时间，指开始地址获取和更新进行后的时间。

• Flags：最左边一位为 1 时，表示服务器将以广播方式传送报文给客户端，其余尚未使用。

OP(1B)	Htype(1B)	Hlen(1B)	Hops(1B)
Transaction ID(4B)			
Seconds(2B)		Flags(2B)	
Ciaddr (4B)			
Yiaddr (4B)			
Siaddr (4B)			
Giaddr (4B)			
Chaddr (16B)			
Sname (64B)			
File (128B)			
Options (可变)			

图 9-29 DHCP 报文格式

- Ciaddr：客户端的 IP 地址。
- Yiaddr：服务器分配给客户端的 IP 地址。
- Siaddr：用于引导过程中的 IP 地址。
- Giaddr：转发代理(网关)IP 地址。
- Chaddr：客户端的硬件地址。
- Sname：可选服务器的名称,以 0x00 结尾。
- File：启动文件名。
- Options：厂商标识,可是选的字段,长度可变。

9.3.2 在 Ubuntu 中安装 DHCP 服务

1. 安装 dhcpd 服务器

在 Ubuntu 中,首先要安装 DHCP 服务器,按 Ctrl＋Alt＋T 组合键打开终端,输入下面的命令,执行服务器的安装。

```
sudo apt-get install isc-dhcp-server -y
```

命令执行过程如图 9-30 所示。

该命令将获取所有必需的依赖项并完成安装。

2. 配置 DHCP 服务器

利用 vi 编辑器打开服务器的配置文件并进行必要的修改。在 Shell 终端的命令行提示符后输入下列命令:

```
sudo  vi  /etc/dhcp/dhcpd.conf
```

打开 DHCP 服务器的配置文件 dhcpd.conf。在该文件中,需要修改以下几行,以满足用户的网络需求。

图 9-30　安装 DHCP 服务器

(1) 修改指定域名的行：

```
option domain-name "example.com";
```

example.com 为域名。

(2) 修改指定域名服务器的主机名或 IP 地址：

```
option domain-name-servers 192.168.1.2;
```

注意：该 IP 地址为域名服务器的 IP 地址。

(3) 修改以下两行，指定默认租约时间：

```
default-lease-time 600;
max-lease-time 7200;
```

(4) 取消该行的注释符号，即删除 # 字符：

```
#authoritative;
```

(5) 滚动到文件末尾并添加以下内容，目的是修改它以满足用户的网络需求：

```
#Specify the network address and subnet-mask
subnet 192.168.1.0 netmask 255.255.255.0 {
#Specify the default gateway address
option routers 192.168.1.254;
#Specify the subnet-mask
option subnet-mask 255.255.255.0;
#Specify the range of leased IP addresses
range 192.168.1.100 192.168.1.200;
}
```

(6) 保存并关闭该配置文件。

(7) 重新启动 DHCP 服务器，在 Shell 终端的命令行提示符后输入下列命令：

```
sudo  systemctl  restart  isc-dhcp-server.service
```

此时,网络内部的客户端都将从新配置的服务器获取 DHCP 地址。

(8) 如果想查找 DHCP 服务器都提供了哪些 IP 地址,可以在 Shell 终端的命令行提示符后输入下列命令进行查看:

```
sudo dhcp-lease-list
```

该命令将列出已分配的所有 IP 地址。

对于 DHCP 服务器的更多详细配置,请参考相关的帮助文档。

本 章 小 结

本章介绍了几个常用服务器的搭建和使用方法,包括:搭建 FTP 服务器,以及上传下载文件的方法;安装配置和管理 Samba 服务器,使用 Samba 服务器进行资源共享;架设 DHCP 服务器。

实 验 9

题目 1:安装配置 FTP 服务器。

要求:

(1) 在 Linux 系统下利用命令方式安装 FTP 服务器。

(2) 配置 FTP 服务。

(3) 启动 FTP 服务。

(4) 访问 FTP 服务器

题目 2:安装配置 Samba 服务器。

要求:

(1) 在 Linux 系统下利用命令方式安装 Samba 服务器。

(2) 配置 Samba 服务器。

(3) 启动 Samba 服务器。

(4) 访问 Samba 服务器,实现跨平台的信息共享。

习 题 9

1. 简述 FTP 的作用。

2. 如何搭建 FTP 服务器?

3. 简述 Samba 和 SMB 的区别和联系。

4. 如何对 Samba 服务器进行设置?

5. 简述 DHCP 的作用。

6. 如何配置 DHCP 服务器?

第 10 章　Shell 基础

在 Linux 系统中,Shell 提供了用户和系统内核进行交互的环境。用户的命令通过
Shell 传递给内核,再由内核控制计算机硬件完成相应的任务。Shell 俗称外壳。它既可以
作为 Linux 系统的命令解释器,提供给用户一个交互环境的使用界面,使用户和内核得以沟
通;也可以作为程序设计语言,用户通过编写 Shell 脚本程序,能够扩充系统功能,完善对系
统资源的操作。

10.1　Shell 基础知识

Shell 是所有 Linux 系统所共有的一个工具,它提供了用户和系统内核进行交互的环
境。用户是无法直接操控内核和硬件的。通常,Shell 是系统登录后始终运行的程序,它的
任务就是随时接收用户输入的命令,并把这些命令翻译成内核能够识别的形式,传递给内
核,以完成用户和内核之间的交互。

10.1.1　什么是 Shell

1. Shell 作为命令解释器

Shell 通常用来区别于 Linux 系统的内核,它是 Linux 系统的命令解释器,它提供给用
户一个交互环境的使用界面,使用户和内核得以沟通。这个解释器能够接收用户的 Shell
命令,然后调用相应的应用程序执行用户的命令。Shell 是用户登录后开始运行的程序,通
过解释用户输入的命令来完成用户和内核的交互。这部分功能与 MS-DOS 系统下的
command.com 的作用十分相似,在用户面前的显示方式也十分相似,都是采用命令行的方
式展示的。

从操作系统的角度考虑,Shell 是操作系统的最外层,负责管理用户和操作系统之间的
交互。它等待用户的输入,并负责向操作系统解释用户的输入;当操作系统进行结果输出
时,它再负责处理输出结果。

2. Shell 作为程序设计语言

Shell 是 Linux 操作系统的最外层。用户通过 Shell 实现和操作系统的交互。操作系统
负责管理系统的全部软硬件资源,因此,用户对系统资源的操作命令(例如,列磁盘目录的 ls
命令等)最终都要通过 Shell 传递给操作系统,再由操作系统实现对系统资源的操作。从这
个角度考虑,Shell 也是用户与操作系统之间的一种通信方式。

这种通信方式有两种实现,即采用交互的方式或者非交互的方式解释和执行用户命令。
交互方式是指用户直接从键盘输入命令(如 ls 命令),系统立刻响应,返回结果给用户。如
果用户对系统资源的操作要通过多条命令的执行才能完成,则更好的方法是采用非交互的
方式实现。非交互方式是指采用 Shell 脚本语言(即 Shell script)进行脚本的开发。Shell 脚
本是放在文件中的一系列 Shell 命令和预先设定好的操作系统命令的组合,可以被重复使

用。只要赋予 Shell 脚本可执行的权限,则运行此脚本时,脚本中的命令会一次性自动解释和执行。因此,Shell 脚本语言作为程序设计语言,和其他的高级程序设计语言相似,也定义了各种变量和参数,并提供了包括循环结构和分支结构等在内的控制结构。因此,学习 Shell 的一个重点就是开发 Shell 脚本,帮助用户扩充系统的功能,完善对系统资源的操作。

10.1.2　Shell 的种类

Shell 作为命令解释器,既可以在 UNIX 系统中使用,也可以在 Linux 系统中使用,主要用来解释各种 Shell 命令,以实现和操作系统的交互。最初,Shell 主要是用在 UNIX 系统中的,早期 UNIX 系统中常用的 3 种 Shell 是 bsh、csh、ksh。后来形成的众多 Shell 版本都是这 3 种 Shell 的扩展和结合。Ubuntu 默认的 Shell 是 bash,它由 bsh 发展而来。

各主要操作系统默认的 Shell 如下:

- AIX 默认的是 Korn Shell,即 ksh。
- Solaris 默认的是 Bourne Shell,即 bsh。
- FreeBSD 默认的是 C Shell,即 csh。
- HP-UX 默认的是 POSIX Shell。
- Linux 默认的是 Bourne Again Shell,即 bash。

各个 Shell 的功能基本相同,只是语法略有所区别。

如果想查看 Ubuntu 中支持哪些 Shell,可以按 Ctrl+Alt+T 组合键打开终端,在 Shell 中输入查看文件内容的 Shell 命令:

```
cat  /etc/shells
```

结果如图 10-1 所示。

图 10-1　Ubuntu 中支持的 Shell

如图 10-1 所示,Ubuntu 可以支持的 Shell 有十几种,不同的 Shell 各有特点。下面介绍几种常用的 Shell 的主要特性。

- bsh:是最经典的 Shell,通用于 UNIX 和 Linux 平台,适用于编程。
- csh:支持 C 语言,编程时,其语法与 C 语言相似。
- ksh:是 bsh 的高级扩展,执行命令高效迅速。它也融入了很多 csh 的特性,即它集合了 bsh 和 csh 的优点。

- bash：是基于 bsh 开发的 GNU 自由软件，符合 POSIX 标准，与 bsh 完全兼容，同时也具有 csh 和 ksh 的很多优点。它支持输入输出重定向、命令历史、命令补齐、别名等操作，方便易用。同时，还支持强大的脚本功能，用于编程也十分优秀。

Ubuntu 默认的 Shell 是 bash，它由 bsh 发展而来，结合了 csh 和 ksh 的优点，提供了比 bsh 更丰富的功能，更加便于使用。因此，在目前流行的 Linux 系统中，bash 已经成为默认 Shell。bash 也在不断更新，它的版本也在不断升级。如果想查看当前系统中 Shell 的版本，可以在 Shell（即终端）命令提示符后输入下面的命令：

```
echo $BASH_VERSION
```

10.1.3 Shell 的便捷操作

在 Ubuntu Linux 默认的 Shell——bash 中，提供了一些方便用户使用的便捷操作，可以帮助用户提高在 Shell 下操作的效率，这主要体现在对文件名和命令的自动补齐功能上。

用户在 Shell 下的操作，基本都是通过键盘输入 Linux 命令的方式来实现的，这就需要用户记忆和熟练掌握大量的常用命令。如果用户在输入的过程中，需要输入一个比较长的命令或文件名，那么输入操作就会比较耗费时间；另外，也有可能会出现用户对某些命令的记忆不太准确的情况，导致命令输入错误，继而影响操作过程。这时，用户可以利用 Shell 提供的便捷操作——"自动补齐"功能，解决这些 Shell 操作中出现的问题。

1. 对于文件名的自动补齐功能

具体来说，用户输入文件名的前一部分，按下 Tab 键，系统会把文件名的后半部分自动显示出来。

例如，用户要执行/home/user/mydocument 文件，在终端输入：

```
./home/user/my
```

注意，此时不要按 Enter 键，直接按 Tab 键，就可以实现文件名的自动补齐，即把文件名 "mydocument" 后半部分的 "document" 显示出来。如果当前路径下有多个以 my 开头的文件，则用户可以多次按 Tab 键，系统会把所有以 my 开头的文件名依次显示出来，供用户选择匹配，直至找到想要的文件名为止。如果系统一直无法找到，说明此路径/home/user 下没有 mydocument 文件。

2. 对于命令的自动补齐功能

用户输入某一命令的第一个字母后，按 Tab 键，实现该命令的自动补齐。如果用户要输入的不是这个命令，可以连续两次按 Tab 键，让系统把所有以该字母开头的命令都列出来，供用户选择匹配。

例如，用户在终端输入：

```
ifcon
```

注意，此时不要按 Enter 键，直接按 Tab 键，就可以实现命令的自动补齐，系统将补齐并出现完整的 "ifconfig" 命令。

又如，用户在终端输入：

if

此时不要按 Enter 键,直接按两次 Tab 键,系统将把以 if 开头的命令都显示出来,供用户选择使用。

10.1.4 Shell 中的特殊字符

Shell 中定义了一些特殊字符,包括文件名通配符、输入输出重定向符、管道符、命令执行控制符、命令组合符、元字符、转义符等。Shell 在读入命令行后,要先对这些特殊字符进行相应的处理,以确定要执行的程序和参数以及执行方式。

1. 文件名通配符

文件名通配符主要用于描述文件名参数。Shell 在执行时,遇到带有通配符的文件名时,将目录下所有文件与其匹配,并用匹配的文件名替换带通配符的文件名。通常,利用通配符对多个文件进行处理操作,以简化操作步骤。

常用的文件名通配符如下:

- ＊用来匹配任何字符串,包括空串。
- ?用来匹配单个字符。
- ［］用来匹配方括号内给出的某个单个字符。
- ［字符 1,字符 2,…］用来匹配方括号内列出的多个字符,字符间用逗号分隔。
- ［开始字符-结束字符］用来匹配方括号内用字符范围的形式给出的多个字符。
- ［!字符］用来指定不应出现的字符。

例如:

- file＊表示匹配以 file 开头的所有文件名。
- fil?.exe 表示匹配以 fil 开头,且以.exe 结尾,中间为任意一个字符的文件名。
- ＊［! e]表示匹配不以 e 结尾的文件名。
- ［a-c］＊表示匹配以 a、b、c 开头的所有文件名,例如 a.exe、abc.c、b.dat、cat.o 等。

2. 输入输出重定向符与管道符

常用的输入输出重定向符与管道符如表 10-1 所示。

表 10-1　常用的输入输出重定向符号与管道符号的格式与含义

符　号	格　式	含　义
＜	命令 ＜ 文件	标准输入重定向
＞	命令 ＞ 文件	标准输出重定向
2＞	命令 2＞ 文件	标准错误输出重定向
＆＞	命令 ＆＞ 文件	标准输出合并重定向
＞＞	命令 ＞＞ 文件	标准输出追加重定向
｜	命令 ｜ 命令	管道
｜ tee	命令 ｜ tee 文件 ｜ 命令	T 形管道

(1) 标准输入重定向符。

＜是标准输入重定向符。它将标准输入重定向到文件中,即命令在执行时从某文件中读取输入数据。

（2）标准输出重定向符。

＞是标准输出重定向符。它将标准输出重定向到文件中，即命令在执行时把键盘（标准输入设备）的输入存储到指定文件中。

例如，可以利用 cat 命令生成一个文件，方法如下：

```
cat > temp1
```

此后的键盘输入都被存储到 temp1 文件中，作为文件的内容。文件编写完成后，按 Ctrl＋D 组合键结束命令的执行。

（3）标准错误输出重定向符。

2＞是标准错误输出重定向符。它将标准错误输出重定向到文件中，即命令在执行时把系统输出的标准错误信息存储到指定文件中。

（4）标准输出合并重定向符。

&＞是标准输出合并重定向符。它将标准输出与标准错误输出合并在一起，重定向到一个文件中。

（5）标准输出追加重定向符。

＞＞是标准输出追加重定向符。它将标准输出或者标准错误输出用追加的方式重定向到一个文件中。

例如，可以利用 cat 命令把文件 2 的内容追加到文件 1 的后面。

已知当前路径下存在两个文本文件 temp1、temp2。使用 cat 命令将 temp2 的内容追加到 temp1 后面，方法如下：

```
cat temp2 >> temp1
```

（6）管道符。

|是管道符。它的作用是将前一个命令的标准输出作为后一个命令的标准输入。

例如，将/home/user 目录下的文件按名称逆序排序后显示，命令如下：

```
ls /home/user | sort-r | more
```

（7）T 形管道符。

| tee 是 T 形管道符，它将前一个命令的标准输出存入一个文件中，并传递给下一个命令作为标准输入。

例如，将一个文件 temp1 的内容排序后保存，并显示文件内容，命令如下：

```
sort temp1 | tee sort-temp1 | cat
```

在这个例子中采用了 T 形管道符，将 temp1 文件排序后保存为 sort-temp1 文件，再用 cat 命令显示排序后的文件内容。

3. 命令执行控制符

命令执行控制符用于在命令执行时指示执行顺序和执行条件。常用的命令执行控制符有"；"、&&、||、& 等。

（1）"；"是命令的顺序执行符号，在一个命令行中可以利用"；"将多个命令连写在一行中。

例如,将显示系统日历和系统时间的命令连写。结果如图 10-2 所示。

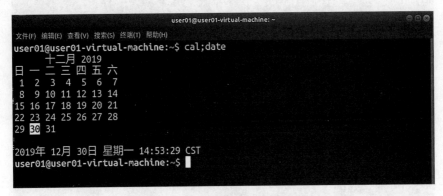

图 10-2　显示系统日历和系统时间

(2) && 代表逻辑与,它指示 Shell 依次执行一行中的多个命令,直到某个命令失败为止。|| 代表逻辑或,它指示 Shell 依次执行一行中的多个命令,直到某个命令成功为止。

例如,测试/home/user01 目录是否存在,如果成功则显示 ok;测试/home/abc 目录是否存在,如果失败则显示 error。

目录测试结果如图 10-3 所示。从中可以看出,/home 目录下存在 user01 子目录,但不存在 abc 子目录。

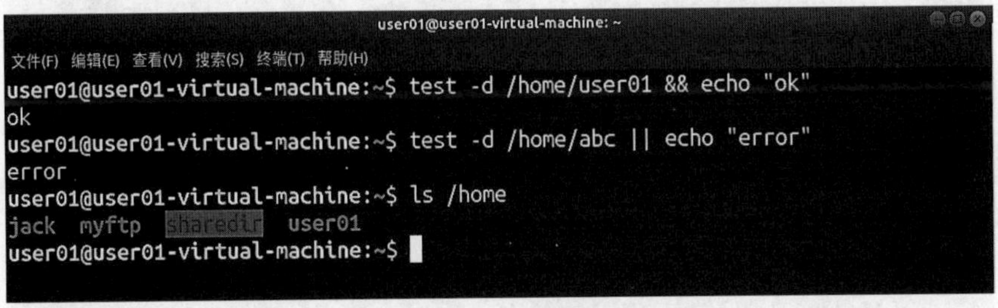

图 10-3　目录测试

(3) & 是后台执行符号,它指示 Shell 将命令放在后台执行。

4. 命令组合符

常用的命令组合符有双引号(")、单引号(')、单撇反引号(`)。

在字符串中含有空格时,应使用双引号括起来,作为整体解析字符串。

单引号把字符括起来,以阻止 shell 解析变量。

单撇反引号用于指示把执行命令的结果存放在变量中。单撇反引号在键盘上位于数字1 键的左边。

双引号的使用示例如下。

(1) 在 Shell 下给变量赋值为带空格的字符串时,应该用双引号把字符串括起来,再进行赋值。简单变量赋值如图 10-4 所示。

(2) 字符串中可以含有字符串变量,如图 10-5 所示。

单引号可以阻止 Shell 对字符串内 name 变量的解析,如图 10-6 所示。

图 10-4　简单变量的赋值

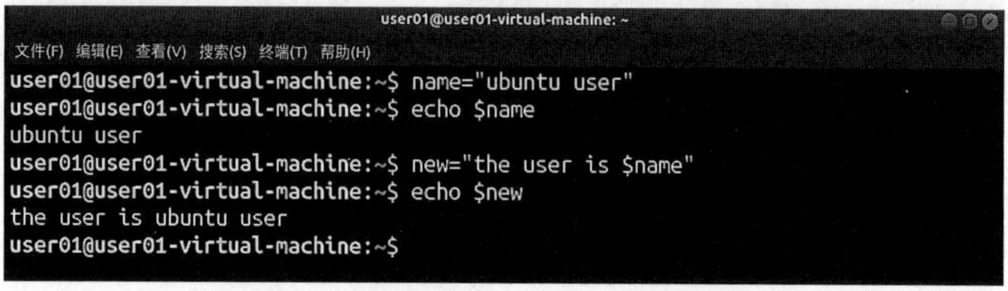

图 10-5　字符串中含有字符串变量时的赋值

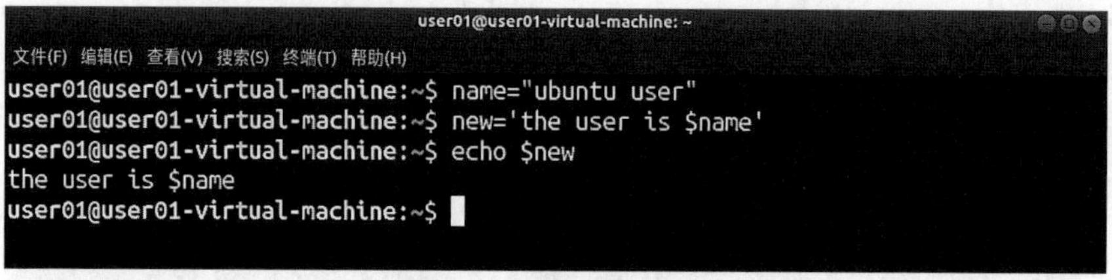

图 10-6　单引号的使用

再看单撇反引号的使用。要统计文件 test.txt 有几行，并把结果存放在 var 变量中，使用单撇反引号实现这一操作的方法如图 10-7 所示。

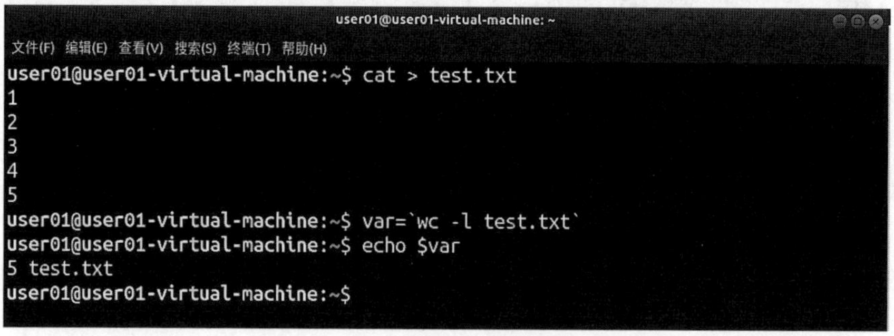

图 10-7　单撇反引号的使用

在这个例子中，先用 cat 命令生成 text.txt 文件，并存储 5 行内容。然后利用 wc 命令统计该文件的行数，并利用单撇反引号把执行该命令的结果保存在变量 var 中。

5. 元字符

系统中常用的元字符有♯、$ 和空格。

- ♯是注释符，代表后面的内容不被 Shell 执行，应被忽略。

- $是变量的引用符。要访问变量的值,需要在变量前加$。
- 空格是分隔符,用来分隔命令名、参数、选项等。

6. 转义符

转义符用反斜线(\)来表示,它的作用是消除后面的单个元字符的特殊含义,阻止 Shell 把\后面的字符解释为特殊字符。

例如,把 abc 变量的值赋给变量 var,如图 10-8 所示。

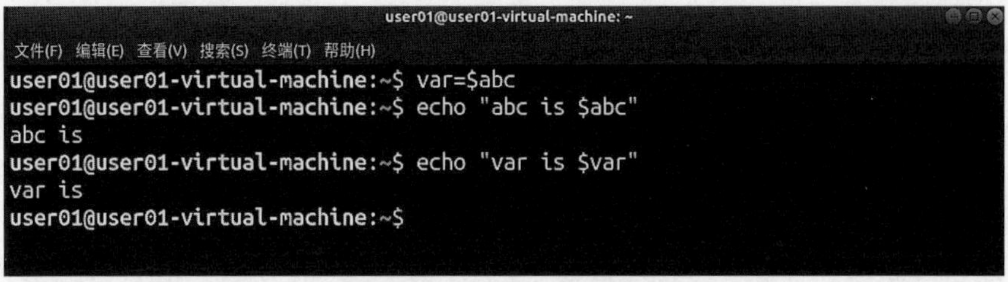

图 10-8　变量赋值

由结果可以看出,$abc 的值为空,所以 var 变量的值也是空的。

为变量赋值时使用转义符\,如图 10-9 所示。

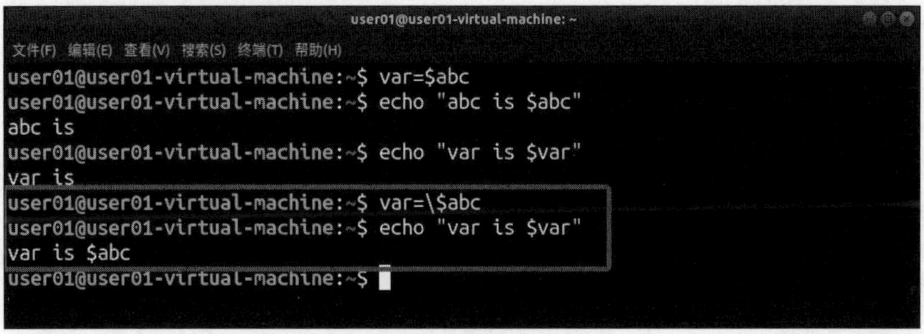

图 10-9　为变量赋值时使用转义符\

通过转义符\的使用,现在 var 变量的值为$abc,不再为空了。即转义符阻止了 Shell 对$元字符的解释工作,仅把$当作一个普通字符。

10.2　Shell 变量

正如其他程序设计语言一样,Shell 也提供了说明和使用变量的功能。Shell 变量可以保存用户的常用数据,也可以在命令行中使用。

10.2.1　Shell 变量的种类

1. 什么是变量

通过变量的定义和使用,可以方便用户进行 Shell 脚本程序的开发。Shell 变量的定义是编写高效的系统管理脚本的基础,是脚本程序开发不可或缺的组成部分。

对于程序员来说,变量是程序设计的基础。它是利用一些简单的字符来定义程序中经常变化的内容。这就是变量。例如,在设计程序的循环时,为了控制循环的执行次数,可以定义一个变量i,代表循环的执行次数,这就是自定义的用户变量。又如,系统中的环境变量PATH记录了一系列路径,这些路径是执行一个命令时依次要搜索的路径。由此可以看出,系统变量和自定义的变量是不同的。

2. 变量的种类

在 Shell 中,根据用途和定义方式的不同,变量可以分为 3 类:环境变量、内部变量、用户变量。

(1) 环境变量。是系统预定义的一组变量,不必由用户定义,它用于为 Shell 提供有关运行环境的信息。环境变量定义在 Shell 的启动文件中,当 Shell 启动后,这些变量就存在并可以使用。用户可以在 Shell 程序中直接使用环境变量,也可以对环境变量进行修改或者重新赋值,以改变系统设置。环境变量的作用域是整个系统环境,不但在定义这个变量的Shell 中有效,而且在所有由此 Shell 衍生出的子 Shell 中都有效。常用的环境变量包括PATH 等。

(2) 内部变量。是由 Shell 自定义的一组变量,是系统提供的,用户只能使用它,但不能对其进行修改。内部变量是用于记录当前 Shell 的运行状态等的一些信息,例如进程号等。

(3) 用户变量。是用户在编写 Shell 程序的过程中定义的,是为实现用户的编程目的而自定义的变量,允许用户对其进行修改。例如,用户可以将某文件所在的绝对路径定义为一个变量,在此后的编程中可以直接使用该变量来代替冗长的路径信息。用户变量的数量由用户的编程需求决定。

使用不带参数和选项的 set 命令可以显示 Shell 的所有变量,但不包括内部变量。

3. 变量的作用域

变量的作用域就是变量的使用范围。根据变量的作用域的不同,Shell 变量可分为两类,即本地变量和导出变量。

(1) 本地变量。也称为局部变量。如果在某 Shell 中定义的变量的作用域是局部的,即仅限于此 Shell,而在子 Shell 中是不存在的,不能使用,则称该变量是本地变量。用户变量、环境变量、内部变量都可以属于本地变量。

(2) 导出变量。如果想使本地变量的作用域扩大,在它的子进程中也可以使用该变量,则需要对该变量进行导出操作,使之成为导出变量。当 Shell 执行一个命令或脚本时,会派生一个子进程,由这个子进程来执行命令。本地变量的作用域仅限于定义它的进程环境,而导出变量可以被任何子进程使用。导出变量在子进程中可以被修改,但这只是对子进程继承的变量副本进行的修改,对父进程中的变量值并没有影响。用户变量、环境变量都可以进行导出操作,成为导出变量。

导出命令的格式如下:

export 变量名［变量名 …］

该命令使 Shell 的一个子进程开始运行时能够继承并使用该 Shell 的全部导出变量。

环境变量、内部变量、用户变量与本地变量、导出变量间的关系如图 10-10 所示。

本地变量与导出变量的使用如图 10-11 所示。

图 10-10　各类变量间的关系

```
user@user-desktop:~$ alias "my=cal"
user@user-desktop:~$ my
       五月 2012
一 二 三 四 五 六 日
       1  2  3  4  5  6
 7  8  9 10 11 12 13
14 15 16 17 18 19 20
21 22 23 24 25 26 27
28 29 30 31

user@user-desktop:~$ bash
user@user-desktop:~$ my
my: command not found
user@user-desktop:~$
```

在本Shell中定义
别名my,并使用

进入子Shell,并使
用别名my

图 10-11　本地变量与导出变量的使用

10.2.2　Shell 变量的定义及使用

与其他高级程序设计语言一样,在 Shell 中也可以定义和使用变量。不同的是,Shell 中的变量不像 C 语言一样,要先定义类型,再使用并赋值。默认情况下,Shell 变量的取值都是一个字符串。下面详细介绍 Shell 中的环境变量、内部变量、用户变量的定义和使用方法。

1. 环境变量

Shell 的环境变量是所有 Shell 程序都会接受的参数。Shell 程序运行时,都会接受一组变量,这些变量就是环境变量。Shell 程序在开始执行时就已经定义了一些和系统的工作环境有关的环境变量。用户可以重新定义其中的一些环境变量。环境变量一般也用大写字母来表示。

(1) 常用的环境变量。表 10-2 给出了常用的 Shell 环境变量。

表 10-2　Shell 环境变量

变　　量	含　　　义
HOME	用于保存注册目录的全部路径
PATH	规定了命令执行时所搜寻的路径。Shell 将按 PATH 中给出的路径进行搜索,找到的第一个与目录名称一致的可执行文件将被执行
UID	当前用户的 UID,其值为数字构成的字符串
PWD	当前工作目录的绝对路径
PS1	主提示符,root 用户的提示符为♯,普通用户的提示符为 $
TERM	用户终端的类型

常用环境变量的值如图 10-12 所示。

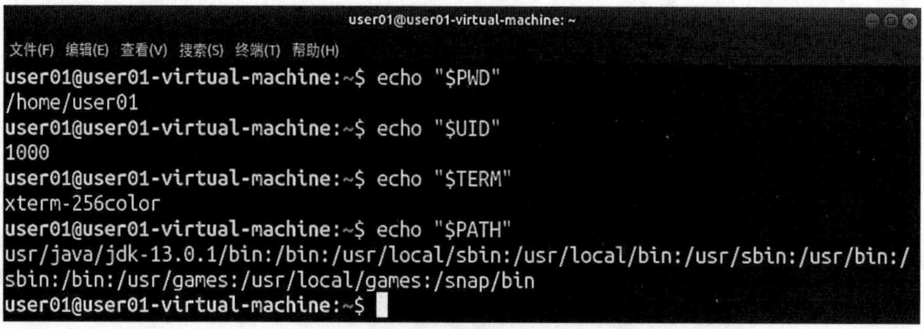

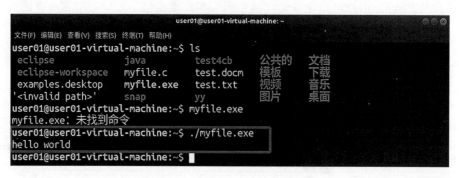

图 10-12　常用环境变量的值

其中,PATH 是一个很重要的变量,它保存用冒号分隔的路径。它规定了可执行文件的执行路径。例如,在/home/user01 目录下有可执行文件 myfile.exe,当前的目录位置也是/home/user01,然而直接执行 myfile.exe 文件却会出错,如图 10-13 所示。

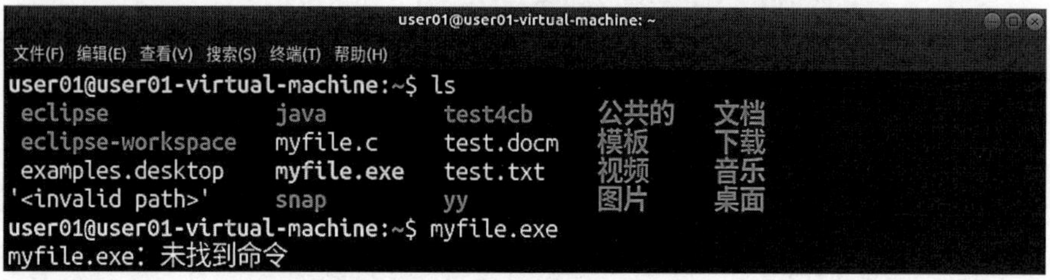

图 10-13　myfile.exe 文件执行出错

从这个例子可以看出,用户所处的位置就是可执行文件所在的目录,执行该文件时却提示"未找到命令"的出错信息。这就和 PATH 有关。因为 myfile.exe 可执行文件不在PATH 规定的搜索路径中,因此会有这样的出错信息。要解决这个问题,可以在提示符后输入"./myfile.exe",就可以显示该文件的执行结果了,如图 10-14 所示。

图 10-14　myfile.exe 文件成功执行

"."表示当前目录,也就是说"./myfile.exe"的意思是执行当前目录下的 myfile.exe 文件。因此,该文件就可以正确执行了。

(2) 查看系统中所有的环境变量。可以利用 env 命令查看系统中所有的环境变量,如

图 10-15 所示。

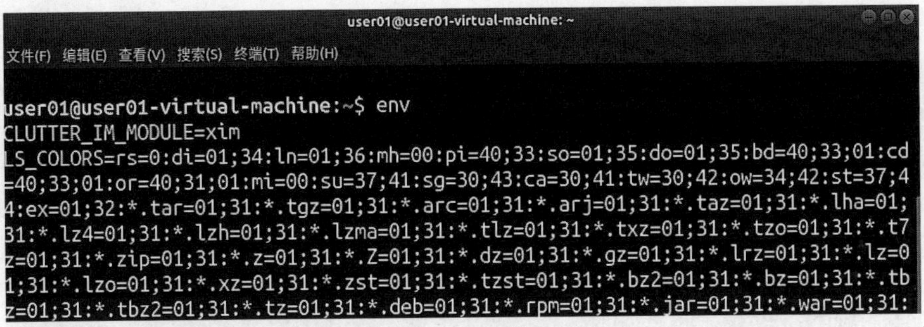

图 10-15　env 命令的执行结果

2. 内部变量

内部变量是 Linux 提供的一种特殊类型的变量,Shell 中常用的内部变量并不多,但十分重要,用处很大,特别是在检测参数时,它将会发挥很重要的功能。表 10-3 给出了常用的 Shell 内部变量。

表 10-3　Shell 内部变量

变　量	含　义
$ 0	当前 Shell 程序的名称
$ #	传送给 Shell 程序的位置参数的数量
$ *	调用 Shell 程序时所传送的全部参数组成的单字符串
$?	前一个命令或函数的返回值
$ $	本程序的 PID
$!	上一个命令的 PID

例如,如图 10-16 所示,在 Shell 中显示某几个内部变量的值。

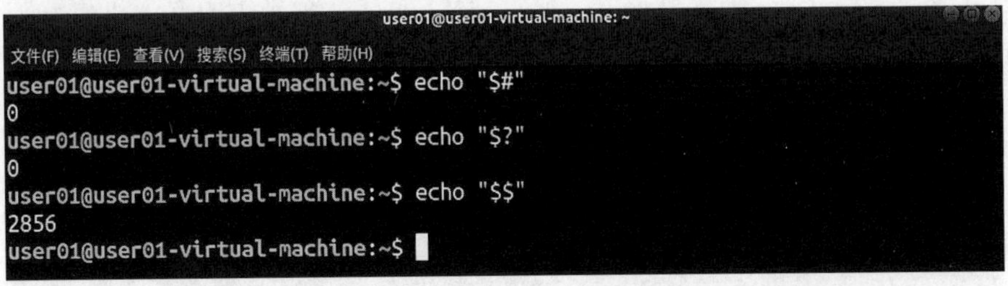

图 10-16　显示内部变量的值

3. 用户变量

用户变量是 Shell 编程中最常用的变量,也是和用户关系最为密切的变量。它的定义和使用十分简单方便。变量名由字母、数字及下画线序列组成,但特别要注意不能用数字开头,必须以字母和下画线开头。而且变量名是严格区分大小写的,在一般情况下,用户定义的变量名小写,系统变量名大写。

（1）变量的定义。格式如下：

变量名=字符串

需要强调的是，＝的左右两边不能加空格，否则 Shell 不会认为这是一个变量定义。

例如，定义一个 name 变量并为它赋值 myubuntu，再定义一个变量 count 并为它赋值 1，如图 10-17 所示。

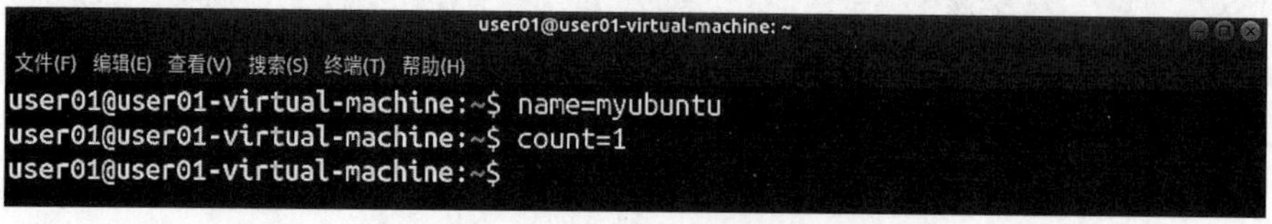

图 10-17　变量的定义

（2）访问变量。定义过变量之后，用户可以进行变量值的访问，即在 Shell 中显示变量的值。访问变量的方法是在变量前加 $ 符号。例如，要访问刚刚定义的 name 变量，就需要使用 $ name 来访问它的值，如图 10-18 所示。

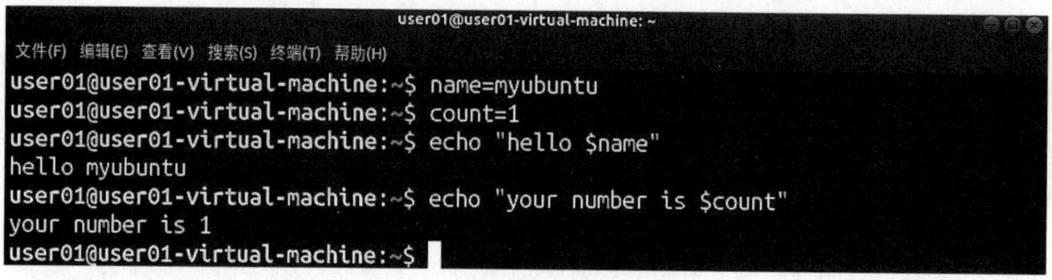

图 10-18　变量值的访问

（3）撤销变量。对于不使用的变量，应将它撤销。撤销变量可以使用 unset 命令，格式如下：

unset 变量名

对于上面定义的 name 变量和 count 变量，使用 unset 命令撤销的方法和结果如图 10-19 所示。

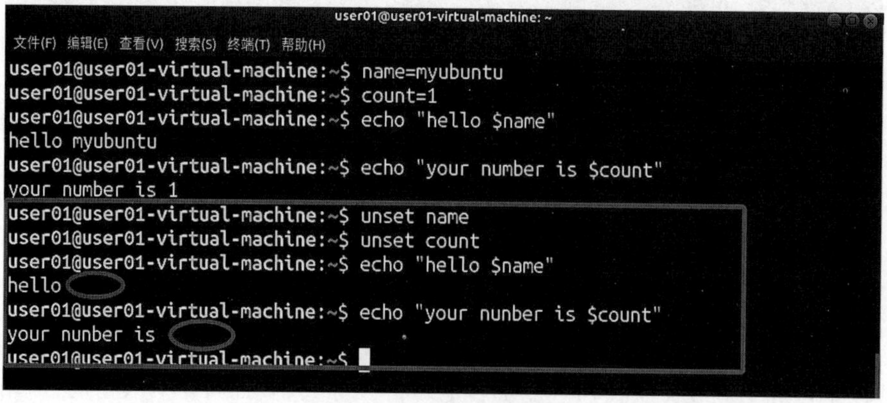

图 10-19　变量的撤销

当使用 unset 命令撤销 name 变量和 count 变量后，再次使用 echo 命令查看时，变量值显示为空。

10.2.3　变量的数值运算

Shell 中可以使用算术运算符。但在默认情况下，Shell 定义的变量是字符串类型的。Shell 变量能够存储的数字也只能是整数类型（简称整型）的数字字符串，例如 2012、27 等，Shell 本身也没有数字运算的能力。

在 Shell 下编写、执行如图 10-20 所示的代码。

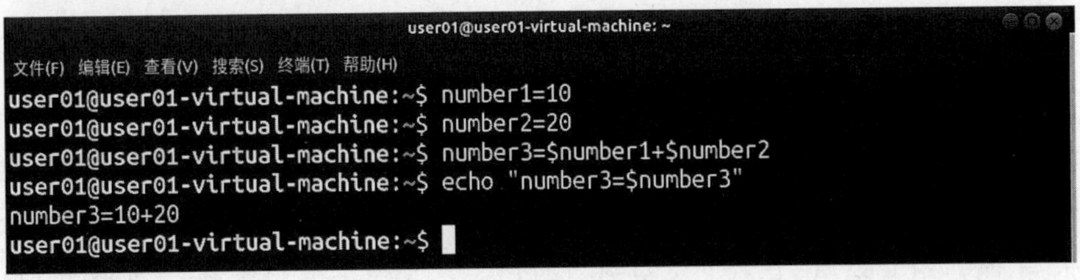

图 10-20　算术运算

图 10-20 中的代码的目的是：在 Shell 中建立两个变量 number1 和 number2，并给这两个变量分别赋值 10 和 20；再建立一个变量 number3，使它记录 number1 和 number2 的和；最后用 echo 命令输出 number3 的值。

从图 10-20 可以看出，执行的结果并没有显示 number1、number2 的和 30，因为 Shell 默认变量的类型是字符型，所以为 number1 赋值 10，为 number2 赋值 20，都被 Shell 作为字符进行处理，所以 number3 的赋值也就变成了字符串"10＋20"，而没有进行加法的计算。由此可见，要想实现数值的运算，必须进行变量的字符型和整型之间的转换。

1. declare 命令的使用

在 Shell 中，使用 declare 命令声明变量为整型。

在变量赋值前，使用 declare -i 进行变量类型的声明。i 代表 integer，即整型。

把图 10-20 中的 3 个变量用 declare 命令声明后，执行结果正确，如图 10-21 所示。

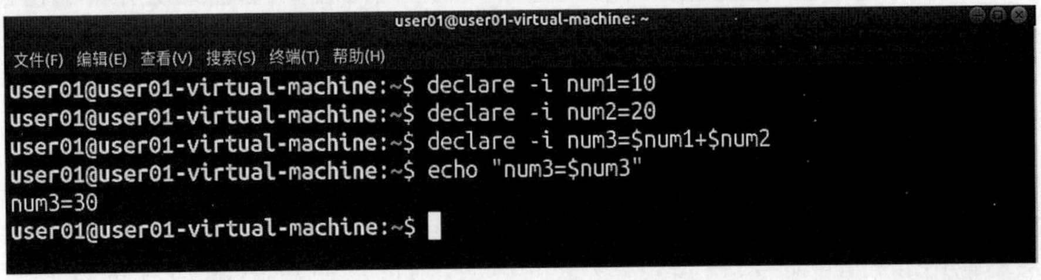

图 10-21　declare 命令的使用

可以看到，此次代码的执行达到了求变量和的计算目的，输出的结果是两个整型变量的和 30。

declare 命令的格式如下：

```
declare [+/-] [a][f][r][i][x]
```

declare 为 Shell 命令,可用来声明变量并设置变量的属性,也可用来显示 Shell 函数。若不加上任何选项和参数,则会显示全部的 Shell 变量与函数,与执行 set 命令的效果相同。

declare 命令中的选项如表 10-4 所示。

表 10-4　declare 命令中的选项

选项	作　　用
＋/－	－可用来设定变量的属性,＋用来取消变量所设定的属性
a	数组
f	函数
i	整数
r	只读
x	通过环境输出变量

例如,声明数组变量 A,共有 3 个分量:A[0]＝a,A[1]＝b,A[0]＝c,如图 10-22 所示。

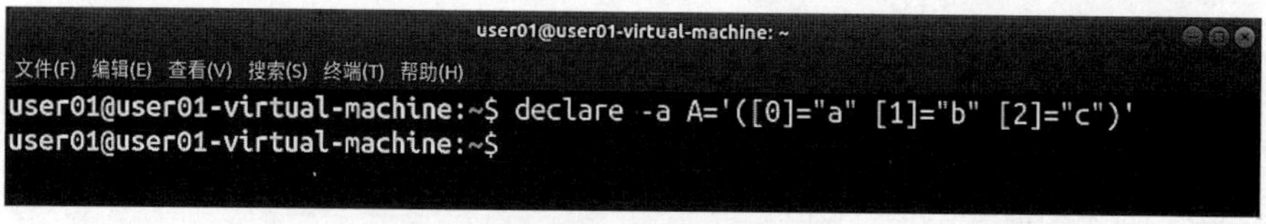

图 10-22　声明数组变量

显示数组变量的第一个分量和整个数组变量的值,结果如图 10-23 所示。

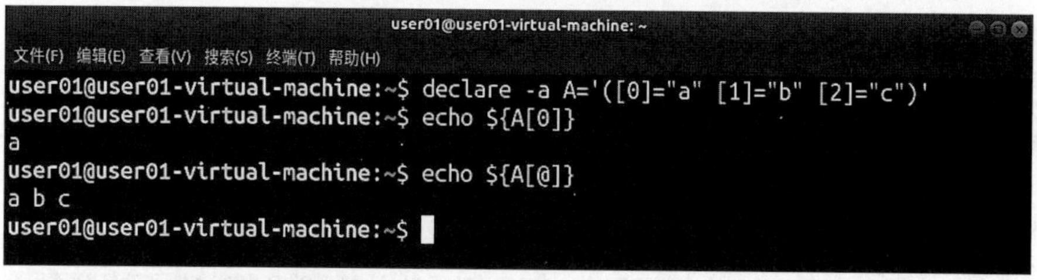

图 10-23　显示数组变量的第一个分量和整个数组变量的值

echo ＄{A[0]}显示第一个分量的值 a。

echo ＄{A[@]}显示整个数组变量的值 a、b、c。

2. expr 命令的使用

如果不使用 declare 命令进行整型变量的声明,则可以使用 expr 命令进行表达式的算术运算。Shell 变量保存的是整数形式的数字字符串。expr 命令将数字字符串解释为整数,然后进行运算,得出结果。

expr 命令的格式如下:

expr 数值 1 运算符 数值 2

expr 命令支持的运算符类型如表 10-5 所示。

表 10-5 **expr 命令支持的运算符类型**

运 算 符	含　义	输 出 结 果
＋、－、＊、/、％	加、减、乘、除、取余(求模)	数值
&、|	逻辑与、逻辑或	& 运算:两个数值都非 0 时输出第一个数值,否则输出 0; |运算:第一个数值非 0 时输出第一个数,否则输出第二个数
＝、＝＝、!＝	等于、恒等于、不等于	结果为真时输出 1,否则输出 0
＞、＜、＞＝、＜＝	大于、小于、大于或等于、小于或等于	结果为真时输出 1,否则输出 0

expr 命令的退出状态:算术运算的退出状态为 0;逻辑运算和比较运算结果为真(即非 0)时退出状态为 0,为假时退出状态为 1,出错时退出状态为 2。

使用 expr 命令时应注意:

(1) 运算符两侧应保留空格。即运算符与运算数之间要用空格隔开。例如,用 expr 命令进行 4－2 的计算,应输入 expr 4 － 2,各部分间都用空格隔开。

(2) 算术运算的数值必须为整数。数字字符串常量或者数字字符串变量均可。

(3) 如果运算符是 Shell 的元字符,如 ＊ 、&、|、＜、＞等,必须用转义符"\"使其失去特殊含义,不被 Shell 解释执行。

下面通过示例详细说明 expr 命令的用法。

(1) expr 命令的运算符两侧应保留空格,无空格时表达式的值不被计算,如图 10-24 所示。

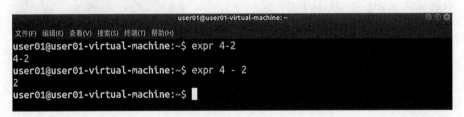

图 10-24 运算符的用法

(2) 转义字符\和元字符之间不加空格,如图 10-25 所示。

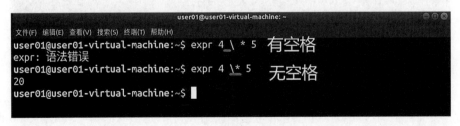

图 10-25 转义字符的用法

(3) 计算 4＋5/2 时,先计算除法,后计算加法,结果向上取整,如图 10-26 所示。注意:表达式的各个部分应以空格隔开。

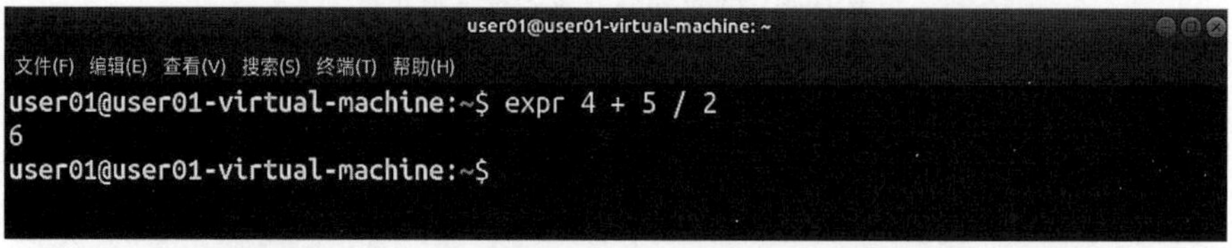

图 10-26　计算 4+5/2

（4）利用整型变量计算表达式的示例。如图 10-27 所示。注意：表达式的各个部分以空格隔开。

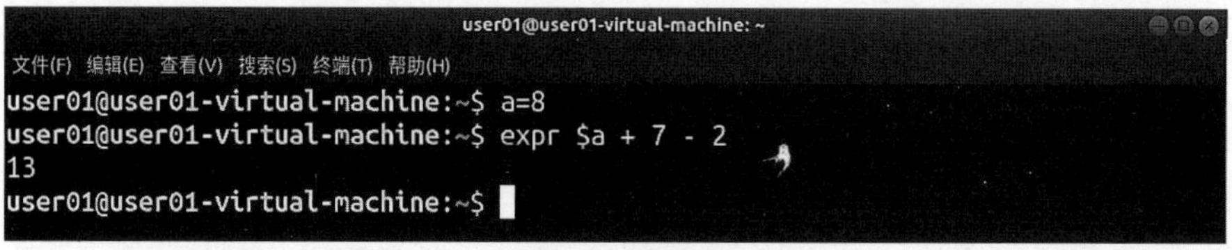

图 10-27　利用整型变量计算表达式

（5）设 a 的值为 8，比较 a 是否小于或等于 8，比较结果为真，即 1（非零），退出状态为 0，用 $? 变量记住该退出状态的值，如图 10-28 所示。

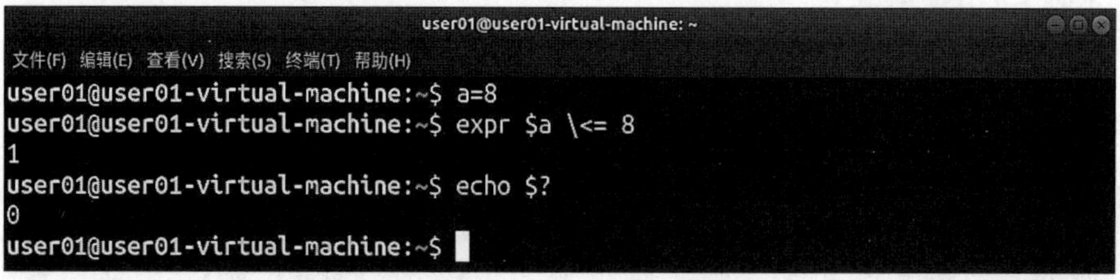

图 10-28　$? 变量的使用

（6）设 a 的值为 8，a 和 5 进行逻辑与运算。结果为 a 的值 8（非零），退出状态为 0，如图 10-29 所示。

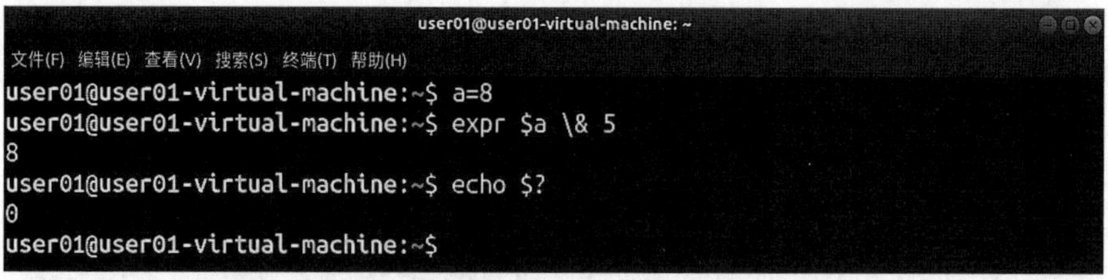

图 10-29　$a 和 5 进行逻辑与运算

（7）设 a 的值为 8，a 和 0 进行逻辑与运算。结果为 0，退出状态为 1，如图 10-30 所示。

（8）设 a 的值为 8，a 和 0 进行逻辑或运算，结果为 a 的值 8（非零），退出状态为 0，如图 10-31 所示。

（9）算术运算的退出状态为 0，如图 10-32 所示。

（10）出错的退出状态为 2，如图 10-33 所示。

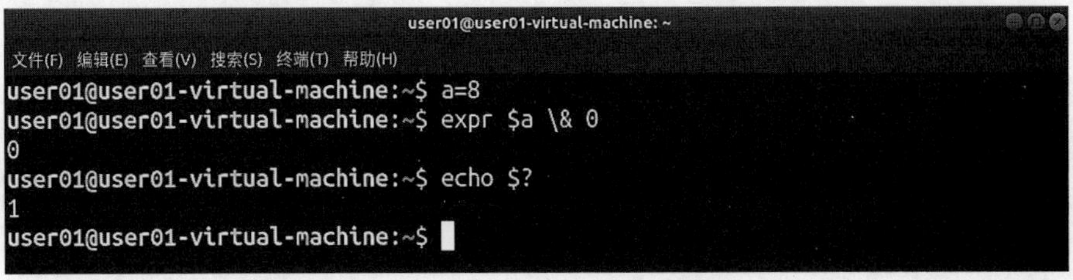

图 10-30 a 和 0 进行逻辑与运算

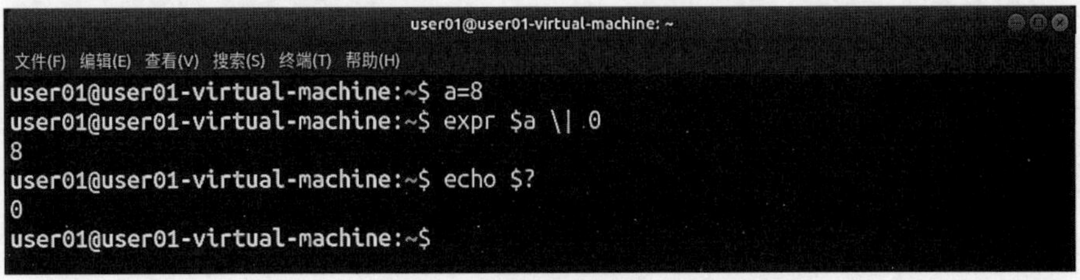

图 10-31 a 和 0 进行逻辑或运算

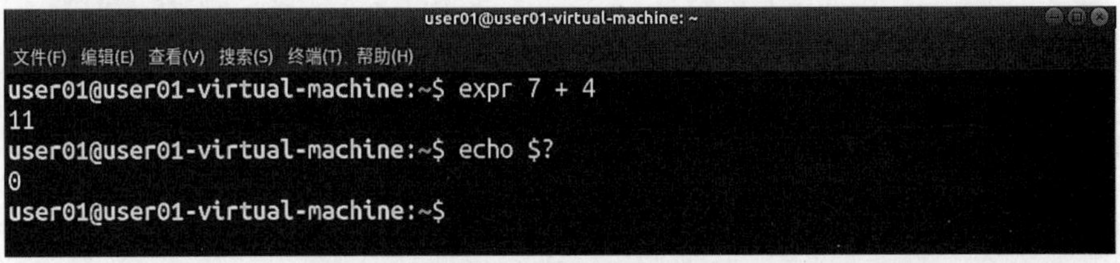

图 10-32 算术运算的退出状态

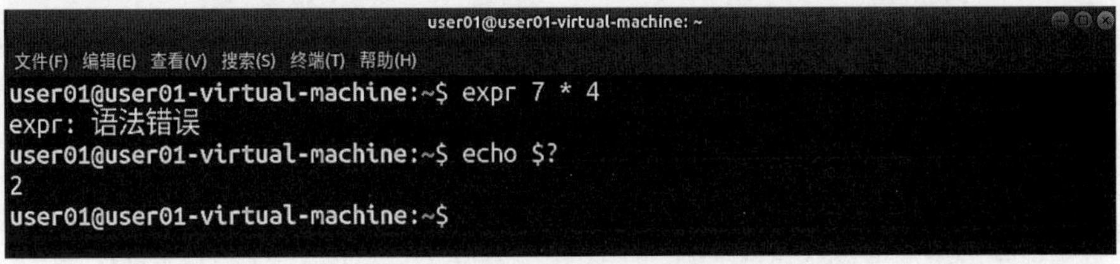

图 10-33 出错的退出状态

10.3 命令别名和命令历史

命令别名和命令历史可以为用户提供十分快捷和方便的 Linux 命令操作。当用户常常使用特别长的命令进行某些操作时，用一个简短的命令别名来替代长命令，会使命令操作变得快捷且容易记忆。bash 提供了命令历史的功能，利用该功能可以方便地查询用户曾经执行过哪些命令。

10.3.1　命令别名

如果某个长命令的使用频率非常高,则可以利用 Shell 提供的命令别名功能,即给某个命令另起一个名字。可以给使用频率非常高而且名字很长的命令起一个简短易记的别名,随后就可以输入这个别名来执行这个命令了。

(1) 使用 alias 命令为命令定义别名,格式如下:

```
alias 别名="原命令"
```

注意:等号两边无空格。

例如,用 vi 启动/home/user/mydir/hello.c 文件,可以在 Shell 中为这个操作定义一个别名 ok。具体方法如下:

```
alias ok='vi /home/user/mydir/hello.c'
```

(2) 查看命令别名。别名设置成功后,就可以用 alias 命令查看已经设置的命令别名,在 Shell 中输入

```
alias
```

如果别名 ok 设置成功,就会出现在定义别名的 alias 命令列表中。

(3) 执行命令别名。其效果和执行命令本身是一致的。例如,执行 vi /home/user/mydir/hello.c 和执行 ok,都会运行 vi 编辑器并打开 hello.c 文件。

(4) 取消命令别名。当命令别名不再使用的时候,可以取消命令别名。在 Shell 中输入

```
unalias 　别名
```

执行这个操作后,再次使用 alias 命令查看命令别名,就不会看到被取消的命令别名了。

(5) 命令别名的生命期。用户采用上述方法定义的命令别名只在本次登录期间有效,退出系统后别名就自动失效了。如果想让自定义的别名永久有效,可以把别名定义写进管理员主目录(即/etc/passwd 文件第 5 列规定的目录)。

ls 实质上是在 Ubuntu 中已经默认的别名。通过 alias 命令可以看到它。

命令别名的定义、查看、取消等功能如图 10-34 所示。

10.3.2　命令历史

在 Shell 的使用过程中,全程都是通过命令和键盘操作进行的。有时某个命令比较长且刚刚执行过,又需要重复输入,此时利用命令历史功能比利用命令自动补齐功能更加快速、便捷。命令历史,顾名思义,就是显示最近一段时间内执行过的命令。具体的方法是,输入 history 命令,并使用上下箭头选择最近执行过的命令。

history 命令格式如下:

```
history [-c][n]
```

history 命令的选项和参数如表 10-6 所示。

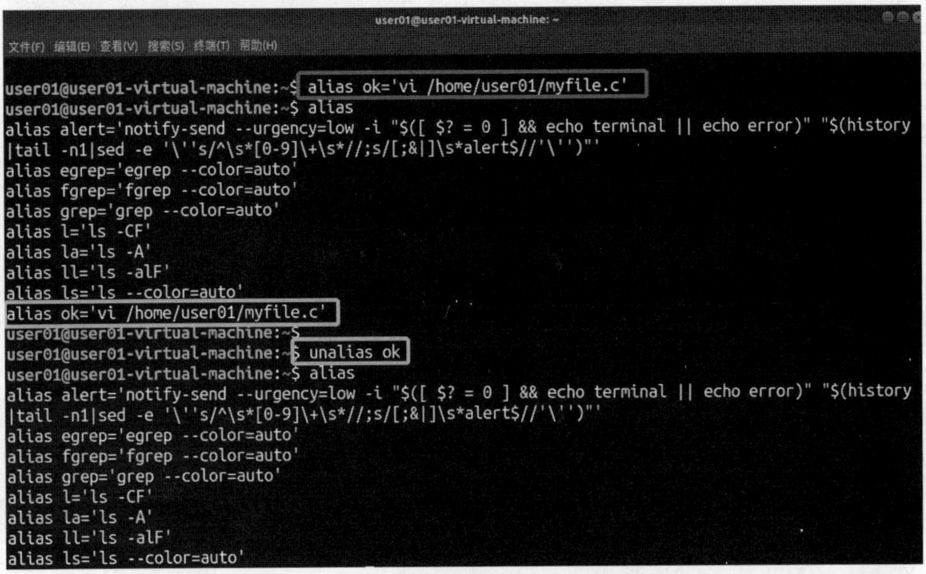

图 10-34　命令别名的定义、查看、取消等功能

表 10-6　history 命令的选项和参数的含义

参数	含　义
-c	清除当前 Shell 中的全部命令历史内容
n	列出前 n 条命令。n 为数字

例如，列出最近使用的 10 条命令，可使用命令 history 10，效果如图 10-35 所示。

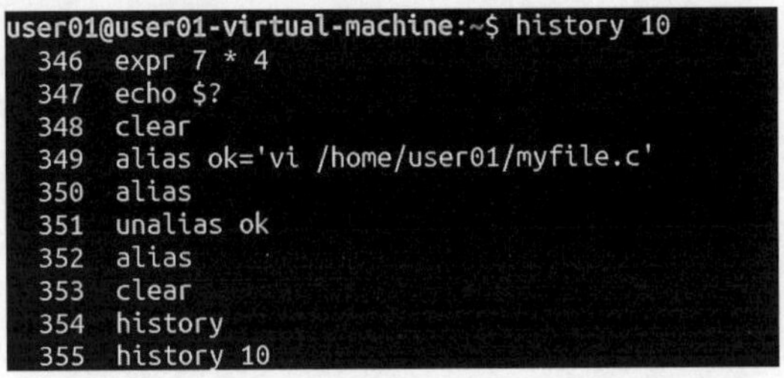

图 10-35　history 命令的用法

本 章 小 结

本章介绍了 Shell 的基础知识、Shell 中的变量设置（包括定义变量、给变量赋值以及读取变量的值）以及命令别名和命令历史的用法。这些内容可以为 Shell 编程提供必要的和基础性的技术。

实　验　10

题目：Shell 中变量的定义和使用。

要求：在 Shell 中定义两个整型的变量，分别赋值，最终显示这两个变量相加的结果。

习　题　10

1. 什么是 Shell？它有哪些功能？
2. Linux 中常用的 Shell 有哪些？
3. 如何定义变量、给变量赋值以及读取变量的值？
4. 如何定义整型变量并实现整型变量的运算？
5. 如何为命令定义别名以及使用命令别名？
6. 命令历史的作用是什么？

第 11 章 Shell 编程

Shell 程序是通过文本编辑程序把一系列 Linux 命令放在一个文件中执行的实用程序。执行 Shell 程序时，文件中的 Linux 命令会被一条接一条地边解释边执行。因此，当用户需要通过多个 Linux 命令的执行才能完成最后的操作任务时，可以利用 Shell 程序把这些 Linux 命令集中在一个文件中，通过文件的执行快速地得到最后的结果。Shell 编程语言和其他高级编程语言一样，也可以利用自己的语法定义变量并赋值，使用各种控制结构，设计出符合用户需要的程序。

11.1 Shell 脚本简介

计算机编程语言从执行过程的角度分为编译型语言、脚本语言等。编译型语言是指源程序通过编译器转换成计算机代码，生成可执行文件，运行程序时直接执行可执行文件。编译型语言，如 C 语言、C++ 语言等，都需要经过编译、链接等过程形成可执行文件，才能运行。脚本语言是指源程序不需要在执行前先转换成计算机代码，只需要在每次执行时进行代码转换，即一边转换代码一边执行程序。

脚本语言的好处在于能够直接对源文件进行修改，并且使用文本编辑器就可打开。但它的执行效率没有编译型语言高。

Shell 脚本是使用 Shell 编程语言编写的脚本文件，主要用于实现系统管理的功能。Shell 脚本与 DOS 系统下的批处理文件相似，都是把多个命令预先放入一个文件中，以便一次性执行这些命令，以方便管理员进行设置或者系统管理。但是，它比 Windows 的批处理文件更强大，比用其他编程语言编写的程序效率更高，因为它使用的是 Linux/UNIX 下的命令。

换言之，Shell 脚本是利用 Shell 的功能编写的程序，是纯文本文件。它将一些 Shell 的语法与命令写在里面，然后用正则表达式、管道命令以及输入输出重导向等功能对命令进行组织，以达到用户管理系统或进行系统设置的目的。Shell 编程语言中也提供了丰富的数据结构和控制结构，如数组、循环、条件以及逻辑判断等重要功能，以方便用户编写程序，丰富程序的功能。

11.2 编写 Shell 脚本

Shell 脚本也称为 Shell 程序，它是由一系列 Shell 命令构成的文本文件。Shell 程序可以是一系列 Shell 命令的组合，也可以利用各种程序控制结构（分支结构、循环结构等）编写复杂的脚本程序。总之，Shell 脚本是用户根据需要编写的用于解决一系列问题的程序。

11.2.1　建立 Shell 脚本

建立 Shell 脚本的方法有很多。由于 Shell 脚本是文本文件，所以可以使用文本编辑器建立和编辑脚本。常用的文本编辑器有 vi、emacs、Gedit 等。

首先，通过文本编辑器完成一个简单的 Shell 脚本的编写。打开文本编辑器，输入下列程序：

```
#! /bin/bash
#this is my first shell script.
echo "hello world!"
date
```

保存该文件，将文件命名为 helloworld，这样就建立了一个名为 helloworld 的脚本文件。纵览该文件可以发现，Shell 脚本的编写方法十分简单。下面详细介绍该脚本文件中各行的含义：

(1) 第 1 行指明了 Shell 脚本使用哪个 Shell 解释执行。在 Ubuntu 中，默认的 Shell 是bash，所以在以后的所有 Shell 脚本的编写中，第 1 行都要按照此格式编写，以指明 Shell 使用的版本。

(2) 第 2 行是程序的注释。添加注释的方法是在行首加♯符号，代表后面的字符都是注释。

(3) 第 3 行的任务是利用 echo 命令输出一行字符："hello world"。

(4) 第 4 行是利用 date 命令显示系统当前的日期和时间。

11.2.2　执行 Shell 脚本

在 Ubuntu 中建立了 Shell 脚本后，就可以执行该脚本，输出结果。Shell 脚本文件没有限定的扩展名，通常不带扩展名。利用文本编辑器写成的脚本文件是纯文本文件，因此，它不具备执行的权限。要执行一个 Shell 脚本，有如下 3 种方法。

(1) 赋予脚本文件可执行性的权限。在 Shell 下执行 chmod 命令，改变脚本文件属性。格式如下：

```
chmod   755   文件名
```

或者

```
chmod a+x 文件名
```

文件具有可执行权限后，就可以执行了。如果文件不在系统存放命令的标准目录下，即Path 环境变量所表示的路径中，在执行时就需要指定文件的路径。执行文件的方法是在提示符后输入

```
./文件名
```

(2) 使用特定的 Shell 解释执行脚本文件，在 Shell 下输入

```
bash 文件名
```

执行此命令时,Shell 先启动一个 bash 进程,该进程执行脚本文件的内容,执行完毕后,该进程也终止,退出系统。这种方法更有意义的用法是处理在当前 Shell 中运行其他版本 Shell 编写的脚本程序。例如,当前的 Shell 是 bash,而 cfile 是用 C Shell 语言编写的脚本文件,那么要想在 bash 下执行此文件,则可以输入命令

```
csh cfile
```

启动一个 csh 进程来执行它。

（3）使用".""命令或 source 命令执行脚本文件,在 Shell 下输入

```
. 文件名
```

或者

```
source 文件名
```

注意:"."和"文件名"之间有一个空格。

"."和 source 是 Shell 的内部命令,文件名是这两个命令的参数。"."命令和 source 命令的功能是读取参数指定的文件,执行它的内容。

11.3　交互式 Shell 脚本

在高级语言程序设计中,编写交互式程序是提高程序可读性、实用性的一个十分常用的手段。交互式程序允许用户在程序的执行过程中输入数据,程序会根据用户输入的数据进行相应的操作。

交互式 Shell 脚本的执行也与上述情况类似,因此,学习交互式 Shell 脚本的编写是学习 Shell 脚本设计必不可少的一环。Shell 脚本中需要使用 read 命令读取用户输入的值(字符串),记录在变量名中。

read 命令的格式如下:

```
read ［-p "字符串"］ 变量名
```

例如,编写一个交互式 Shell 脚本,要求用户输入一行字符串,然后将此字符串显示出来。脚本如图 11-1 所示。

```
😀 ⬤ 🏠  user@user-desktop: ~
文件(F) 编辑(E) 查看(V) 终端(T) 帮助(H)
user@user-desktop:~$ cat > name
#!/bin/bash
read -p "please input your name:" name
echo "hello,your name is" $name
user@user-desktop:~$
```

图 11-1　交互式脚本

该脚本利用 name 变量记住用户交互式输入的用户名,再利用 echo 命令输出 name 变量的值。

图 11-2 是在 Shell 下利用 cat 命令生成的一个名为 name 的脚本,该脚本的执行结果如

图 11-2 所示。

```
user@user-desktop:~$ bash name
please input your name:user
hello,your name is user
user@user-desktop:~$
```

图 11-2 脚本的执行结果

在该脚本的执行过程中,需要用户输入用户字,然后显示出来。

11.4 逻辑判断表达式

test 命令可以对表达式的执行结果进行判断。表达式中可以包括文件、整数、字符串。但是 test 命令执行结束时并不显示任何判断结果,而是用返回值来表示判断的结果。返回值为 0 时,表示判断结果为真;返回值为 1 时,表示判断结果为假。test 命令的判断结果主要用于程序控制结构(如 if 语句)中的条件判断。

test 命令格式如下:

test 表达式　或者　［ 表达式 ］

使用 test 命令时应注意:

(1) 在“［ 表达式 ］”中,要注意“［”和“］”两侧都要有空格。

(2) 表达式中的运算符两侧也应保留空格。

(3) 如果运算符是 Shell 的元字符,如 * 、&、|、<、>等,必须用转义符\使其失去特殊含义,不被 Shell 解释执行。

(4) 返回值为 0 时,表示判断结果为真;返回值为 1 时,表示判断结果为假。

test 命令的常用表达式有文件判断、整数判断、字符串判断、逻辑判断。下面分别进行说明。

1. 文件判断

test 命令主要用于检验一个文件的类型、属性、比较两个值。

文件判断操作符可以用来进行文件的比较,如表 11-1 所示。

表 11-1　文件判断操作符号及含义

操作符号	含　　义	操作符号	含　　义
-d	确定文件是否为目录	-e	确定文件是否存在
-f	确定文件是否为普通文件	-w	确定是否对文件设置了写权限
-r	确定是否对文件设置了读权限	-x	确定是否对文件设置了执行权限
-s	确定文件名长度是否大于 0		

文件判断操作符的使用举例如下:

(1) 分析下面的 test 命令结果,如图 11-3 所示。

test 命令判断/etc/passwd 文件是否是一个普通文件。如果是,test 命令返回 0,否则返

图 11-3 执行 test 命令的结果

回非 0。$? 变量接收最后一个命令执行结果的返回值。用 echo 命令显示返回值,所以最后显示结果为 0。

(2) 已知/etc/passwd 文件的属性是可读、不可写、不可执行。用 test 命令来检验这些属性,如图 11-4 所示。

图 11-4 使用 test 命令检验文件属性

通过 test 命令对文件读(r)、写(w)、执行(x)权限的检验可知,只有读权限检验的返回值为 0,说明/etc/passwd 文件是只读的,不具备写和执行的权限。

(3) 对目录进行判断测试,如图 11-5 所示。

图 11-5 使用 test 命令对目录进行判断测试

通过 test 命令判断/etc 是不是一个目录(参数-d),结果为真,返回值为 0。再测试/home/abc 是不是一个目录,结果为假,返回值为 1,这是因为/home 目录下没有 abc 子目录。

2. 整数判断

整数判断操作符可以用来比较两个整数,如表 11-2 所示。

表 11-2 整数判断操作符号及含义

操作符号	含 义	操作符号	含 义
-eq	比较两个整数是否相等	-ne	比较两个整数是否不等
-ge	比较一个整数是否大于或等于另一个整数	-gt	比较一个整数是否大于另一个整数
-le	比较一个整数是否小于或等于另一个整数	-lt	比较一个整数是否小于另一个整数

例如,利用整数判断操作符对整数进行比较,如图 11-6 所示。

通过 test 命令判断两个整数 30 和 90 是否相等,结果为假,返回值为 1。再判断两个整

图 11-6　使用 test 命令对整数进行比较

数 30 和 90 是否不等,结果为真,返回值为 0。

3. 字符串判断

字符串判断操作符可以用来比较两个字符串表达式,如表 11-3 所示。

表 11-3　字符串判断操作符号及含义

操作符号	含　义	操作符号	含　义
=	比较两个字符串是否相等	-z	判断字符串长度是否等于 0
! =	比较两个字符串是否不相等	=	比较两个字符串是否相等
-n	判断字符串长度是否大于 0	! =	比较两个字符串是否不相等

下面给出利用字符串判断操作符对字符串进行比较的示例。

(1)判断两个字符串是否相等,如图 11-7 所示。

图 11-7　使用 test 命令判断两个字符串是否相等

定义一个 name 变量,并赋值为 user。用 test 命令判断 name 变量的值是否等于 user,结果为真,返回值为 0。注意:在 test 命令中,等号两边都要保留空格。

(2)判断字符串是否为空串,如图 11-8 所示。

图 11-8　使用 test 命令判断字符串是否为空串

用 test 命令判断 name 变量的值是否为空串。结果为假,返回值为 1。

(3)测试字符串是否含有空格,如图 11-9 所示。

通过这个例子可以看出,给 name 变量赋予一个带空格的字符串 user zhang,赋值的时候应该把这个字符串整体用双引号括起来,即引号内的所有字符作为一个整体来处理。用 test 命令进行判断的时候也应该注意这个问题,对 name 变量的取值也要加双引号,即

```
user01@user01-virtual-machine:~$ name="user zhang"
user01@user01-virtual-machine:~$ test $name = "user zhang"
bash: test: 参数太多
user01@user01-virtual-machine:~$ name="user zhang"
user01@user01-virtual-machine:~$ test "$name" = "user zhang"
user01@user01-virtual-machine:~$ echo $?
0
user01@user01-virtual-machine:~$
```

图 11-9　使用 test 命令测试字符串是否含有空格

"＄name"，然后再进行判断。同样，对 user zhang 字符串也必须用双引号括起来，作为一个整体，即"user zhang"，再传送给 test 命令。如果不对＄name 或者 user zhang 加双引号，test 命令的执行就会报错。

4. 逻辑判断

test 可以对带有逻辑运算符的表达式进行判断。

逻辑判断就是要测试带有逻辑运算符的表达式的结果（为真或者为假）。常用的逻辑运算符有与(and)、或(or)、非(not)，在 shell 中分别用-a、-o 和!表示。

逻辑判断一般和文件判断、字符串判断、整数判断结合使用。

以下是进行逻辑判断的 test 命令的示例。

(1) 判断/etc/passwd 文件是否为具有读属性的普通文件，如图 11-10 所示。

```
user01@user01-virtual-machine:~$ test -f /etc/passwd -a -r /etc/passwd
user01@user01-virtual-machine:~$ echo $?
0
user01@user01-virtual-machine:~$
```

图 11-10　判断/etc/passwd 文件是否为具有读属性的普通文件

这个 test 命令的表达式可以分 3 个部分来理解：

① -f /etc/passwd 是判断该文件是不是一个普通文件。

② -r /etc/passwd 是判断该文件是不是具有只读的属性。

③ -a 是①、②两部分的结合，是"与"判断，是"并且"的意思，即①、②两个判断是不是同时成立。

最后，通过＄? 变量返回 test 命令的判断结果。结果为真，返回值为 0，说明/etc/passwd 文件是一个具有读属性的普通文件。

(2) 判断输入的整数判断表达式的逻辑结果，如图 11-11 所示。

```
user01@user01-virtual-machine:~$ read a b c
4 25 90
user01@user01-virtual-machine:~$ test -\( $a -eq 4 -o $b -gt 20 \) -a $c -le 100
user01@user01-virtual-machine:~$ echo $?
0
user01@user01-virtual-machine:~$
```

图 11-11　判断输入的整数判断表达式的逻辑结果

输入 3 个整数 4、25、90，用 3 个变量分别记住这些整数：a＝4，b＝25，c＝90。test 命令中的表达式的含义是判断(＄a＝4 or ＄b＞20)and(＄c≤100)是否为真。用＄? 变量带回 test 命令的返回值。判断结果为真，返回值为 0。

11.5　分 支 结 构

Shell 脚本提供的控制结构与 C 语言类似,包括分支结构和循环结构两大类。利用这两大类控制结构可以构造出满足用户需求的脚本,增强脚本的功能。

分支结构包括 if 语句和 case 语句。

11.5.1　if 语句

在 C 语言中,if 语句根据表达式的取值进行分支控制。表达式的取值有两种:真(非 0)和假(0)。根据结果的不同选择执行的分支。在 Shell 语言中,控制程序分支的是命令的返回状态。当命令执行成功时,返回 0,即表达式为真;如果命令执行失败,返回一个非 0(通常为 1 或者 2),即表达式为假。这些返回状态的值由 $? 变量保存。

在 Shell 中任何命令都有返回状态,因此,都可以作为 if 语句的条件使用。此外,在 Shell 中还提供了 true 命令、false 命令以及":"命令。它们只返回一个特定的值:":"和 true 命令返回值为 0,false 命令返回值为非 0。

1. if 语句基本格式

if 语句一般用于两路分支的控制。

if 语句的基本格式如下:

```
if [  条件命令  ]
then
    命令 1
    命令 2
    …
fi
```

或者

```
if [  条件命令 ];  then
    命令 1
    命令 2
    …
fi
```

说明:

(1) 首先执行条件命令,如果条件命令的返回值为 0,则执行 then 和 fi 之间的命令;如果返回值为非 0,则不执行这些命令。

(2) 条件命令通常是一个 test 表达式命令,也可以是其他命令或命令列表。如果为命令列表,则 Shell 将依次执行各个命令,并把最后一个命令的返回值作为条件命令的结果。

(3) 条件命令的两边有空格,即使用空格把条件命令和"["")"分隔开。if 语句的结束用 fi 表示。

例如,以交互的方式输入用户名,并显示结果,如图 11-12 所示。

该脚本在 Shell 中的运行结果如图 11-13 所示。

```
#!/bin/bash
read -p "input your name:" name
if [ $name = "user" ] ; then
    echo "hello Ubuntu $name"
fi
```

图 11-12 if 语句示例

```
input your name:user
hello Ubuntu user
user@user-desktop:~$
```

图 11-13 脚本运行结果

2. if-else 结构

上面介绍的 if 语句在很多情况下无法满足用户的编程需求,可以使用 if-else 结构。格式如下:

```
if  [  条件命令  ];   then
    命令列表 1
else
    命令列表 2
fi
```

说明:if-else 结构是一种双分支选择,如果条件命令的返回值为 0,执行命令列表 1;如果返回值为非 0,则执行命令列表 2。

例如,以交互的方式输入用户名,利用 if-else 结构进行判断,如图 11-14 所示。

```
#!/bin/bash
read -p "input your name:" name
if [ $name = "user" ] ; then
    echo "hello Ubuntu $name"
else
    echo "sorry,your name is not right."
fi
```

图 11-14 if-else 结构示例

运行结果如图 11-15 所示。

```
user@user-desktop:~$ bash name
input your name:user
hello Ubuntu user
user@user-desktop:~$ bash name
input your name:dfsdf
sorry,your name is not right.
user@user-desktop:~$
```

图 11-15 if-else 结构运行结果

3. if-elif-else 结构

利用 if-elif-else 结构可进行多分支判断。格式如下:

```
if  [  条件命令 1 ];then
    命令列表 1
```

```
elif  [  条件命令 2  ]; then
    命令列表 2
else
    命令列表 3
fi
```

例如,输入学生分数,判断分数等级,如图 11-16 所示。

```
#!/bin/bash
read -p "input your score:" score
if [ $score -lt 60 ] ; then
    echo "not pass"
elif [ $score -ge 60 -a $score -le 70 ]; then
    echo "pass-D"
elif [ $score -ge 70 -a $score -le 80 ]; then
    echo "pass-C"
elif [ $score -ge 80 -a $score -le 90 ]; then
    echo "pass-B"
else
    echo "pass-A"
fi
```

图 11-16   if-elif-else 结构示例

执行结果如图 11-17 所示。

```
user@user-desktop:~$ bash score
input your score:89
pass-B
user@user-desktop:~$ bash score
input your score:98
pass-A
user@user-desktop:~$ bash score
input your score:75
pass-C
user@user-desktop:~$ bash score
input your score:60
pass-D
user@user-desktop:~$ bash score
input your score:55
not pass
```

图 11-17   if-elif-else 结构执行结果

4. 嵌套的 if 语句

if 语句支持嵌套结构。

嵌套的 if 语句格式如下:

```
if  [  条件命令 1  ];then
    if  [  条件命令 2  ];then
      命令列表 1
    else
      命令列表 2
    fi
else
    命令列表 3
fi
```

例如,编写一个判断用户名和密码是否正确的脚本程序,如图 11-18 所示。

```
#!/bin/bash
read -p "input your name:" name
if [ $name = "user" ] ; then
    read -p "input your password:" password
    if [ $password = "123456" ]; then
        echo "hello Ubuntu $name"
    else
        echo "your password is not right."
    fi
else
    echo "sorry,your name is not right."
fi
```

图 11-18 嵌套的 if 语句示例

执行结果如图 11-19 所示。

```
user@user-desktop:~$ bash name
input your name:user
input your password:123456
hello Ubuntu user
user@user-desktop:~$ bash name
input your name:erer
sorry,your name is not right.
user@user-desktop:~$ bash name
input your name:user
input your password:6778898
your password is not right.
user@user-desktop:~$
```

图 11-19 嵌套的 if 语句执行结果

11.5.2 case 语句

case 语句是多分支语句,用于进行多路条件测试,可用来替换 if-elif-else 语句,但它的结构更加清晰。

case 语句格式如下:

```
case 变量值 in
  模式 1)
    命令列表 1;;
  模式 2)
  命令列表 2;;
...
  * )
    命令列表 n;;
esac
```

case 语句执行时,先将变量值与各个模式依次比较,如果有一个相匹配,则执行该模式下的命令列表。

注意:如果有多个匹配的模式,只执行第一个匹配的模式下的命令列表;如果没有匹配的模式,则执行"＊)"下的命令列表。

例如,按时间显示问候语,如图 11-20 所示。

```
hour=`date +%H`
case $hour in
  08|09|10|11|12) echo "Good Morning!";;
  13|14|15|16|17) echo "Good Afternoon!";;
  18|19|20|21|22) echo "Good Evening!";;
  *)  echo "Hello!"
esac
```

图 11-20　按时间显示问候语

注意：该程序的第一行是利用 date 命令把系统时间中的小时取出来，利用单撇反引号记录 date 命令的执行结果，并赋值给 hour 变量。date 和"＋"之间要保留空格。

另外，模式中的"|"是"或"的意思，用于将多个模式合并到一个分支中。

例如，以交互的方式判断用户输入的数字对应的月份，如图 11-21 所示。

```
#!/bin/bash
read -p "input month:" month
case $month in
  1|01) echo "Month is January";;
  2|02) echo "Month is February";;
  ...
  12) echo "Month is December";;
  *)  echo "Error";;
esac
```

图 11-21　判断输入的数字对应的月份

注意：该程序还不完善，要把程序中省略的部分补充完整后再运行程序。

11.6　循环结构

循环结构用来控制某个处理过程的重复执行。Shell 提供了 3 种循环结构：for 循环、while 循环和 until 循环。

11.6.1　for 循环

for 循环常用来处理简单的、次数确定的循环过程。格式如下：

for 变量［in 字符串列表］
do
　　命令列表
done

for 循环要先定义一个变量，它依次取 in 后面字符串列表中各个字符串作为其值。对每个取值，都执行 for 循环内部的命令列表。因此，字符串列表中的字符串的个数就代表了for 循环的执行次数。

例如，要求用户输入一个目录，然后判断此目录下的文件有哪些具有读权限，如图 11-22所示。

在本例中，先判断用户输入的是不是一个目录，并且是否存在。如果结果为真，则执行ls 命令，并将其结果赋给变量 file，然后使用 for 循环依次读取 file 变量中的文件名，在循环体中判断文件是否可读，并显示结果。当 file 变量中的所有文件均被检测一遍后，for 循环

```
#!/bin/bash
read -p "please input a directory:" dire
if [ -e $dire -a -d $dire ]; then
    file=`ls $dire`
    for filename in $file
    do
      if [ -r $dire/$filename ]; then
        echo "$filename can be read!"
        ls -l $dire/$filename
      fi
    done
else
    echo "sorry,$dire can not exists!"
fi
```

图 11-22　for 循环示例

结束。

11.6.2　while 循环

while 循环是当条件为真时进入循环体,执行命令列表,直到条件为假时退出循环。格式如下:

```
while  [  条件  ]
do
    命令列表
done
```

下面给出 while 循环的例子。

(1) 利用 while 循环判断用户登录时的用户名是否正确,直至正确为止,如图 11-23 所示。

```
#!/bin/bash
while [ 1 ]
do
  read -p "input login name:" username
  if [ $username = "ubuntu" ]; then
    echo "hello $usernamne"
    break
  fi
  echo "sorry,name failed !"
done
```

图 11-23　while 循环示例

在本例中,while 循环的进入条件"1"代表始终为真。因此,在循环体内,当用户名是 ubuntu 时,要使用 break 语句强制退出循环。

程序执行结果如图 11-24 所示。

(2) 利用 while 循环输入 5 个数,累加求和。while 循环的执行条件是 loopcount 变量值小于 5。程序如下:

```
#!/bin/bash
loopcount=0
```

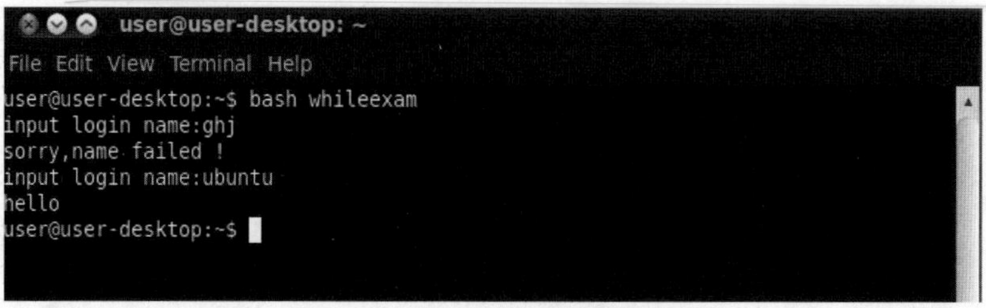

图 11-24　while 循环执行结果

```
result=0
while [ $loopcount -lt 5 ]
do
    read -p "input a number:" num
    declare -i loopcount=$loopcount+1
    declare -i result=$result+$num
done
echo "result is $result"
```

11.6.3　until 循环

until 循环在条件为假时进入循环体,执行命令列表,直至条件为真时才退出循环。格式如下:

```
until [  条件  ]
do
    命令列表
done
```

下面给出 until 循环的示例。

(1) 利用 until 循环判断用户登录时的用户名是否正确,直至用户名正确为止。程序如下:

```
#!/bin/bash
read -p "login name:" username
until [ $username ="ubuntu" ]
do
    echo "sorry, name failed!"
    read -p "login name:" username
done
echo "hello $username"
```

(2) 利用 until 循环输入 5 个数,累加求和。until 循环的条件是:当 loopcount 变量值大于或等于 5 时退出循环体,显示累加的结果。程序如下:

```
#!/bin/bash
loopcount=0
```

```
result=0
until [ $loopcount -ge 5 ]
do
    read -p "input a number:" num
    declare -i loopcount=$loopcount+1
    declare -i result=$result+$num
done
echo "result is $result"
```

11.6.4　break 和 continue 命令

在 C 语言中,可以利用 break 和 continue 语句控制循环程序的转向。在 Linux 中,同样可以用 break 命令和 continue 命令进行循环结构的控制。break 命令和 continue 命令只能应用在 for 循环、while 循环、until 循环中。

break 命令和 continue 命令的区别是:break 命令使程序的执行退出整个循环结构;而 continue 命令使程序跳出本次循环,进入下一次循环,并不退出整个循环结构。

【示例】

(1) 用 break 退出循环结构。统计累加和(sum),当 sum=10 时退出循环。程序如下:

```
#!/bin/bash
declare sum=0;
while [ 1 ]
do
  if [ $sum -ge 10 ]; then
    break
  fi
  sum=sum+1
done
echo "s=" $sum
```

(2) 用 continue 命令跳出本次循环。如果输入的分数为 0～100,则显示输入的分数;否则显示错误信息,并提示重新输入。程序如下:

```
#!/bin/bash
while [ 1 ]
do
  read -p "input a score: " score
  if [ $score -lt 0 -o $core -gt 100 ] then
    echo "the score is error. please input again."
    contiunue
  else
    echo "your score is $score"
  fi
done
```

11.7 函　　数

在 Shell 编程中,用户可以编制自己的函数。函数可以简化程序,使程序的结构更加清晰,而且可以避免程序中重复编写某些代码的工作。因此,当某一段代码会在程序中被经常使用或重复执行时,可以把这些代码以函数的形式来表示,并给函数起一个名字。以后再用到这些代码时,就可以直接使用函数名来调用这些代码了。

函数定义格式如下:

```
function 函数名()
{
    命令列表
}
```

函数的命名规则与变量的命令规则相同。调用函数的时候可以直接使用函数名。

【示例】　编写函数并调用。

```
#!/bin/bash
#make a function
function func()
{
    cal
    date
    pwd
    echo "this is function!"
}
#调用函数
func
```

上面的程序中定义了 func 函数,该函数的任务是显示当前的日历、日期和工作路径,并显示一行字符串。要执行这个函数,只需要调用函数名 func 即可。

11.8 脚 本 调 试

编写完 Shell 脚本后,可以在 Shell 中进行脚本的调试。调试程序对于程序员来说是一项必不可少的工作。掌握 Shell 脚本的常用调试方法,有利于对程序中的错误进行判断和修改。

调试脚本的命令是 bash。命令格式如下:

```
bash  [选项]  脚本名
```

bash 命令常用的选项如下:

-x:在执行时显示脚本的内容,以方便用户追踪调试程序。

-n:只检查脚本的语法错误,不执行脚本。

例如,在 Shell 中输入

```
bash  -x whileexam
```

进行脚本的调试。whileexam 是一个脚本程序,它利用 while 循环在用户登录时进行用户
名的判断,如图 11-25 所示。

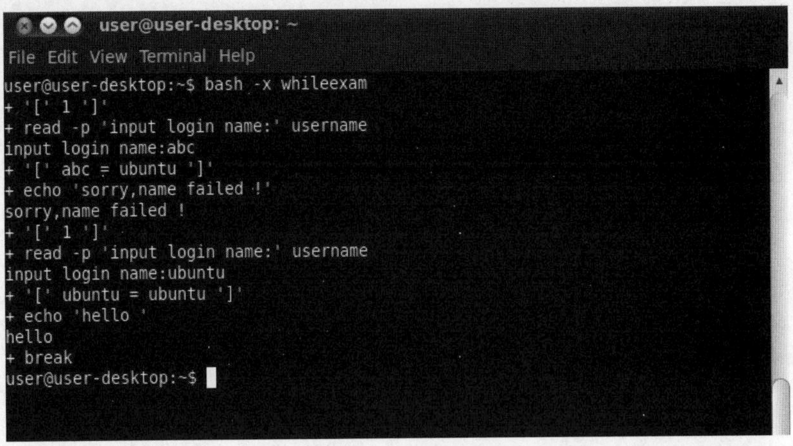

图 11-25　脚本调试

本 章 小 结

本章介绍了 Shell 脚本的语法以及 Shell 脚本的设计开发方法,使用户能够利用 Shell
脚本语言进行 Shell 脚本程序的开发,以扩充 Ubuntu 系统的管理功能。

实　验　11

题目:Shell 中的控制结构的使用。

要求:

(1) 编写脚本,判断用户登录时的用户名和密码是否正确。若用户名不正确,允许重复
输入;若密码 3 次输入均不正确,则退出程序,并显示相应的提示信息。

(2) 编写脚本,判断一个文件是否具有可读、可写、可执行的权限。

(3) 编写脚本,统计当前路径下所有 C 语言源文件的总行数。

(4) 编写脚本,以各月的英文单词为参数,显示当年该月的日历。

习　题　11

1. Shell 脚本是如何执行的?

2. 用户编写的 Shell 脚本是否需要编译? Shell 脚本与 C 语言程序有什么区别?

3. 进行脚本表达式逻辑判断的命令是什么? 它可以进行哪些逻辑判断?

4. 分析下面的脚本的功能,写出执行结果。

```
#!/bin/bash
echo
echo   "today is: "
date
echo
echo   "the working directory is: "
pwd
echo
echo   "the files are: "
ls
```

5. 编写 Shell 脚本,比较两个交互式输入的整数的大小。

6. 编写 Shell 脚本,删除当前路径下所有长度为 0 的文件。

7. 编写 Shell 脚本,统计当前路径下所有以"f"开头的文件的个数。

第12章 常用开发环境的搭建

Linux 下的软件开发环境多种多样。目前,最常用的开发环境是 Eclipse,在这种开发环境中可以实现 Java 语言、C 语言以及插件等的开发。对于熟悉 Windows 平台上的 Visual C++ 等 IDE(Integrated Development Environment,集成开发环境)的用户,在 Linux 平台上可以安装和使用 C/C++ IDE 开发工具,进行 C/C++ 程序的开发。也可以通过命令行的方式,使用 GCC 编译器进行 C/C++ 程序的开发。另外,Ubuntu 18.04 LTS 也支持 Python 程序的开发和运行。

12.1 Java 开发环境 Eclipse 的搭建

12.1.1 Java 简介

Java 是由 Sun Microsystems 公司(已被 Oracle 公司收购)于 1995 年 5 月推出的程序设计语言和开发平台(即 Java SE、Java EE、Java ME)的总称。Java 技术具有卓越的通用性、高效性、平台移植性和安全性,广泛应用于 PC、数据中心、游戏控制台、超级计算机、移动电话和互联网,同时拥有全球最大的开发者专业社群。目前它已经成为软件开发领域的主流技术,尤其是在全球云计算和移动互联网的产业环境下,Java 具有显著优势和广阔前景。

12.1.2 Java 的特点

Java 具有以下特点。

(1)面向对象。Java 语言是一种面向对象的程序设计语言。面向对象的好处之一就是使用户能够设计出可以重用的组件,并使开发出的软件更具弹性且容易维护。

(2)平台无关性。Java 的平台无关性是指用 Java 编写的应用程序不需要修改,就可以在不同的软硬件平台上运行。它首先将源代码编译成二进制字节码,然后依赖各种不同平台上的虚拟机来解释执行字节码,从而实现了"一次编译、到处执行"的跨平台特性。

(3)分布式。Java 语言支持 Internet 应用的开发,在基本的 Java 应用编程接口上提供了一个网络应用编程接口,该接口提供了用于网络应用编程的类库。同样,Java 的 RMI (Remote Method Invocation,远程方法调用)机制也是开发分布式应用的重要手段。

(4)动态特性。Java 语言的设计目标之一是适应动态变化的环境。Java 程序需要的类能够动态地被载入运行环境,也可以通过网络载入需要的类,这些均有利于软件的升级。另外,Java 中的类有一个运行时刻的表示,能进行运行时刻的类型检查。

(5)多线程。Java 语言支持多个线程的同时执行,并提供多个线程之间的同步机制,以实现更好的交互响应和实时行为。多线程是 Java 成为颇具魅力的服务器端开发语言的主要原因之一。

(6)高性能。Java 的运行速度随着 JIT(Just In Time,即时)编译器技术的发展越来越接近 C++，从而具有较高的性能。

Java 语言的优良特性使得 Java 应用具有良好的健壮性和可靠性，也减小了应用系统的维护费用。Java 对面向对象技术的全面支持和 Java 平台内嵌的 API 能缩短应用系统的开发时间并降低成本。Java 具有的跨平台特性使得它能够提供一个随处可用的开放结构和在多平台之间传递信息的低成本方式。特别是 Java 企业应用编程接口为企业计算及电子商务应用系统提供了有关技术和丰富的类库。

12.1.3　Eclipse 介绍

Eclipse 是著名的跨平台自由集成开发环境。Eclipse 最初是一个开放源代码的软件开发项目，专注于为高度集成的工具开发提供一个全功能的、具有商业品质的工业平台。它主要由 Eclipse 项目、Eclipse 工具项目和 Eclipse 技术项目组成，具体包括 4 个部分——Eclipse Platform、JDT、CDT 和 PDE。其中，JDT 支持 Java 开发，CDT 支持 C 语言开发，PDE 支持插件开发。Eclipse Platform 则是一个开放的可扩展 IDE，提供了一个通用的开发平台。它不仅提供了建造块的基础平台，而且提供了构造及运行集成软件开发工具的基础。Eclipse Platform 允许工具建造者独立开发与其他工具无缝集成的工具，从而无须分辨一个工具功能在哪里结束，而另一个工具功能在哪里开始。

Eclipse 最初由 OTI 和 IBM 两家公司的 IDE 产品开发组创建。IBM 公司提供了最初的 Eclipse 代码基础，包括 Eclipse Platform、JDT 和 PDE。目前由 IBM 公司牵头，围绕着 Eclipse 项目已经形成了一个庞大的 Eclipse 联盟，有 150 多家软件公司参与到 Eclipse 项目中，其中包括 Borland、Rational Software、Red Hat 及 Sybase 等公司。Eclipse 是一个开放源码项目，它其实是 Visual Age for Java 的替代品，两者的界面差不多，但由于 Eclipse 开放源码的特性，使得任何人都可以免费得到，并可以在此基础上开发各自的插件，因此越来越受人们关注。包括 Oracle 在内的许多大公司也纷纷加入了该项目，并宣称 Eclipse 将来能成为可进行任何语言开发的 IDE 的集大成者，用户只需下载各种语言的插件即可。

从 2006 年起，Eclipse 基金会每年都会安排同步发布（simultaneous release）。Eclipse 的各发行版如表 12-1 所示。

表 12-1　Eclipse 的各个发行版本

版本代号	平 台 版 本	主要版本发行日期
Callisto	3.2	2006 年 6 月 26 日
Europa	3.3	2007 年 6 月 27 日
Ganymede	3.4	2008 年 6 月 25 日
Galileo	3.5	2009 年 6 月 24 日
Helios	3.6	2010 年 6 月 23 日
Indigo	3.7	2011 年 6 月 22 日
Juno	3.8 及 4.2	2012 年 6 月 27 日
Kepler	4.3	2013 年 6 月 26 日

版本代号	平台版本	主要版本发行日期
Luna	4.4	2014 年 6 月 25 日
Mars	4.5	2015 年 6 月 24 日
Neon	4.6	2016 年 6 月 24 日
Oxygen	4.7	2017 年 6 月 22 日
Photon	4.8	2018 年 6 月 28 日
2018-09*	4.9	2018 年 9 月 19 日
2018-12	4.10	2018 年 12 月 19 日
2019-03	4.11	2019 年 3 月 20 日
2019-06	4.12	2019 年 6 月 23 日
2019-09	4.13	2019 年 9 月 18 日
2019-12	4.14	2019 年 12 月
2020-03	4.15	2020 年 3 月 18 日
2020-06	4.15	2020 年 3 月 18 日

* 从 2018 年 9 月开始,Eclipse 的版本代号不再延续天文星体名称,而是直接使用年和月表示。

12.1.4　Eclipse 环境的搭建

登录 Eclipse 的官方网站 http：//Eclipse.org,单击 Download 按钮,进入下载页面,如图 12-1 所示。该页面显示了最新版本的各种 Eclipse IDE。建议下载最新版本的 Eclipse IDE for Java Developers。Eclipse 在全球有数个镜像下载站,可以从 University of Science and Technology of China(中国科技大学镜像站)、Beijing Institute of Technology(北京理工大学镜像站)或 TUNA(清华大学镜像站)下载。

下载的压缩包默认名字为 eclipse-jee-2019-09-R-linux-gtk-x86_64.tar.gz 或与之类似。需要先对该压缩包进行解压操作。在 Ubuntu 下,解压的方法有两种:

(1) 打开终端,进入下载的压缩包所在的目录,运行下面的命令进行解压操作:

```
tar -zxvf FILENAME.tar.gz
```

其中,FILENAME 表示下载的压缩包的名字。解压完成后,即可在该目录下看到 Eclipse 文件夹。

(2) 打开 Eclipse 文件夹,即可看到 Eclipse 文件。

可以双击运行该文件。若 Eclipse 不能运行,说明系统中没有安装 Java 运行环境。由于 Eclipse 是基于 Java 技术开发的,因此,要运行 Eclipse,需要在系统上安装 Java 运行库。

注意:JDK 或者 JRE 可以到 www.java.com 网站下载(或者直接通过 apt 命令安装默认的 JRE,可尝试执行命令 sudo apt install default -jre)。通常情况下,安装 JDK 后,就可以直接运行 Eclipse,它会自动寻找 JDK。

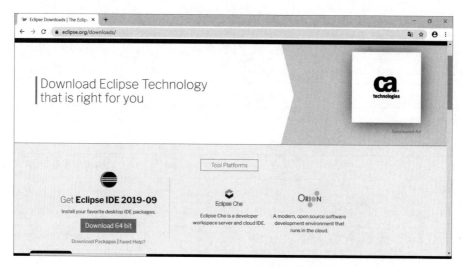

图 12-1　Eclipse 官方网站的下载页面

12.2　Java 开发环境 Eclipse 的使用

Eclipse 可通过安装不同的插件来开发不同的项目(如 EJB、C/C++、Python 等)。本节将以创建一个 Java 项目为例介绍 Eclipse 的使用。

启动 Eclipse 时,可以设置工作空间(即项目的所在目录),此后创建的所有项目均存在该目录中,也方便以后的工作目录备份。

12.2.1　创建 Java 项目

选择 File→New→Project 菜单命令,启动 Java 项目的创建,如图 12-2 所示。

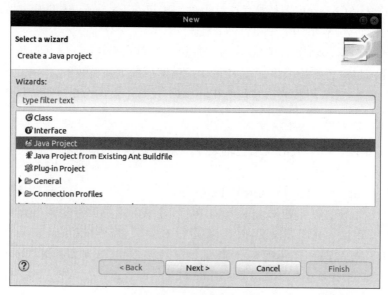

图 12-2　Java 项目的创建

单击 Next 按钮,进入如图 12-3 所示的输入项目名称界面。

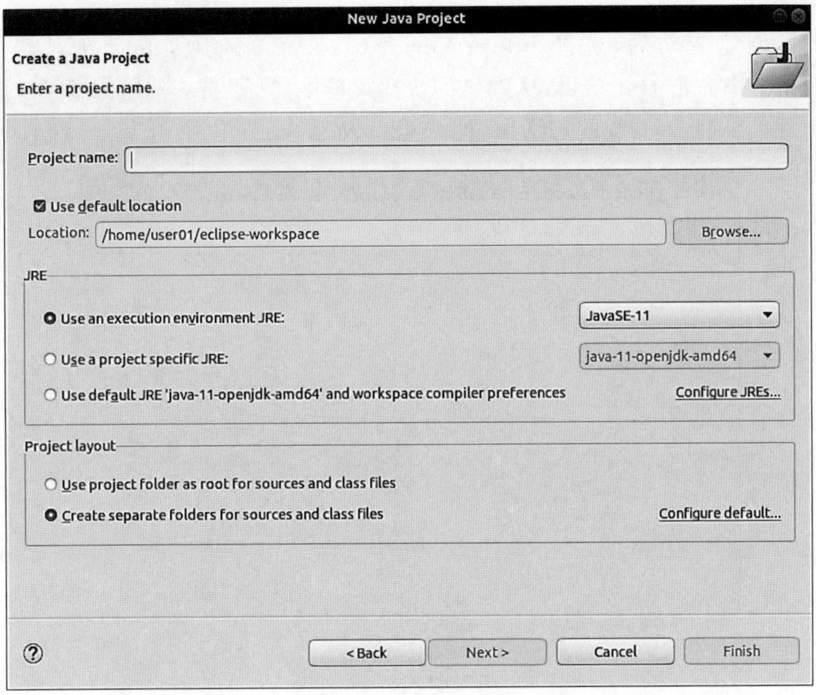

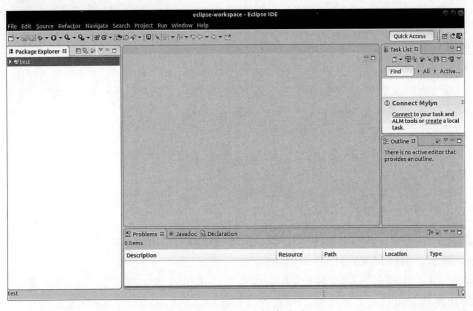

图 12-3　输入项目名称

在图 12-3 所示的对话框中,在 Project name 文本框中输入项目的名称,例如 test,其他的选项采用默认值即可,此时 Finish 按钮才会变为可用。单击 Finish 按钮,即可创建名为 test 的空白项目,如图 12-4 所示。

图 12-4　test 项目创建成功

12.2.2 创建 Java 类

test 项目创建成功后，选择 File→New→Class 菜单命令，或者在左侧的 Package Explorer 选项卡中右击 test 项目，从弹出的快捷菜单中选择 New→Class 命令，都可以进行 Java 类的创建。创建 Java 类的对话框，如图 12-5 所示。

图 12-5　创建 Java 类的对话框

在图 12-5 所示的对话框中，完成以下设置：

- Source folder 文本框中是项目默认的文件夹，不需要更改。
- 在 Package 文本框中输入程序包的名称（该项目采用默认值，即 test）。
- 在 Name 文本框中输入类名，本例采用 MyFirst。

其他选项采用默认值。

设置完成后，单击 Finish 按钮，完成初始 Java 类的创建。在左侧的 Package Explorer 选项卡中可以看到项目结构的变化，如图 12-6 所示。

12.2.3　编辑 Java 程序代码

Java 类创建成功后，在 Eclipse 中的代码编辑区就可以进行 Java 代码的编写工作了，如图 12-7 所示。编写完成后，保存即可。

在 Eclipse 中编辑 Java 代码时，有一些常用的编辑技巧和快捷键。在这里简单介绍一部分常用功能。可以按 Ctrl+Shift+L 快捷键查看快捷键列表。

（1）代码自动补充功能。在 Eclipse 中，当输入左括号时，系统会自动补上右括号；输入

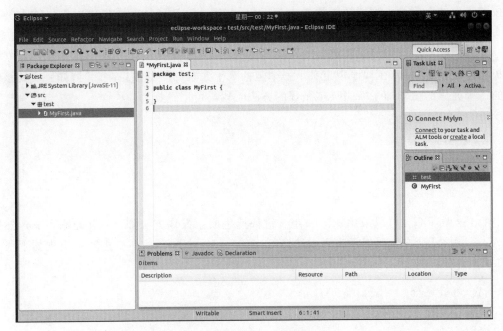

图 12-6　MyFirst 类创建成功

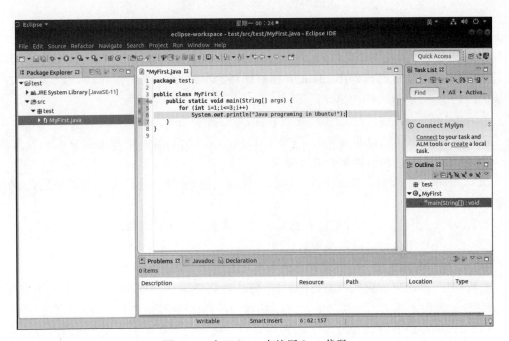

图 12-7　在 Eclipse 中编写 Java 代码

左侧的双引号或者单引号时,Eclipse 也会立刻加上右侧的双引号或单引号。

（2）代码提示功能（Alt＋/组合键）。此组合键可以在编辑状态下提示自动补齐代码。在输入程序代码时（例如,要输入 System.out.println 时）,在输入类别名称（即 System）后暂停一会儿,Eclipse 会显示建议的代码提示列表,并列出此类别可用的方法和属性。用户可以按键盘上的上下箭头键选择想要的内容,然后按 Enter 键确认。用户也可以只输入类别开头的字母(例如 Sys),然后按 Alt＋/组合键,同样会显示建议的代码提示列表。注意,Alt＋/组合键不仅可以显示类别及其可用的方法和属性的列表,还可以一并显示已建立的模板程序代码。例如,在程序中定义了一个包括 5 个元素的整型数组。此时,如果要使该数组的每个元素的值均加 1,采用 for 循环的方法时代码可以这样写:

```
int a[]=new int[5];
for (int i =0; i <5; i++)
{
    a[i] =a[i] +1;
}
```

其中的 for 循环部分可以采用 Alt＋/组合键快速生成。操作方法如下:首先输入 for,然后按 Alt＋/组合键,在代码提示列表中选择 for -iterate over array,在右边就会出现如下所示的 for 循环体代码:

```
for ( int i =0; i <a.length; i ++)
{


}
```

按 Enter 键后,上述代码即出现在 Eclipse 的编辑窗口内。此时,只需要在自动产生的 for 循环体内写入需要的操作即可(即 a[i] ＝ a[i] ＋ 1;),这样可以提高程序编写效率。同时,也可以看到,自动生成的代码用 a.length 控制循环的次数,而不是前面的 i ＜ 5。显然,自动生成的代码通用性更强,结构更规范。

(3) 选中某一名字时,按 Ctrl＋F1 组合键,可以查看 Java API 的文档。

Eclipse 的编辑功能也非常强大,掌握了 Eclipse 快捷键功能,能够大大提高开发效率。Eclipse 中有如下一些和编辑相关的快捷键:

(1) Ctrl＋O 组合键。显示类的方法和属性的大纲,能快速定位类的方法和属性,在查找错误时非常有用。

(2) Ctrl＋/组合键。为光标所在行或选定行快速添加注释或取消注释。

(3) Ctrl＋D 组合键。删除当前行。

(4) Ctrl＋M 组合键。窗口最大化或窗口还原。

在程序中,迅速定位到代码的特定位置,快速找到要调试的程序错误,是非常不容易的事。Eclipse 提供了强大的查找功能,可以利用如下的快捷键完成查找定位的工作。

(1) Ctrl＋K 组合键、Ctrl＋Shift＋K 组合键。快速向下和向上查找选定的内容。

(2) Ctrl＋Shift＋T 组合键。查找工作空间(workspace)构建路径中的 Java 类文件,可以使用 ＊、? 等通配符进行查找。

(3) Ctrl＋Shift＋R 组合键。查找工作空间中的所有文件(包括 Java 文件),也可以使用通配符。

(4) Ctrl＋Shift＋G 组合键。查找类、方法和属性的引用。这是一个非常实用的快捷键,例如,要修改引用某个方法的代码,可以通过该组合键迅速定位所有引用此方法的位置。

（5）ALT＋Shift＋W 组合键。查找当前文件在项目中的路径，可以在浏览器视图中快速定位。特别是对于比较大的项目，想查找某个文件所在的包时，此快捷键非常有用。

（6）Ctrl＋L 组合键。定位到当前编辑器的某一行，对非 Java 文件也有效。

（7）Alt＋←组合键、Alt＋→组合键。后退到上一条历史记录和前进到下一条历史记录。这两个快捷键在跟踪代码时非常有用，用户可能查找了几个有关联的地方，但记不清楚了，可以通过这两个快捷键追溯查找的顺序。

（8）F3 键。快速定位光标位置的某个类、方法和属性。

（9）F4 键。显示类的继承关系，并打开类继承视图。

Eclipse 还有以下两个常用的快捷键：

（1）Ctrl＋Shift＋O 组合键。快速导入代码。例如，从其他文件中复制了一段代码后，可以利用该组合键把代码导入调用的类。

（2）Ctrl＋Shift＋F 组合键。格式化代码。书写格式规范的代码是每一个程序员的必修课。选定某段代码后，按该组合键可以格式化这段代码；如果不选定代码，则该组合键默认格式化当前的整个文件（Java 文件）。

在 Eclipse 中还有一些关于运行调试和文本编辑的快捷键，这里不再赘述。具体功能请参考 Eclipse 使用手册。

12.2.4　执行 Java 程序

选中要执行的 Java 程序，选择 Run→Run as→Java Application 菜单命令。如果程序有改动，Eclipse 会询问在执行前是否要保存。如果程序没有错误，程序的执行结果会在工作区下面的 Console 窗口显示，如图 12-8 所示。

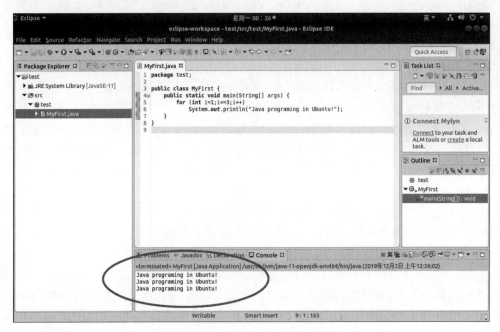

图 12-8　显示程序执行结果

注意：若程序需要传递参数，则需要选择 Run→Run configuraton 菜单命令，在弹出的对话框的 Arguments 选项卡中输入要传递的参数，多个参数要用空格隔开。

12.3　安装 C/C++ IDE 开发工具

12.3.1　Linux 下的 C/C++ 开发工具介绍

　　Linux 系统自身没有提供集成开发环境，对于习惯了 Windows 平台上的 Visual C++ 等 IDE 的用户，在 Linux 下通过 GCC、G++ 等命令行工具对程序进行断点设置等调试工作无疑是难度很大的。Ubuntu 18.04 LTS 默认不安装 GCC、G++，可通过 apt-get 命令先行安装。实际上，Linux 平台也有很多优秀的集成开发工具，本节对此进行简单的介绍。

　　1. Code∷Blocks

　　Code∷Blocks 是一个免费、开源、跨平台的集成开发环境，它是用 C++ 开发的。它采用插件架构，通过使用不同的插件可以自由地扩充功能。目前 Code∷Blocks 可以支持 Windows、Linux 及 Mac OS Ⅹ 等平台，也可以在 FreeBSD 环境中使用 Code∷Blocks。使用它开发的应用程序也很容易迁移到别的操作系统上。

　　2. Kdevelop

　　Kdevelop 是一个支持多种程序设计语言的集成开发环境，它运行于 Linux 和其他类 UNIX 环境中，是 UNIX 环境中具有代表性的图形化开发环境，Kdevelop 本身不包含编译器，而是调用其他编译器来编译程序。

　　3. NetBeans

　　NetBeans 是支持 Java、C/C++、Ruby 等语言的开源的集成开发环境，可以用来创建专业的桌面应用程序、企业应用程序、Web 和移动应用程序。同样，它可以在 Windows、Linux、Mac OS Ⅹ 以及 Solaris 等多种平台上运行。

　　4. Eclipse

　　Eclipse 是著名的跨平台的自由集成开发环境。它是基于 Java 语言开发的平台，可以通过不同的插件支持 C++、Python、PHP 等语言的开发。例如，Eclipse CDT 插件可将 Eclipse 转换为功能强大的 C/C++ IDE。它集项目管理、集成调试、类向导、自动构建、语法着色和代码完成等特点于一身。目前，Eclipse 官网直接提供 Eclipse for C++ 版本供用户下载。

　　5. Anjuta

　　Anjuta 是一个使用在 GNOME 桌面环境中的 C/C++ 程序的集成开发环境，集成了代码编辑器、程序调试器以及应用程序向导等。Anjuta 是自由软件，使用 GNU 通用公共许可证。

　　当然，上面所述的跨平台开发工具是指它们在不同平台上都有对应的软件，具有相同或相似的界面和功能，以满足用户的使用习惯。用同一开发工具在不同操作系统下开发的软件项目可以跨平台打开甚至编译运行，但是，并非所有软件项目都可以不加修改地跨平台编译执行，这是由于不同的操作系统的差异造成的。

12.3.2　Code∷blocks 的安装

12.3.1 节介绍的几种 IDE 各有优缺点。本书以 Code∷blocks 为例对 IDE 的用法进行介绍。首先，介绍 Code∷blocks 的安装过程。

可以通过在终端的命令行执行以下命令来安装 Code∷blocks：

```
sudo apt-get install codeblocks
```

按照命令提示，可以轻松完成安装。也可以在 Ubuntu 软件中心找到 Code∷blocks，单击它的图标进行安装，如图 12-9 所示。

图 12-9　通过 Ubuntu 软件中心安装 Code∷blocks

其他开发工具（如 Kdevelop）的安装过程类似于 Code∷blocks。

12.4　C/C++ IDE 开发工具的使用

在 12.3.2 节中介绍了如何在 Ubuntu 环境下安装 Code∷blocks。本节通过一个例子进一步介绍如何使用 Code∷blocks 进行 C/C++ 程序设计。

（1）启动 Code∷blocks。在终端中输入 codeblocks，即可启动 Code∷blocks 集成开发环境，如图 12-10 所示。

（2）新建项目。选择 File→New→Project 菜单命令，出现 New from template（用模板新建应用程序）对话框。在该对话框的 Category 下拉列表中选择 Console，进一步选择 Console appication，创建控制台应用程序，如图 12-11 所示。

（3）单击 Go 按钮，进入如图 12-12 所示的 Console application 对话框，进行编程语言的选择，这里有 C 和 C++ 两种语言。在本例中，选择 C++ 语言。

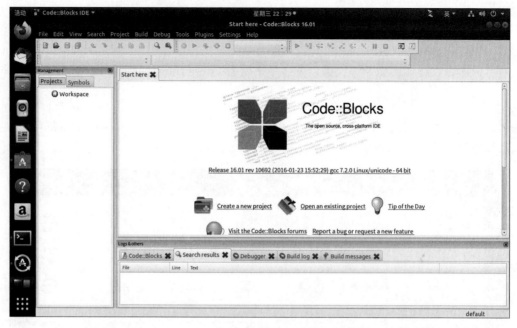

图 12-10　进入 Code::blocks 集成开发环境

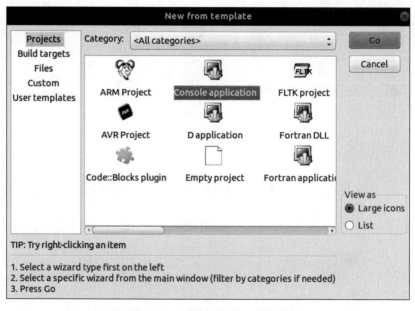

图 12-11　用模板新建应用程序

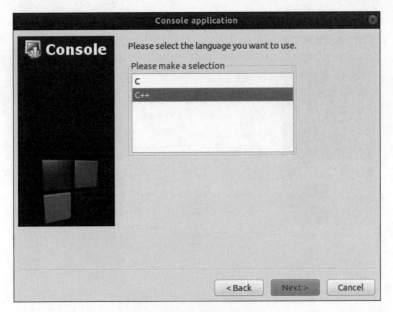

图 12-12　选择编程语言

（4）单击 Next 按钮，进入如图 12-13 所示的项目信息界面，输入相关信息，建立项目。给 Project title 文本框中输入 test4cb，选择项目的保存路径，Project filename 是根据 Project title 自动生成的。

图 12-13　输入项目信息

（5）单击 Next 按钮，进入如图 12-14 的界面，进行编译器的配置工作。此处均采用默认值即可。

（6）单击 Finish 按钮，系统生成一个名为 test4cb 的项目，该项目直接包含 main.cpp 文

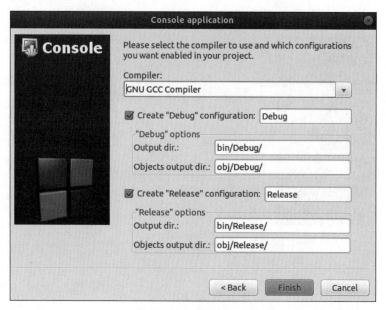

图 12-14　配置编译器

件，如图 12-15 所示。

图 12-15　项目的 main.cpp 文件

（7）编辑和保存。在图 12-15 所示的项目界面中，在编辑区输入源程序，选择 File→Save 菜单命令，保存源文件。

（8）编译。选中 Build→Compile current file 菜单命令，对编辑好的源程序进行编译。若程序有错误，则编译器会提示错误。在本例中，如果故意将第 7 行行尾的分号去掉，则编译器在编辑区的下方给出错误提示，如图 12-16 所示。可根据错误提示修改程序，保存程序后再次执行编译命令,直至没有提示错误,表明编译通过。

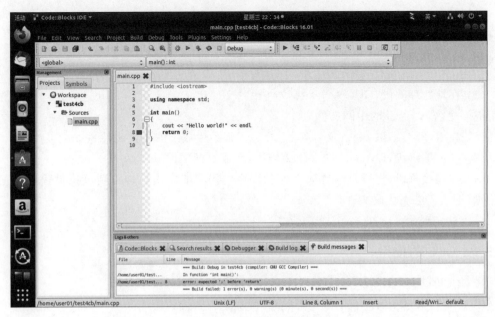

图 12-16　编译错误提示

（9）生成可执行文件。选择 Build→Build 菜单命令或按 Ctrl＋F9 组合键,在界面下方的信息窗口将显示具体执行信息。若没有错误提示,表示已经生成了可执行文件。

（10）运行程序。选择 Build→Run 菜单命令,或者按 Ctrl＋F10 组合键,运行程序,并自动弹出运行窗口,如图 12-17 所示。其中,提示信息"Press ENTER to continue."是提示用户:按任意键可退出运行窗口,返回 Code::blocks 的代码编辑界面。

图 12-17　运行窗口

（11）关闭工作区。选择 File→close workspace 菜单命令,关闭工作区。

12.5　用 GCC 编译执行 C 程序

12.5.1　GCC 简介

GCC 原名为 GNU C Compiler(GNU C 语言编译器),最初的 GCC 只能用于处理 C 语言程序。随着 GCC 的不断扩展,它逐渐支持 C++、Fortran、Pascal、Objective-C、Java、Ada 以及 Go 等程序设计语言的开发,GNU C Compiler 也随之变成了 GNU Compiler Collection,成为类 UNIX 及 Mac OS X 操作系统的标准编译器,尤其是它的 C/C++ 语言编

译器,被认为是跨平台编译器的事实标准。作为 GNU 计划的一部分,GCC 不断完善和更新。可以在终端输入命令 gcc -version 或者 gcc -v,查询当前系统安装的 GCC 版本。通过官方网站 http://gcc.gnu.org/ 可以了解 GCC 的最新发展情况。

在本节中将详细地介绍利用 GCC 进行 C/C++ 程序设计的方法。

使用 GCC 对源文件进行处理的具体过程如下(以源文件 test.c 为例):

(1)在预处理阶段,GCC 对 test.c 文件中的文件包含、预处理等语句进行处理。该阶段会生成一个名为 test.i 的中间文件。

(2)在编译阶段,以 test.i 文件作为输入,编译后生成汇编语言文件 test.s。

(3)在汇编阶段,以 test.s 文件作为输入,生成目标文件 test.o。

(4)在连接阶段,将所有的目标文件和程序中用到的库函数连接到可执行程序中正确的位置,形成二进制代码文件。

具体的实现命令将在 12.5.2 节介绍。

12.5.2　GCC 的使用

1. GCC 的基本知识

GCC 是一个基于命令行的编译器,很多复杂的操作经过若干条命令就可以完成。但在使用的时候,必须给出一系列调用参数和文件名称,GCC 编译器的参数多达上百个,本节将介绍 GCC 编译器最基本、最常用的参数。

在 Windows 系统中,可执行文件以.exe 作为扩展名。但是,在 Linux 系统中,可执行文件没有统一的扩展名,这与 Windows 系统截然不同。Linux 系统以文件的属性来区分可执行文件与不可执行文件。但是,GCC 必须通过文件的扩展名来区分文件的类别,表 12-2 列出 GCC 所遵循的文件扩展名约定。因此,用户在使用 GCC 进行编译时,应特别注意扩展名的问题。

表 12-2　GCC 的文件扩展名约定

扩展名	类　　型	可以进行的后续操作
.c	C 语言源程序	预处理、编译、汇编
.C/.cc/.cxx	C++ 源程序	预处理、编译、汇编
.m	Objective-C 源程序	预处理、编译、汇编
.i	预处理后的 C 文件	编译、汇编
.ii	预处理后的 C++ 文件	编译、汇编
.s	预处理后的汇编语言源程序	汇编、连接
.S	未预处理的汇编语言源程序	预处理、汇编
.h	预处理器文件	程序包含的头文件
.o	编译后的目标文件	传递给连接器
.a	已编译的库文件	传递给连接器

2. GCC 的基本用法

使用 GCC 编译器时，最基本的命令格式如下：

```
gcc ［选项］ ［文件名］
```

注意：在 gcc 命令中，各部分之间一定要保留空格，并且严格区分大小写。

例如，要编译 C 语言的源程序 test.c，则可以执行命令

```
gcc  test.c
```

GCC 可以通过设置参数一次性完成程序代码生成过程；也可以通过设置不同的命令，对程序的预处理、编译、汇编和连接过程进行精确控制，这时就必须使用大量的命令选项来实现。GCC 的常用选项如表 12-3 所示。

表 12-3　GCC 的常用选项

选　项	含　义	示　例
-c	对源文件进行编译，但不连接为可执行文件，仅生成扩展名为.o 的目标文件	gcc -c test.c
-o 文件名	将 GCC 处理的结果保存在指定文件中，该文件的扩展名可能是.i、.s 或者.o、.out。若省略该选项，则生成系统默认的文件 a. out。使用-o 选项时，必须跟一个文件名	gcc -o test test.c
-E	对源文件只做预处理，不编译	gcc -E test.c -o test.i
-O［2］	对源代码进行基本的优化，-O2 比-O 对编译和连接过程的优化程度更高，优化编译和连接的过程相对较慢	gcc -o -O test test.c
-g	编译时加入调试信息，以方便后期对程序进行调试	gcc -g -c test test.c

此外，还有"-I 目录""-L 目录""-w""-W warning"等选项，具体使用方法可以参考 GCC 手册或者通过在终端输入 man gcc 命令进行查看。下面举例说明上述选项的使用。

以源代码文件 test.c 为例，使用 GCC 生成 test 程序。

程序源代码如下：

```
#include <stdio.h>
int main(int argc,char * * argv)
{
    printf("Hello World!\n");
    return 0;
}
```

这段 C 程序的源代码可以通过多种方式完成编辑任务，例如，在 Gedit 中进行编辑，或者在 vim 编辑器中进行编辑，或者在终端通过 cat 命令进行编辑。用户在完成源代码的编辑后，将文件命名为 test.c 即可。

在预处理阶段，输入的是 C 语言的源文件，通常扩展名为.c。它们通常是带有.h 头文件的包含文件。这个阶段主要处理源文件中的 ♯ ifdef、♯ include 和 ♯ define 命令。该阶段会生成一个中间文件（＊.i），但实际工作中通常不用专门生成中间文件。若必须生成中间文件，可以在终端输入以下命令：

```
gcc -E test.c -o test.i
```

在编译阶段,输入的是中间文件,编译后生成汇编语言文件(* .s)。这个阶段对应的GCC命令如下:

```
gcc -S test.i -o test.s
```

在汇编阶段,将输入的汇编语言文件转换成机器语言文件(* .o)。这个阶段对应的GCC命令如下:

```
gcc -c test.s -o test.o
```

最后,在连接阶段将输入的机器语言文件与其他的机器语言文件和库文件汇集成一个可执行的二进制代码文件。这一步骤可以利用下面的命令完成:

```
gcc test.o -o test
```

如果GCC不使用-E、-S、-c等选项,仅使用-o选项,则GCC将从源代码文件直接生成可执行文件,在此过程中产生的中间文件被GCC删除。命令如下:

```
gcc test.c -o test
```

这样生成的可执行文件 test 可以在终端通过./test 命令运行,若省略了-o test 选项,GCC 将生成默认文件名为 a.out 的可执行程序。

3. GNU 的调试程序——gdb

gdb 是 GNU 发布的 C/C++ 程序调试工具。与前面介绍的在集成开发环境下集成的调试方式不同的是,gdb 通过命令行的方式显示程序在运行时的内部结构和内存的使用情况。对于 UNIX 平台而言,gdb 调试工具提供的调试功能比可视化工具更强大。一般来说,用户利用 gdb 命令行方式可以完成的一些功能如下:

- 设置断点,调试程序,可以查看此时程序中变量的值。
- 逐行执行程序代码,并可以动态改变程序的执行环境。

为了使 gdb 正常工作,程序在编译时必须包含调试信息,因此在编译时用-g 选项加入调试信息。启动 Linux 下的终端,在命令行输入 gdb 命令,如果出现"(gdb)"提示符,表明gdb 启动成功。也可以通过输入 gdb -h 命令得到一个有关这些选项的简单说明。

接下来通过一个例子说明如何利用 gdb 进行程序调试。

本例中用 gdb 调试程序 mytest.c,程序如下(代码前面的数字代表行号):

```
1    #include <stdio.h>
2    #include <stdlib.h>
3    int sum(int n)
4    {
5        int s=0,i;
6        for (i=1;i<=n;i++)
7        {
8            s+=i;
9        }
10       return s;
```

```
11  }
12  int main()
13  {
14      int m=5,s;
15      s=sum(m);
16      printf("the sum is %d\n",s);
17      return 0;
18  }
```

通过以下命令对 mytest.c 进行编译，生成执行文件 mytest：

```
gcc  -g  mytest.c  -o  mytest
```

注意：参数-g 不能省略，其目的是使程序在编译时包含调试信息。若无错误提示，则表明程序编译成功。

下面介绍 gdb 的调试过程。

在命令行输入

```
gdb  mytest
```

执行后，出现下面的信息：

```
GNU gdb (GDB) 7.1-ubuntu
Copyright (C) 2010 Free Software Foundation, Inc.
License GPLv3+: GNU GPL version 3 or later <http://gnu.org/licenses/gpl.html>
This is free software: you are free to change and redistribute it.
There is NO WARRANTY, to the extent permitted by law. Type "show copying"
and "show warranty" for details.
This GDB was configured as "x86_64-Linux-gnu".
For bug reporting instructions, please see:
<http://www.gnu.org/software/gdb/bugs/>...
Reading symbols from /home/xzq/test...done.
(gdb)
```

注意：最后一行的"(gdb)"为提示符，可以直接在其后面输入 gdb 调试命令。

```
(gdb) list 1                          注：此处 1 表示从第一行开始显示
1   #include <stdio.h>
2   #include <stdlib.h>
3   int sum(int n)
4   {
5       int s=0,i;
6       for (i=1;i<=n;i++)
7       {
8        s+=i;
9       }
10      return s;
(gdb) list                            注：继续显示下面10行,也可通过 set listsize <
```

count>设置一次显示源代码的行数

```
11   }
12   int main()
13   {
14       int m=5,s;
15       s=sum(m);
16       printf("the sum is %d\n",s);
17       return 0;
18   }
(gdb) break 14                          注：在程序的第 14 行设置断点
Breakpoint 1 at 0x40055a: file test.c, line 14.
(gdb) break sum                         注：在程序中函数 sum 的入口处设置断点
Breakpoint 2 at 0x40052b: file test.c, line 5.
(gdb) info break                        注：查看全部断点信息
Num     Type           Disp Enb Address            What
1       breakpoint     keep y   0x000000000040055a in main at test.c: 14
2       breakpoint     keep y   0x000000000040052b in sum at test.c: 5
(gdb) run                               注：开始运行程序
Starting program: /home/xzq/test
Breakpoint 1, main () at test.c: 14     注：程序在第一个断点(第 14 行)处停止
14       int m=5,s;
(gdb) next                              注：next 表示执行下一行语句
15       s=sum(m);
(gdb) n                                 注：n 是 next 的缩写
Breakpoint 2, sum (n=5) at test.c: 5
5        int s=0,i;
(gdb) print n                           注：print n 输出当前变量 n 的值
$1 = 5
(gdb) print s
$2 = 0
(gdb) bt                                注：查看函数堆栈
#0 sum (n=5) at test.c: 5
#1 0x000000000040056b in main () at test.c: 15
(gdb) next
6        for (i=1;i<=n;i++)
(gdb) n
8            s+=i;
(gdb) n
6        for (i=1;i<=n;i++)
(gdb) print s
$3 = 1
(gdb) finish                            注：完成 sun 函数的执行
Run till exit from #0 sum (n=5) at test.c: 6
0x000000000040056b in main () at test.c: 15
15       s=sum(m);
```

· 332 ·

```
Value returned is $4 =15
(gdb) continue                          注：程序继续往下执行
Continuing.
the sum is 15
Program exited normally.
(gdb) quit                              注：退出 gdb
```

　　与可视化的调试工具相比，gdb 调试工具使编程人员更加直接地观察到程序的执行过程。除了上述命令之外，还有一些常用的命令以及参数的使用，请参考 gdb 手册或通过help 命令进行查询。

4. makefile 概述

　　make 命令是 UNIX 下重要的编译命令。前面提到，源程序经过编译之后生成目标文件，然后通过连接过程将目标文件合并生成执行文件。如果一个项目有若干个源程序，那么就需要对每一个源程序进行编译，再执行连接操作。这样一来，程序员在编译时要用 gcc 命令对每一个源文件进行编译，非常麻烦。利用 make 命令可以解决这个问题。在执行 make命令之前，需要一个 makefile 文件，用它来告诉 make 命令如何对每一个源程序进行编译和连接。有了 makefile 文件，make 命令就会按照 makefile 文件中的要求对整个项目进行完全自动的编译。下面举例说明 make 命令的使用。

　　一个项目由 5 个文件构成，分别是 main.c、max.h、max.c、min.h、min.c。
main.c 的源代码如下：

```
/* main.c */
#include "max.h"
#include "min.h"
int main(int argc,char * * argv)
{
    int a=10,b=20;
    printf("the max value is %d\n",max(a,b));
    printf("the min value is %d\n",min(a,b));
}
```

max.h 的源代码如下：

```
/* max.h */
#ifndef _MAX_H
#define _MAX_H
void max(int x,int y);
#endif
```

max.c 的源代码如下：

```
/* max.c */
#include "max.h"
void max(int x,int y)
{
    return x>y?x: y;
```

```
}
```

min.h 的源代码如下：

```
/* min.h */
#ifndef _MIN_H
#define _MIN_H
void min(int x, int y);
#endif
```

min.c 的源代码如下：

```
/* min.c */
#include "min.h"
void min(int x, int y)
{
    return x<y?x: y;
}
```

按前面所述，可以逐个对源文件进行编译，使用以下命令：

```
gcc -c main.c
gcc -c max.c
gcc -c min.c
gcc -o main main.o max.o min.o
```

但是，如果有了 makefile 文件，问题将会简化很多。makefile 文件的具体内容如下：

```
#这是上面的程序的 Makefile 文件
main: main.o max.o min.o
gcc -o main main.o max.o min.o
main.o: main.c max.h min.h
gcc -c main.c
max.o: max.c max.h
gcc -c max.c
min.o: min.c min.h
gcc -c min.c
```

makefile 文件的编写规则如下：

(1) 以 ♯ 开始的行都是注释行。

(2) 按以下格式描述文件的依赖关系：

```
target: components
rule
```

第一行表示的是依赖关系，其中，target 为目标，components 为组成部分（即目标依赖的对象）；第二行是规则。

例如，在上例的 makefile 文件中，除去注释行外，第一行"main：main.o max.o min.o"表示的是依赖关系，其具体含义是：目标 main 的依赖对象是 main.o、max.o 和 min.o。当依赖

的对象在目标修改后发生了变化,就要执行规则所指定的命令。上面的 makefile 文件的第二行内容就是规则。即需要执行

```
gcc -o main main.o max.o min.o
```

make 命令的执行过程如下:

(1) 在当前目录查找名为 makefile 的文件。

(2) 若找到,则找到第一个目标文件 main,并将这个文件作为最终的目标文件。

以上是 makefile 文件的基本知识,关于 makefile 文件的更多细节可以查看相应的帮助文档。

12.6　安装 Python 开发工具

12.6.1　Python 简介

Python 是一种解释型、面向对象的、支持动态数据类型的高级程序设计语言,具有广泛的用途,包括 Web 和 Internet 应用开发、科学计算和统计、人工智能、教育、桌面界面开发、软件开发、后端开发等。Python 是目前最受欢迎的程序设计语言之一。自从 2004 年以来,Python 的使用率呈线性增长。Python 2 于 2000 年 10 月 16 日发布,稳定版本是 Python 2.7。Python 3 于 2008 年 12 月 3 日发布。值得注意的是,Python 3 并不完全兼容 Python 2。因此,在进行 Python 软件开发时,需要选择 Python 版本,这一点极为重要。

由于 Python 语言的简洁性、易读性以及可扩展性,在国外将 Python 用于科学计算的研究机构日益增多,一些知名大学已经采用 Python 讲授程序设计课程。同时,有众多开源的科学计算软件包提供了 Python 的调用接口,这也是 Python 迅速兴起的一个重要原因。当前 Python 的最高版本是 3.8.0。Python 语言支持多个操作系统平台,包括 Linux、Windows、UNIX、Mac OS 等,甚至包括 AIX、IBM i、OS/390、Solaris、HP-UX 等较早的操作系统。

Python 在设计上坚持清晰、统一的风格,这使得 Python 成为易读、易维护并且广受欢迎的、用途广泛的语言。Python 是完全面向对象的语言,其函数、模块、数字、字符串都是对象。Python 完全支持继承、重载、派生、多态,有益于增强源代码的复用性。Python 支持重载运算符和动态数据类型。

Python 语句灵活,熟悉其他语言的程序员在初次接触 Python 时会感觉不适应。例如,Python 依靠缩进格式来表示语句块的开始和结束,而不是 C 语言和 Java 语言的{ };Python 也没有语句结束符";",这都让其显得似乎有些不"专业"。但是当用户熟悉了 Python 语法以后,就会发现这种极简主义的编程方式有利于程序员开拓思路,把主要精力投入到算法和程序思想中去。

12.6.2　安装 Python

Ubuntu 18.04 LTS 中默认安装了 Python 2 的运行环境,可以通过在终端输入 python 来查看 Python 的安装情况,如图 12-18 所示。

在输出结果中指出了安装的 Python 版本;最后的＞＞＞是 Python 提示符,让用户能

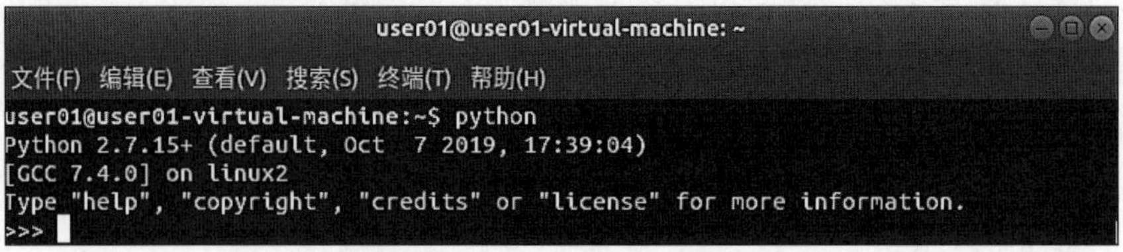

图 12-18　查看 Python 安装情况

够输入 Python 命令。输出表明，当前计算机默认使用的 Python 版本为 Python 2.7.15＋。此时，如果要退出 Python 并返回终端窗口，可按 Ctrl＋D 组合键或执行命令 exit()。

默认情况下，Ubuntu 18.04 LTS 也同时安装了 Python 3，可以通过在终端输入 python3 命令来查看 Python 3 的安装情况，如图 12-19 所示。

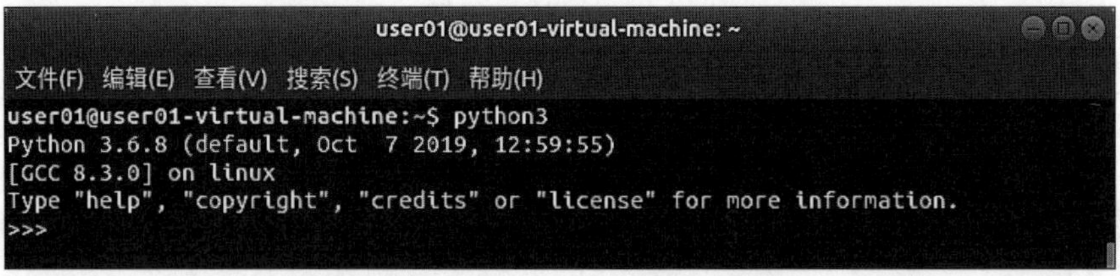

图 12-19　查看 Python 3 安装情况

输出表明，系统中也安装了 Python 3，因此用户可以使用这两个版本中的任何一个。在这种情况下，可以使用命令 python 和 python3 分别进入 Python 2 和 Python 3 的交互模式。

前面已经提到，＞＞＞是 Python 提示符，可以在后面直接输入 Python 命令，得到对应的结果。例如，希望输出 3＋2 的值，则在＞＞＞后面直接输入 print("3＋2＝",3＋2)命令，然后按 Enter 键，则得到输出的结果：3＋2＝5，如图 12-20 所示。

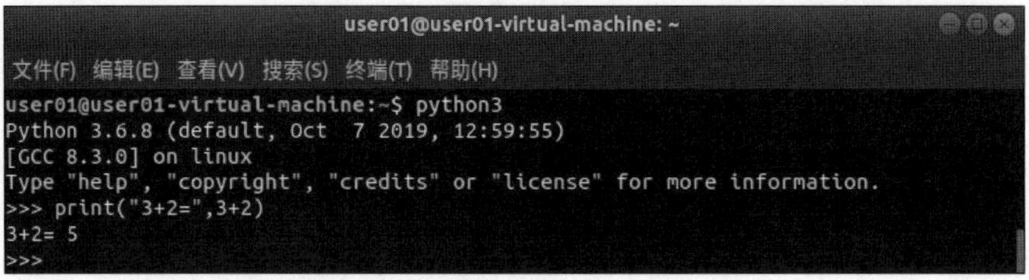

图 12-20　Python 3 交换模式

在语句

```
print("3+2=",3+2)
```

中，print 是输出命令，括号内为输出的参数。"3＋2＝"为字符串，原样输出；而逗号后面的 3＋2 为加法计算，输出的是其运算结果，也就是 3＋2 的和 5；中间的逗号为参数分隔符。

12.6.3　Python 开发工具 PyCharm

PyCharm 是一种 Python IDE，有一整套可以帮助用户在使用 Python 语言开发时提高效率的工具，提供调试、语法高亮、项目管理、代码跳转、智能提示、自动完成、单元测试、版本控制等功能。

在 Ubuntu 18.04 LTS 中查找 PyCharm 的方法是：在桌面最左边单击 Ubuntu 软件中心图标，打开 Ubuntu 软件中心界面，在搜索栏中输入 pycharm 并按 Enter 键，就可以找到 PyCharm 的 3 个版本，分别是社区版（Python CE）、专业版（Python Pro）和教育版（Python EDU），如图 12-21 所示。

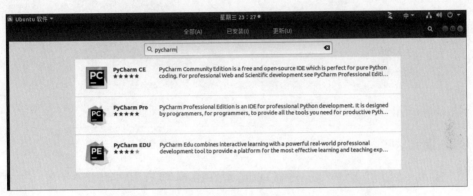

图 12-21　在 Ubuntu 软件中心搜索 PyCharm 的结果

PyCharm 专业版功能最丰富，与社区版相比，PyCharm 专业版增加了 Web 开发、Python Web 框架、Python 分析器、远程开发、支持数据库与 SQL 等更多高级功能。PyCharm 教育版的功能虽然比专业版少一些，但与社区版相比，更适用于学校的教学工作。选择适宜的版本即可进行安装。本书选择安装 PyCharm 教育版，其安装过程如图 12-22 所示。

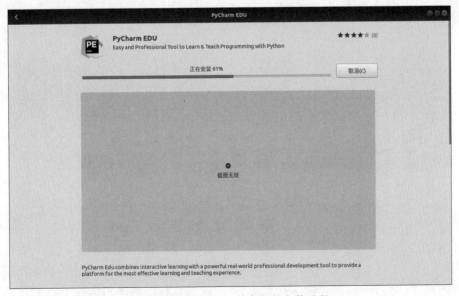

图 12-22　PyCharm 教育版的安装过程

PyCharm 教育版安装结束后,显示如图 12-23 所示的界面。

图 12-23　PyCharm 教育版安装结束

单击"启动"按钮,启动 PyCharm 教育版,如图 12-24 所示。

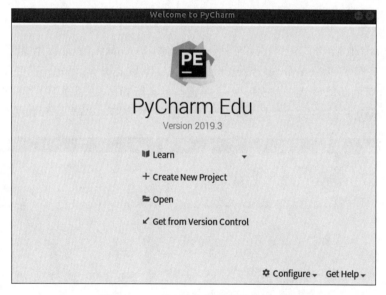

图 12-24　PyCharm 教育版启动界面

本 章 小 结

本章介绍了 Ubuntu 下常用开发环境的搭建和使用。首先,介绍了 Java 开发环境 Eclipse 的搭建、Eclipse 的使用以及在 Eclipse 下编写、编译、调试和执行 Java 程序的方法。

其次，介绍了安装和使用 C/C++ IDE 开发工具的方法，并以 Code::blocks 开发工具为例，演示了 C++ 语言程序的开发过程。再次，介绍了 GCC 编译器的使用，并以编译 C 语言源程序为例，演示了在命令行方式下利用 GCC 进行编译、调试和执行的过程。最后，介绍了 Ubuntu 下运行 Python 程序的方法，以及 Python 开发工具 PyCharm 的安装和启动过程。

实 验 12

题目 1：Java 语言编程。

要求：声明一个类，在其中声明方法，它接收一个 double 型的参数。该方法使用 if-else 语句输出与成绩对应的级别。在 main 方法中传递不同的参数以测试该方法正确与否。成绩和级别的对应关系如下（score 表示成绩）：

- 输出"优秀"：$score \geq 90$。
- 输出"良好"：$80 \leq score < 90$。
- 输出"中等"：$70 \leq score < 80$。
- 输出"及格"：$60 \leq score < 70$。
- 输出"不及格"：$score < 60$。

题目 2：C 语言编程。

要求：求出一维数组中元素的最大值及平均值，通过单步调试的方式观察程序的执行过程。

习 题 12

1. 使用 C 语言编程实现实验 12 的题目 1。
2. 使用 Java 语言编程实现实验 12 的题目 2。
3. 使用 Python 语言实现实验 12 的题目 1。
4. 使用 Python 语言实现实验 12 的题目 2。

参 考 文 献

[1] 马宏琳,阎磊.Linux 系统管理概论[M].北京：清华大学出版社,2013.

[2] 陈明.Linux 基础与应用[M].北京：清华大学出版社,2005.

[3] 汤小丹,梁红兵,哲凤屏,等.计算机操作系统[M].3 版.西安：西安电子科技大学出版社,2007.

[4] 李文采,邵良杉,李乃文.Linux 系统管理、应用与开发实践教程[M].北京：清华大学出版社,2007.

[5] 吴添发,吴智发,刘晓辉.Linux 操作系统实训教程[M].北京：电子工业出版社,2007.

[6] 李蔚泽.Ubuntu Linux 入门到精通[M].北京：机械工业出版社,2007.

[7] Ubuntu China.完美应用 Ubuntu[M].北京：电子工业出版社,2008.

[8] 刘循,朱敏,文艺.计算机操作系统[M].北京：人民邮电出版社,2009.

[9] 陈明.Ubuntu Linux 应用技术教程[M].北京：清华大学出版社,2009.

[10] 张玲.Linux 操作系统原理与应用[M].西安：西安电子科技大学出版社,2009.

[11] 力行工作室.Ubuntu Linux 完全自学教程[M].北京：中国水利水电出版社,2009.

[12] 马广飞.Linux 管理与开发实用指南——基于 Ubuntu[M].北京：电子工业出版社,2009.

[13] 邢国庆,张广利,邹浪.Ubuntu 权威指南[M].北京：人民邮电出版社,2010.

[14] 何晓龙,李明.完美应用 Ubuntu[M].2 版.北京：电子工业出版社,2010.

[15] SOBELL M G.Linux 命令、编辑器与 Shell 编程[M].包战,孔向华,胡艮胜,译.2 版.北京：清华大学出版社,2010.

[16] 刑国庆,仇鹏涛,陈极珺.Ubuntu Linux 从入门到精通[M].9 版.北京：电子工业出版社,2010.

[17] MATTHEW N,STONES R.Linux 程序设计[M].陈健,宋健建,译.4 版.北京：人民邮电出版社,2010.

[18] LOVE R.Linux 内核设计与实现[M].陈莉君,康华,译.3 版.北京：机械工业出版社,2011.

[19] 王刚.Linux 命令、编辑器与 Shell 编程[M].北京：电子工业出版社,2012.

[20] 董良,宁方明.Linux 系统管理[M].北京：人民邮电出版社,2012.

[21] HETLAND M L.Python 基础教程[M].袁国忠,译.3 版.北京：人民邮电出版社,2018.

[22] 张春晓.Ubuntu Linux 系统管理实战[M].北京：清华大学出版社,2018.

图 书 资 源 支 持

感谢您一直以来对清华版图书的支持和爱护。为了配合本书的使用,本书提供配套的资源,有需求的读者请扫描下方的"书圈"微信公众号二维码,在图书专区下载,也可以拨打电话或发送电子邮件咨询。

如果您在使用本书的过程中遇到了什么问题,或者有相关图书出版计划,也请您发邮件告诉我们,以便我们更好地为您服务。

我们的联系方式:

地　　址:北京市海淀区双清路学研大厦 A 座 714

邮　　编:100084

电　　话:010-83470236　010-83470237

客服邮箱:2301891038@qq.com

QQ:2301891038(请写明您的单位和姓名)

资源下载:关注公众号"书圈"下载配套资源。

资源下载、样书申请

书圈

获取最新书目

观看课程直播